高职高专电类专业基础课规划教材

电工电子材料

王增娣　主　编
白云生　副主编

化学工业出版社
·北京·

本书清晰简明地介绍了各类材料的基本特点、性能参数、基本性能及应用概况等，包括绝缘材料、导电材料、磁性材料、特种电工材料与铁电材料、超导材料、液晶材料和光导纤维材料。本教材教学参考学时为60学时。

本书可作为电气自动化、电子信息、应用电子、机电一体化等专业的教材或教学参考书。

图书在版编目（CIP）数据

电工电子材料/王增娣主编．—北京：化学工业出版社，2011.1（2022.8重印）
高职高专电类专业基础课规划教材
ISBN 978-7-122-10145-7

Ⅰ．电…　Ⅱ．王…　Ⅲ．①电工材料-高等学校：技术学校-教材②电子材料-高等学校：技术学校-教材
Ⅳ．①TM2②TN04

中国版本图书馆CIP数据核字（2010）第247916号

责任编辑：刘　哲　蔡洪伟　　　文字编辑：徐卿华
责任校对：周梦华　　　装帧设计：王晓宇

出版发行：化学工业出版社（北京市东城区青年湖南街13号　邮政编码100011）
印　　装：北京七彩京通数码快印有限公司
787mm×1092mm　1/16　印张11　字数269千字　2022年8月北京第1版第5次印刷

购书咨询：010-64518888　　　售后服务：010-64518899
网　　址：http：//www.cip.com.cn
凡购买本书，如有缺损质量问题，本社销售中心负责调换。

定　　价：29.00元

前　言

电工电子材料是指在电工维修、电子技术以及微电子技术中使用的材料，包括绝缘材料、导电材料、磁性材料、特种电工材料、半导体材料、压电与铁电材料、超导材料、液晶材料和光导纤维材料。电工电子材料是现代电工电子工业和科学技术发展的物质基础，同时又是科技领域中技术密集型学科。

本教材力求从高等职业教育培养专业技术应用型人才的目标出发，以电工电子元件所用材料为重点，在总结多年的教学、科研和生产实践经验与成果的基础上，深入浅出地阐述各类常见材料所涉及的基础理论知识，清晰简明地介绍各类材料的基本特点、性能参数、基本性能及应用概况等知识。本教材教学参考学时为 80 学时。

全书共计 9 章。第 5、6 章由白云生编写，第 9 章由王钊编写，其余各章节均由王增娣编写。全书由王增娣统稿定稿。此外，本书在编写过程中得到钱玉进同志的大力帮助，在此表示衷心感谢。

由于学识和经验所限，书中不妥之处在所难免，恳请批评指正。

编　者

2016 年 11 月

目　录

第1章　导电材料

导体是容易导电的物体，即是能够让电流通过的材料。本章介绍导电金属、裸导线、电磁线、绝缘导线和电缆。

1.1　导电金属

常用的导电金属材料有铜和铝，特殊场合也采用银、金、铂等贵金属。导电用金属的主要特性和用途以及常用导电用纯金属的性能参数见表1-1和表1-2。

表1-1　导电用金属的主要特性和用途

名称	主要特性	主要用途
银	有最好的导电性和导热性，抗氧化性好，焊接性好，易压力加工	制作航空导线，耐高温导线，射频电缆等导线和镀层，瓷电容极板等
铜	有好的导电性和导热性，良好的耐蚀性和焊接性，易压力加工	制作各种电线、电缆用导线，母线和载流零件等
金	导电性仅次于银和铜，抗氧化性特别好，易压力加工	电子材料等特殊用途
铝	有良好的导电、导热性，抗氧化性和耐蚀性，密度较小，易压力加工	制作各种电线、电缆用导体，母线和载流零件和电缆护层等
钠	密度较小，延展性好，熔点低，活性大，易与水作用	有可能作为实用的导体
钼	有较高的硬度和抗拉强度，耐磨，熔点高，性脆，高温易氧化，需特殊加工	用于制作超高温导体，电焊机电极，电子管栅极丝及支架
钨	抗拉强度和硬度很高，耐磨，熔点高，性脆，高温易氧化，需特殊加工	制作电光源灯丝，电子管灯丝及电极，超高温导体和电焊机电极等
锌	有良好的耐蚀性	制作导体保护层和干电池阴极等
镍	高温强度高，耐辐照性好，良好的抗氧化性	制作高温导体保护层，高温特殊导体，电子管阳极和阴极等零件
铁	机械强度高，易压力加工，电阻率比铜大6～7倍，交流损耗大，耐蚀性差	在输送功率不大的线路上作为广播线，电话线和爆破线等
铂	抗氧化性和抗化学剂性极好，易压力加工	制作精密电表及电子仪器的零件等
锡	塑性高，耐蚀性好，强度和熔点低	用作导体保护层，焊料和熔体等
铅	塑性高，耐蚀性好，密度大，熔点低	制作熔体，蓄电池极板和电缆护层等
汞	液体，沸点为357℃，加热易氧化，其汞蒸气对人体有害	制作汞弧整流器，汞灯和汞开关等

表1-2　常用导电用纯金属的性能参数

名称	符号	密度/g·cm^{-3}	熔点/℃	抗拉强度/MPa	电阻率(20℃)/$10^{-8}\Omega\cdot m$	电阻温度系数(20℃)/10^{-3}℃$^{-1}$
银	Ag	10.50	961.93	156.8～176.4	1.59	3.80
铜	Cu	8.9	1084.5	196～215.6	1.69	3.93

续表

名称	符号	密度/g·cm^{-3}	熔点/℃	抗拉强度/MPa	电阻率(20℃)/$10^{-8}\Omega\cdot m$	电阻温度系数(20℃)/10^{-3}℃$^{-1}$
金	Au	19.3	1064.43	127.4～137.2	2.40	3.40
铝	Al	2.7	660.37	68.6～78.4	2.65	4.23
钠	Na	0.97	97.8		4.60	5.40
钼	Mo	10.20	2620	686～980	4.77	3.30
钨	W	19.30	3387	980～1176	5.48	4.50
锌	Zn	7.14	419.58	107.8～147	6.10	3.70
镍	Ni	8.90	1455	392～490	6.90	6.0
铁	Fe	7.86	1541	245～323.4	9.78	5.0
铂	Pt	21.45	1772	137.2～156.8	10.5	3.0
锡	Sn	7.30	231.96	14.7～26.5	11.4	4.20
铅	Pb	11.37	327.5	9.8～29.4	21.9	3.90
汞	Hg	11.55	−38.87		95.8	0.89

1.1.1 铜及铜合金

(1) 铜

纯铜外观呈紫红色，一般称为紫铜，它的密度是8.90g/cm^3；具有良好的导电性能（电导率仅次于银），且铜质越纯，导电性越好；还具有良好的导热性，仅次于银和金（热阻系数仅大于银和金）；并具有一定的机械强度，良好的耐腐蚀性，无低温脆性，易于焊接；塑性强，便于对其进行各种冷、热压力加工。广泛应用在仪表和电机、电器等电工产品上，如制造中、低电流的通-断接触点、导线和特殊用途的导电零部件。

导电用铜通常选用含铜量为99.90%的工业纯铜，在特殊要求下用纯铜。影响铜性能的因素很多，主要有杂质、冷变形和温度。

导电用铜的品种及其主要用途见表1-3。

表1-3 导电用铜的品种及其主要用途

类别	品种	代号	含铜量不小于/%	主要用途
普通纯铜	一号铜	T_1	99.95	用于各种电线、电缆用导体
	二号铜	T_2	99.90	仪器、仪表开关中一般导电零件
无氧铜	一号无氧铜	Tu_1	99.97	用于制作电真空器件、电子管和电子仪器用零件、耐高温导体微细丝、真空开关触点等
	二号无氧铜	Tu_2	99.95	
无磁性高纯铜		Twc	99.95	用作无磁性漆包线的导体，制造高精密仪器、仪表的动圈

(2) 铜合金

在电气仪表中，有些特殊零件除要求具有良好的导电性能以外，还要求有较高的机械强度、弹性和韧性，有的还要求在工作环境温度变化的情况下具有一定的稳定性。这些性能要求纯铜无法满足，常需要铜合金来代替纯铜，但其电导率比纯铜稍有降低。铜合金主要品种有银铜，铬铜、镉铜、锆铜、铍铜、钛铜以及镍铜类。

① 银铜合金　银铜合金是在铜中加入少量的银（含银量一般为0.1%～0.2%），可显著改变其软化温度和抗蠕变性能，对电导率影响极微。在铜合金中，银铜的导电性能最好，它的接触电阻小，是良好的电接触材料，并具有良好的导热性；有一定的硬度和耐磨性、抗氧化性、耐腐蚀性能也较好。

若在银铜合金中加入少量的铬、铅、镁和镉，还可进一步提高强度和耐热性。银铜合金主要用于制作继电器、电位器、衰减器的触点材料、电子管引线、换向器片等。

② 铬铜合金　铬铜合金一般含铬0.5%～0.8%，其突出的特点是在较高温度（<400℃）的工作环境下，只有较高的硬度和强度。经过时效硬化处理后，其导电性、导热性、强度、硬度均显著提高；易于焊接，能钎焊；抗腐蚀性能良好，高温抗氧化性也好，且易于进行冷、热加工。缺点是在缺口处或尖角处容易造成应力集中，导致机械损伤。

若在铬铜合金中再加入微量的硅（0.1%），则具有高电导率、高抗拉强度和耐高温性能；若加入少量的镁和铝，进一步提高耐热性，并可降低缺口处容易导致机械损伤的不足。铬铜合金主要用于制作电器、仪表的开关零件及电子管零件等。

③ 镉铜合金　镉铜合金的含镉量1%左右，其突出的性能是减摩性能好、耐磨、抗拉强度高，灭弧性能和抗电弧的灼蚀性能良好，压力加工性能也较好。

若在镉铜合金中加入铬，可提高其时效硬化效果，耐热性会得到显著的提高；若加入少量的铬、银、镁、锌等，还可进一步提高强度。镉铜合金主要用于制作电气开关的触点及其他导电耐磨零件电极等。

④ 锆铜合金　锆铜合金需在淬火后进行冷变形，再时效处理，可获得较高的强度和电导率，其突出的特点是在很高的温度（<400℃）下，还能保持冷作硬化的强化效果，即高强度，在淬火状态下还具有纯铜的塑性。

锆铜合金主要用于制作在较高温度（350℃）下工作的电器或仪表的开关零件、导线、电焊电极、换向器片等。

⑤ 铍铜合金　铍铜合金中铍含量大于1%，它具有高强度、高硬度、高弹性，且弹性后效小，弹性稳定性好；并且有良好的耐腐蚀、耐磨和耐疲劳的性能，对时效温度变化的敏感性小；还具有无磁性，冲击无火花，易于焊接，能钎焊；在淬火状态下有极高的塑性，易于压力加工。

铍铜合金主要用于制作电器、仪表的弹簧等弹性元件以及耐磨零件和敏感元件，如波纹管、膜片、膜盒、弹片、弹簧管等。

⑥ 钛铜合金　钛铜合金是一种新型的高强度合金，性能近于铍铜合金。与铍铜合金相比较，耐热性好，生产工艺简单，但导电性能差。其用途与铍铜合金相同。

⑦ 镍铜合金类　镍铜合金类有镍钛铜合金、镍硅铜合金、镍钛锡铜合金。镍铜合金类的耐热性能优于钛铜合金，其电导率和强度都接近铍铜合金，可代替铍铜合金使用。

1.1.2　铝及铝合金

（1）铝

铝是一种银白色的轻金属，是近百年来才应用到工业上的轻型金属材料。其特点是密度小（2.70g/cm^3），约为铜的30%，具有良好的导电性能，与铜比较，当截面积相同时，单位长度铝的电导率为铜的64%（若按重量计算，实际则大大超过了铜，相当于铜的2倍），导热性也较好，铝的热导率为铜的56%。铝耐酸，但不耐盐雾腐蚀；塑性好，易于进行压力加工，可抽制成细丝或压制成薄片，对光和热的反射率高。铝的资源丰富，缺点是机械强度比铜低，焊接性能也较差。

导电材料用铝通常选用含铝量在99.5%以上的工业纯铝，主要品种有：特一号铝（Al-00），含铝99.7%以上，杂质小于0.30%；特二号铝（Al-0），含铝99.6%以上，杂质小于0.40%；一号铝（Al-1），含铝99.5%以上，杂质小于0.50%。

上述几种工业纯铝，可压力加工成各种型材或线材，具有较高的可塑性、高导电性和高导热性，常用于制作电线、电缆的线芯，变压器及电机的电磁线，仪器仪表的导电零件和表盘、指针、转轴、仪器壳及框架等。

影响铝性能的因素很多，含杂质、冷加工变形及温度变化是影响铝性能的主要因素。

（2）铝合金

纯铝的强度低，工业上应用受到限制。采用铝合金，可在尽可能少地降低铝的电导率的情况下，提高其强度和耐热性能，同时改善耐腐蚀性和焊接性能。铝合金主要有铝镁硅合金、铝镁合金、铝镁铁合金、铝镁铁铜合金、铝镁硅铁合金、铝锆合金、铝铁合金和铝硅合金。

铝合金常用于制作架空导线、电车线以及要求重量轻、强度高的导电线芯，还可用于制作电气仪表的导电零部件及结构材料。

1.1.3 复合金属

复合金属导电材料是指两种导电金属复合在一起，从使用上可发挥各自的优点。被覆金属有的包在基体金属的周围，如铜包钢线；有的包在基体金属的一侧面，如钢铝电车线；有的被覆在基体金属的一面或两面，如铝覆铁、铝黄铜覆铜等。复合金属导电材料的种类较多，形式也多样，可分为线、棒、带、板、片和管材等。复合金属导电材料的分类、产品名称、特性和用途见表1-4。

表1-4 复合金属导电材料分类、产品名称、特性和用途

分类	名称	包覆金属	基体金属	特性	主要用途
高强度	铝包钢线	铝	镀锌钢线	抗拉强度900～1300MPa，电导率29%～30%IACS，伸长率不小于1.5%，耐蚀性好	输电、配电用电线，载波避雷线，通信线及制造大跨越架空导线
	钢铝电车线	钢	铝	钢耐磨，其截面$85mm^2$，拉断力为30150N以上，截面$100mm^2$，拉断力为40000N以上	电车线
	铜包钢线 铜包钢排	铜	钢	抗拉强度650～1500MPa，电导率30%～40%IACS，伸长率不小于1%，耐蚀性好	高频通信线、输电线、大跨越及盐雾等特殊地区的架空导线。导电排可用作小型电机换向器片，直流电机电刷弹簧，配电装置中的汇流排、刀闸的栏条等
高导电	铜包铝线 铜包铝排	铜	铝	抗拉强度210MPa(硬态)，工作温度≤250℃，电导率高于铝	高频通信线、屏蔽配电线电磁线，导电排可作电机换向器片
	银覆铝	银	铝	接触性好，电导率高	航空用导线、波导管

续表

分类	名称	包覆金属	基体金属	特性	主要用途
高弹性	铜覆铍铜	铜	铍铜	电导率高，弹性好	导电弹簧
	弹簧钢覆铜	弹簧钢	铜	高弹性，高电导率，抗高温耐腐蚀	导电弹簧
耐高温	铝覆铁	铝(另一面镀镍)	铁	抗高温氧化性好	制作电子管阳极
	铝、黄铜覆铜	铝、黄铜分别覆两面	铜	电导率高达80%IACS，抗高温氧化性好	用作高温大电流导电材料，如电炉配电用汇流排
	镍包铜	镍	铜	电导率高达89%IACS，抗高温氧化性好	用作高温导线(400～650℃)
	耐热合金包银	耐热合金(镍铬合金)	银	电导率高，抗高温氧化性好	用作高温导线(650～800℃)
	镍包银	镍	银	电导率高达85%～97%IACS，抗高温氧化性好	用作高温导线(400～650℃)(10%镍层可用于400℃，20%镍层可用于650℃)
耐腐蚀性	不锈钢覆铜	不锈钢	铜	电导率高达73%IACS，抗高温氧化性好	用于作大功率真空管用零件
	银包铜线 镀银包铜线	银	铜	电导率高，抗氧化性高，接触性好，易焊接	用作雷达电缆编制导体，高温导线线芯、线圈
	镀银铜包钢线	镀银铜	钢	抗拉强度高，抗氧化性好	制作射频电缆及高温导线线芯
	镀锡铜包线	镀锡	铜	耐蚀性好，焊接性好	用作橡胶绝缘电线、电缆、仪器、仪表连接线、编织线和软接线
其他	铁镍钴合金包铜	铁镍钴合金	铜	导电性和导热性好，膨胀系数与玻璃相近	用于制作与玻璃密封的导电、导热材料

1.2 电　　线

这节主要包括裸导线、绝缘导线和电磁线。

1.2.1 裸导线

裸导线主要是提供给各种电线、电缆作导电线芯用，如圆单线、扁线、钢绞线、铝绞线以及在电机、电器、变压器等电气设备中作为导电部件使用，如母线、梯形排、异形排和软接线等。对裸导线的性能，不同用途的产品有着不同的具体的要求，主要是应具有良好的导电性能和物理、力学性能（如较高的机械强度、足够的硬度、较好的柔软性和弯曲性能，且耐振动、耐腐蚀以及较小的蠕变等性能）。

按产品的形状与结构，裸线可分为4类：圆单线、绞线、型线和软接线。

1.2.1.1 圆单线

圆单线包括铜圆单线、铝圆单线、铝合金圆单线、铜包钢圆单线、铝包钢圆单线。

(1) 铜圆单线

铜圆单线用于架空绞线及绝缘电线、电缆的导电线芯材料，并可供电器产品作组成材料，部分大规格铜圆单线可单独作为电力及通信架空输电线之用。

(2) 镀锡铜圆软单线

镀锡铜圆软单线主要用于电线、电缆的导电线芯，电机、电器产品的电磁线、电刷线以及导电引接线。

(3) 铝圆单线

在常用的导电材料中，铝圆单线在某种程度上取代了铜圆单线作为各类电工产品的导电材料，如架空铝绞线、各种铝芯电线、电缆、铝电磁线及其他电气制品的原材料。

(4) 铝合金圆单线

铝合金圆单线具有比纯铝圆单线高得多的抗拉强度，目前广泛使用的是热处理型铝镁硅合金圆单线（HL）和非热处理型的铝镁合金圆单线（HL_2）两种。前者（HL）的抗拉强度是硬铝圆单线的2倍以上，适用于制作电力和通信架空电线；后者（HL_2）适用于制作电线、电缆的导电线芯。

(5) 铜包钢圆单线

铜包钢圆单线是以钢线为线芯，外包铜层的双金属复合导线。用于高频通信线路时，其电阻值与铜层相近，而抗拉强度很高，并有很好的抗腐蚀性能。用作架空通信线路时，技术经济指标极为合理。在大跨越、盐雾及其他有腐蚀环境的特殊地区，可作为电力输电线路之用。目前有供架空线路用的GTA型和供制造绞线用的GTB型两种。

(6) 铝包钢圆单线

铝包钢圆单线是以钢线为线芯，外包铝层的双金属复合导线，抗拉强度较高。用于配电线、载波避雷线、通信线及制造大跨越架空绞线之用。铝包钢圆单线（GL）的规格：直径为3.7～4.0mm，线径偏差为±0.04m；以直径为3.8mm的铝包钢圆单线为例，外包铝层的厚度约0.2mm，平均铝层厚度为±0.4mm。成品铝包钢圆单线不允许焊接，且每件质量不得小于60kg。

(7) 镀锌圆铁线

镀锌圆铁线电阻率大，导电性能比钢、铝差，但其拉伸强度较大，多用于农村通信广播线路的架空线，也用作钢芯铝绞线以及军用被覆线的线芯材料。

1.2.1.2 裸绞线

常用的裸纹线有铝绞线、钢芯铝绞线、硬铜绞线和铝合金绞线。其应用场合如下所述。

(1) 铝绞线

铝绞线因其抗拉强度较低，一般用于工矿企业和农村短距离低压电力线上。

(2) 钢芯铝绞线

钢芯铝绞线（LGJ）因其抗拉强度较大，广泛应用于各种电压等级的电力传输线路。为适合不同的用途要求，除了钢芯铝绞线以外，这一类型的绞线中，还有轻型钢芯铝绞线（LGJQ）和加强型钢芯铝绞线（LGJJ）两种。

(3) 硬铜绞线

硬铜纹线（TJ）只是在一些特殊的场合使用。

(4) 铝合金绞线（HLJ、HL_2J、HL_2GJ）

铝合金绞线主要用于架空电力线路，具有很高的抗拉强度，热处理型铝镁硅合金绞线的抗拉强度接近于铝绞线的 2 倍，电导率只比铝绞线低 10%，它可以用于大跨度的输电线路上。常用的铝合金绞线有热处理型铝镁硅合金绞线（HLJ）、非热处理型铝镁合金绞线（HL_2J）和钢芯铝合金绞线（HL_2GJ）。

1.2.1.3　型线

根据不同的使用要求，常把导线的截面加工成各种形状，称为型线。常用的型线品种有扁铝线、铝母线、扁铜线、铜母线及铜带、梯形铜排、异形铜排及异形铜带、空心导线和电车线等多种。

(1) 扁铝线

扁铝线可分为硬扁铝线（LBY）、半硬扁铝线（LBBY）和软扁铝线（LBR）三种。扁铝线主要用于制造电机、变压器、电器及电气设备绕组的导体，在很多方面可以代扁铜线，变压器常使用纸包扁铝线。其产品的横截面积如图 1-1 所示。

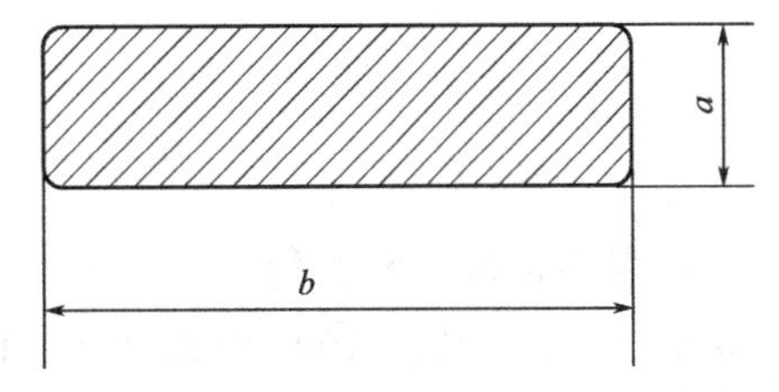

图 1-1　扁线、母线及带的截面

(2) 铝母线

铝母线供电机、电器、配电设备及其他电气装置作连接导体或作输配电的汇流排之用，在很多方面可以取代铜母线。铝母线可分为硬铝母线（LMY）和软铝母线（LMR）两种。

(3) 扁铜线、铜母线及铜带

扁铜线用于制作电机、变压器、电器及电气设备绕组的材料，铜母线和铜带用作电机、电器、配电设备及其他电工装备连接导体和汇流排之用。它们均有软、硬两种，其产品截面如图 1-1 所示。

(4) 梯形铜排

梯形铜排的截面形状如图 1-2 所示。有纯铜（TPT）和银铜（TYPT）梯形铜排两种，银铜梯形排是用含银为 0.1%～0.2%的银铜合金制作而成。梯形铜排用于制造电机中的换向器。纯铜梯形排的硬度不低于 80HB，银铜梯形排的硬度不低于 90HB。

(5) 异形铜排

根据不同的使用目的，把导电钢材截面加工成不同形状的异形铜排，目前异形铜排可分为七边形铜排（TMR-2）、换向器异形银铜排（TYPT-1）、触头铜排（TPC）及接触头（TPC-1）

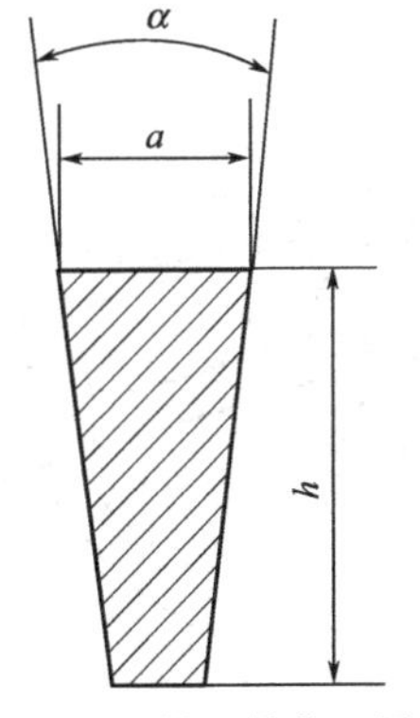

图 1-2　梯形排截面图

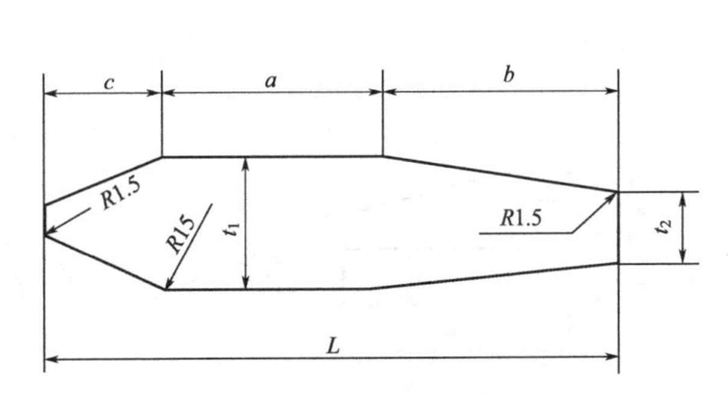

图 1-3　TMR-2 型（七边形铜排）

等，此外，还有异形铜带（TDR-1），它们均可用于制造电机绕组以及电器零件。

① 七边形铜排　七边形铜排的截面外形如图 1-3 所示。

② 换向器异形银铜排　换向器异形银铜排 TYPT-1 有甲、乙两种型号，其截面形状如图 1-4 所示。

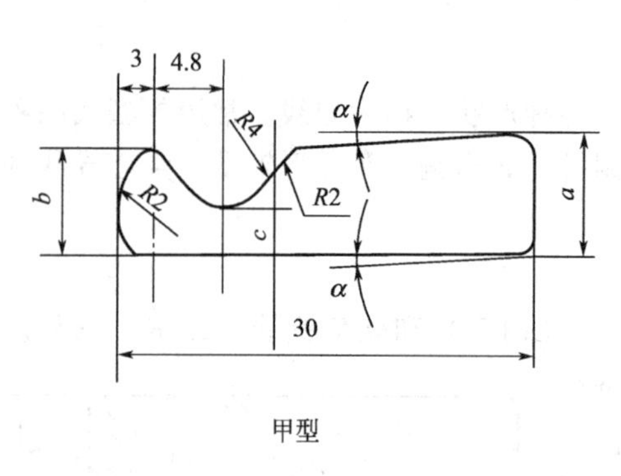

甲型

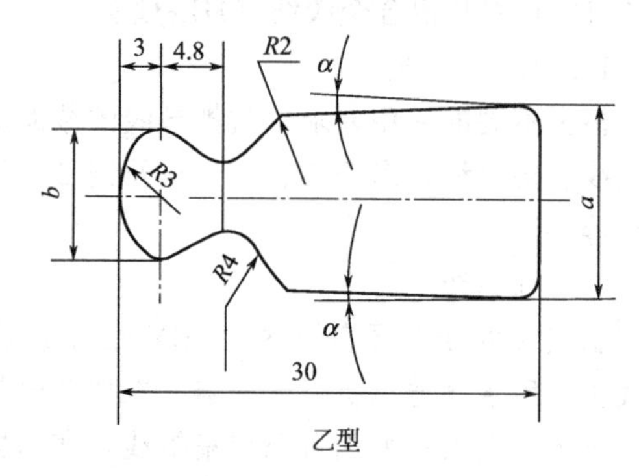

乙型

图 1-4　TYPT-1 型换向器异性银铜排

③ 触头铜排　触头铜徘（TPC）可分为 RT0-100、RT0-200、RT0-400 和 RT0-600 四个型号，其中，RT0-100、RT0-200、RT0-400 三个型号截面外形如图 1-5 所示，RT0-600 型号的截面形状尺寸如图 1-6 所示。

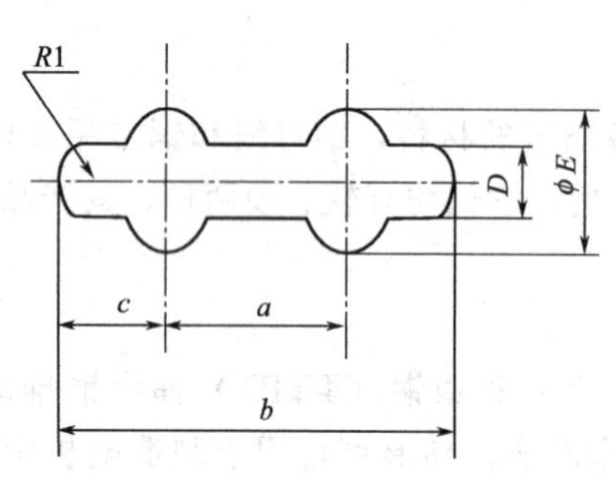

图 1-5　RT0-100、RT0-200 及 RT0-400 的 TPC 型触头铜排

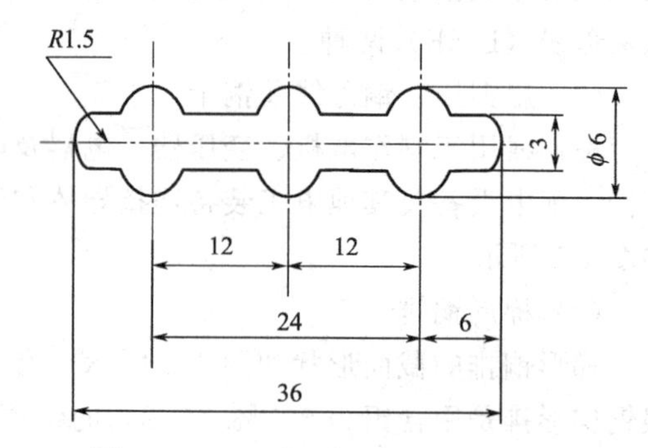

图 1-6　RT0-600 的 TPC 型触头铜排

④ 接触头　TPC-1 型接触头截面形状如图 1-7 所示。

⑤ 异形铜带　TDB-1 型异形铜带的截面外形结构及尺寸见图 1-8 所示。

（6）空心导线

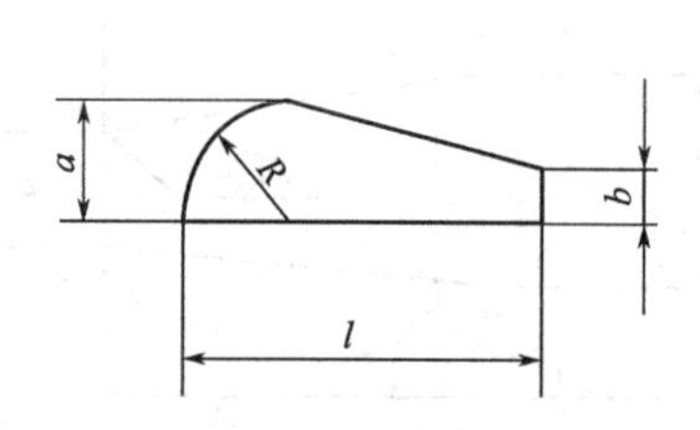

图 1-7　TPC-1 型接触头截面形状

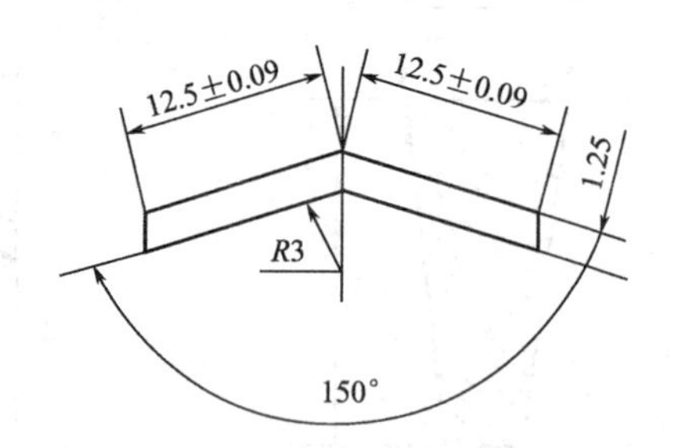

图 1-8　TDR-1 型异形铜带的截面外形

空心导线有空心铜导线（TBRK）及空心铝导线（LBRK）两种，其截面一般为扁形，也有方形的。空心铜导线用于制造水内冷电机、变压器及感应电炉的绕组线圈。空心铜导线的管壁必须能承受规定压力下的密封性试验，在规定的压力下，经过15min的水压试验，不应有渗水、漏水现象，也不应有塑性形变现象出现。

(7) 电车线

在铁道电气化机车、工矿电力牵引机车和城市电车等电力运输系统中作为架空接触导线用的称为电车线。电车线有圆形铜电车线（TCY）、沟形铜电车线（TCG）及双沟形钢铝电车线（GLCA、GLCB）三种。

1.2.1.4　软接线

随着移动电气设备、电机电气线路、汽车、拖拉机蓄电池等对连接线要求的提高，软接线的应用也广泛起来。根据不同场合、不同的使用要求，常用软接线有铜电刷线、裸铜天线、裸铜软绞线和铜编织线。

(1) 铜电刷线

铜电刷线是由多股（7～19股），每股又由多根（11～88根）铜线或镀锡铜线绞制而成，其结构稳定，有良好的柔软性，用作电机中电刷的引接线，它能承受经常取、放电刷时多次弯曲而不致断裂。铜电刷线按其结构可分为裸铜电刷线（TS）、软裸铜电刷线（TSR）、纤维编织铜电刷线（TSX）及纤维编织软铜电刷线（TSXR）四种。

(2) 裸铜天线

裸铜天线由多根铜线左向束绞成股线，再由股线右向复绞而成，可分为硬铜天线（TTY）和软铜天线（TTR）两种，主要用于通信架空天线用。

(3) 裸铜软绞线

裸铜软绞线按其结构或绞制方式的不同，可分为TRJ、TRJ-1、TRJ-2、TRJ-3、TRJ-4五种型号。其中TRJ、TRJ-1型的股线采用正规绞合，再按正规绞合复绞而成；TRJ-2型采用束绞，无复绞；TRJ-3、TRJ-4型的股线采用束绞，再按正规绞合复绞而成，它们均可用作连接电机、电气设备部件，并可分别满足不同使用场合的要求。

(4) 铜编织线

铜编织线按其结构和柔性可分为TYZ、TRZ-1、TYZ-2、TRZX、TRZX-1、TRZX-2及QC（蓄电池线）等型号，外形上有椭圆形，也有带状，其中既有裸铜编织线和镀锡编织线供移动电气设备作连接线用，也有专供汽车、拖拉机中蓄电池作连接用的软铜编织蓄电池线。

1.2.2　绝缘导线

绝缘导线是在裸导线表面裹以不同种类的绝缘材料构成的，它的种类很多。根据用途和导线结构的分类，常用的主要有固定敷设电线、绝缘软电线、户外用聚氯乙烯绝缘电线、铜芯聚氯乙烯绝缘安装电线和农用直埋铝芯塑料绝缘护套电线。

1.2.2.1　固定敷设电线

(1) 橡胶绝缘电线

橡胶绝缘电线适用于交流电压500V及以下的电气设备和照明装置，固定敷设。电线的长期允许工作温度不超过65℃。

橡胶绝缘电线的型号、名称及用途见表1-5。

表 1-5 各种型号橡胶绝缘电线的型号、名称及主要用途

型号	名称	主要用途
BXW	铜芯橡胶绝缘氯丁护套电线	适用于户外和户内明敷，特别是寒冷地区
BLXW	铝芯橡胶绝缘氯丁护套电线	
BXY	铜芯橡胶绝缘黑色聚乙烯护套电线	适用于户外和户内穿管，特别是寒冷地区
BLXY	铝芯橡胶绝缘黑色聚乙烯护套电线	

表中：B—固定敷设；X—橡胶绝缘；L—铝芯（铜芯无字母表示）；W—氯丁护套；Y—聚乙烯护套。

（2）聚氯乙烯绝缘电线

聚氯乙烯绝缘电线适用于交流额定电压450/750V及以下的动力装置的固定敷设。电线长期允许工作温度，BV-105型不超过105℃，其他型号不超过70℃。电线敷设温度不低于0℃。其型号及名称如下：

BV——铜芯聚氯乙烯绝缘电线；

BLV——铝芯聚氯乙烯绝缘电线；

BVR——铜芯聚氯乙烯绝缘软电线；

BVV——铜芯聚氯乙烯绝缘聚氯乙烯护套圆形电线；

BLVV——铝芯聚氯乙烯绝缘聚氯乙烯护套圆形电线；

BVVB——铜芯聚氯乙烯绝缘聚氯乙烯护套平型电线；

BLVVB——铝芯聚氯乙烯绝缘聚氯乙烯护套平型电线；

BV-105——铜芯耐热105℃聚氯乙烯绝缘电线。

电线型号中字母的含义如下：B—固定敷设；L—铝芯（铜芯无字母表示）；V—聚氯乙烯绝缘；V—聚氯乙烯护套；R—软电线；B—平形电线（圆形无字母表示）。

1.2.2.2 绝缘软电线

绝缘软电线有聚氯乙烯绝缘软电线、橡胶绝缘编织软电线和橡胶绝缘平型软电线三种。

（1）聚氯乙烯绝缘软电线

聚氯乙烯绝缘软电线适用于交流额定电压450/750V及以下的家用电器、小型电动工具、仪器仪表及动力照明等装置的连接。电线长期允许工作温度为：RV-105型不超过105℃，其他型号不超过70℃。电线的型号及名称如下：

RV——铜芯聚氯乙烯绝缘连接软电线；

RVB——铜芯聚氯乙烯绝缘平型连接软电线；

RVS——铜芯聚氯乙烯绝缘绞型连接软电线；

RVV——铜芯聚氯乙烯绝缘聚氯乙烯护套圆形连接软电线；

RVVB——铜芯聚氯乙烯绝缘聚氯乙烯护套平型连接软电线；

RV-105——铜芯耐热（105℃）聚氯乙烯绝缘连接软电线。

电线型号中字母S的含义是表示绞型电线（麻花形电线），其他字母的含义与前表示的相同。

聚氯乙烯绝缘软电线具有优良的电气绝缘性能、物理和力学性能及不延燃性能，且柔软安全、使用方便。制成品的绝缘或护套表面印有注明制造厂家、型号和电压的连续标志。

（2）橡胶绝缘编织软电线

橡胶绝缘编织软电线适用于连接交流额定电压为 300/300V 及以下的室内照明灯具、家用电器和工具等。导线线芯的长期允许工作温度应不超过 65℃。电线的型号及名称为：

RXS——橡胶绝缘编织双绞软电线；

RX——橡胶绝缘总编织圆形软电线；

RXH——橡胶绝缘橡胶保护层总编织圆形软电线。

(3) 橡胶绝缘平型软电线

橡胶绝缘平型软电线适用于连接各种移动式的额定电压为 250V 及以下的电气设备、无线电设备及照明灯具等。线芯允许长期工作温度不超过 60℃。

1.2.2.3　户外用聚氯乙烯绝缘电线

户外用聚氯乙烯绝缘电线适用于交流额定电压为 450/750V 及以下的户外架空固定敷设。电线的长期允许工作温度不超过 70℃，最低温度不低于－20℃。

电线型号及名称为：

BVW——户外用铜芯聚氯乙烯绝缘电线；

BLVW——户外用铝芯聚氯乙烯绝缘电线。

以上型号中字母 W 表示户外用，其他含义同前。

1.2.2.4　铜芯聚氯乙烯绝缘安装电线

铜芯聚氯乙烯绝缘安装电线适用于交流额定电压 300/300V 及以下的电器、仪器仪表和电子设备及自动化装置等内部或外部连接导线，其特点是截面积小，一般为 0.03～0.04mm^2，线芯有 1～24 股不等。线芯按使用要求可分为硬型、软型、移动式和特软型四种。安装电线的型号及名称如下：

AV——铜芯聚氯乙烯绝缘安装电线；

AV-105——铜芯耐热（105℃）型聚氯乙烯绝缘安装电线；

AVR——铜芯聚氯乙烯绝缘安装软电线；

AVR-105——铜芯耐热（105℃）型聚氯乙烯绝缘安装软电线；

AVRB——铜芯聚氯乙烯绝缘安装平型软电线；

AVRS——铜芯聚氯乙烯绝缘安装绞型软电线；

AVVR——铜芯聚氯乙烯绝缘聚氯乙烯护套安装软电线。

以上型号中字母 A 表示安装，其他字母含义同前。

1.2.2.5　农用直埋铝芯塑料绝缘塑料护套电线

农用直埋铝芯塑料绝缘塑料护套电线适用于农村地下直埋敷设，连接交流额定电压 450/750 V 及以下固定配电线路和电气设备（简称农用地埋电线）。

根据农用地埋电线绝缘层和护套层的材料不同，地埋电线分为 6 种型号，见表 1-6。

表 1-6　农用地埋电线型号、名称

型号	名　称
NLYV	农用直埋铝芯聚乙烯绝缘聚氯乙烯护套电线
NLYV-H	农用直埋铝芯聚乙烯绝缘耐寒聚氯乙烯护套电线
NLYV-Y	农用直埋铝芯聚乙烯绝缘防蚁聚氯乙烯护套电线
NLYY	农用直埋铝芯聚乙烯绝缘黑色聚乙烯护套电线
NLVV	农用直埋铝芯聚氯乙烯绝缘聚氯乙烯护套电线
NLVV-Y	农用直埋铝芯聚氯乙烯绝缘防蚁聚氯乙烯护套电线

表中各型号字母的含义为：N—农用；L—铝芯；Y—排第三位表示绝缘层为聚乙烯，排在第四位表示护套层为聚乙烯，横线后面Y表示防蚁型；V—排第三位表示绝缘层为聚氯乙烯，排在第四位表示护套层为聚氯乙烯；H—耐寒型。

农用直埋电线各型号的适用范围见表1-7。

表1-7 各型号农用直埋电线适用区域

型号	NLYV	NLYV-H	NLYV-Y	NLYY	NLVV	NLVV-Y
适用区域	南方一般地区	寒冷地区	白蚁活动地区	寒冷地区	北方一般地区	白蚁活动地区

直埋电线的敷设深度应大于0.8m，对冻土层深度大于0.8m的地区，应敷设在冻土层以下。敷设的环境温度应不低于0℃。电线的长期工作温度不应超过70℃。

直埋电线允许的最小弯曲半径为：截面积为35mm^{2}及以下的电线应不小于6倍电线的外径；截面积为50mm^{2}及以上的电线应不小于8倍电线的外径。

1.2.3 电磁线

电磁线是一种由绝缘层包覆导电材料制成的金属导线，它主要用于绕制电工产品及仪器仪表的线圈或绕组，又称为绕组线。其作用是电流通过电磁绕组（线圈）产生磁场或电磁绕组（线圈）切割磁场（磁感线）产生电流，从而实现电能与磁能之间的相互转换。

电磁线所用的导电材料（线芯）多数为铜和铝，也有的是用高强度的合金材料和在高温下（220℃）工作抗氧化件好的复合金属，如镍包铜线等。电磁线的导电线芯常制成圆形、扁形、带状和箔片型材。

电磁线所用的绝缘层材料，主要采用的是天然的材料（如绝缘纸、植物油、天然丝等）、有机合成高分子化合物（如缩醛、聚酯、聚氨酯、聚酯亚胺树脂等）和无机材料（如玻璃丝、氧化铝膜、陶瓷等），目前天然材料大部分已被有机合成材料和无机材料所代替，也有采用复合绝缘（如聚酯漆包、聚氨酯漆包等）和组合绝缘（如油浸渍纸包、浸渍玻璃丝包等）。根据绝缘层材料的耐热性能，电磁线被分为不同耐热等级，即Y级（90℃）、A级（105℃）、E级（120℃）、B级（130℃）、F级（155℃）、H级（180℃）、C级（180℃以上）。

电磁线可分为漆包线、绕包线、无机绝缘线和特种电磁线。

1.2.3.1 电磁线型号的编制方法及选用

(1) 电磁线型号的编制方法

电磁线型号的编制方法（汉语拼音代号的含义）见表1-8。

表1-8 电磁线型号编制方法

绝缘层				导体		派生
绝缘漆	绝缘纤维	其他绝缘层	绝缘特征	导体材料	导体特征	
Q 油性漆 QA 聚氨酯漆 QG 硅有机漆 QH 环氧漆 QQ 缩醛漆 QXY 聚酰胺亚胺漆 QZ 聚酯漆 QZY 聚酯亚胺漆	M 棉纱 SB 玻璃丝 SR 人造丝 ST 天然丝 Z 纸	V 聚氯乙烯 VM 氧化膜	B 编织 C 醇酸胶黏漆浸渍 E 双层 G 硅有机胶黏浸渍漆 J 加厚 F 耐自冷剂	L 铝 TWC 无磁性铜	B 扁线 D 带(箔) J 绞制 R 柔软	-1 薄漆层 -2 厚漆层 -3 特厚漆层

（2）电磁线的选用

不同类型的电工产品和仪器仪表等，对于电磁线的要求也不相同，为满足要求，目前已生产出各种不同性能的电磁线可供选择。选择时应根据产品的使用条件和工艺，有主次地分析对电磁线的有关性能要求，对所提供的电磁线进行比较，在满足主要性能要求的前提下选择合适的电磁线，达到保证质量、满足要求、降低成本的目的。在选用电磁线时应重点考虑下列性能、指标。

① 电气性能　导电线芯的电导率要合格，绝缘层要有足够稳定的耐电压能力和绝缘电阻。另外还要根据具体情况考虑选用有合适的介质损耗因数、Q值、无磁性等要求的电磁线。

② 力学性能　根据所绕制的线圈形状和内径，选用柔软性适当的电磁线。在线圈绕制过程中，绝缘层应能承受磨刮、扭绞、弯曲以及拉伸压缩。为保护绝缘层不被损伤，应根据卷绕速度、弯曲半径、嵌线松紧等不同情况，选用具备相应性能的电磁线。

③ 热性能与耐热等级　根据产品所允许的温升或线圈和绕组中可能出现的最高热点温度，选用相应耐热等级的电磁线，同时应留有适当的裕度。对经常出现过载的产品，要选用热冲击及软化击穿温度较高的电磁线。

④ 相容性　电磁线与有关组合绝缘材料的相容性，是选用和使用电磁线必须考虑的。绝缘浸渍漆对电磁线的相容性影响很大。

⑤ 空间因数　提高利用空间因数（线圈中导体总截面与该线圈的横截面之比），缩小产品体积。

⑥ 环境条件及其他因素　也是考虑电磁线使用的一个方面。

1.2.3.2　漆包线

电工产品所用漆包线的绝缘层是漆膜，在导电线芯上涂覆绝缘漆后经烘干形成。特点是：该膜均匀光滑，便于线圈的绕制，且漆膜较薄，有利于提高空间因数。漆包线广泛应用于中小型和微型电工产品中。

漆包线的性能主要表现在：漆膜的耐刮与弹性的力学性能；击穿电压与介质损耗角正切的电性能；软化击穿、热老化和热击穿的热性能；耐有机溶剂性能；耐化学药品性能及耐制冷剂性能等。

漆包线在使用时，常需要去掉线端部分的漆皮，以便接线（连接），现列举三种漆包线去漆皮的方法。

① 甲酸去漆法　将线端需要去掉漆皮的部分，插入常温的甲酸溶液中，经数分钟后取出，用蘸有乙醇的棉花将甲酸液擦净，漆皮即可脱去。在甲酸中加入少量丙酮或苯，可减少刺激性气味。

② 碱液去漆法　将线端需要去掉漆皮的部分，插入50%浓度的氢氧化钠溶液中，然后取出，用蒸馏水洗去碱液，漆皮即可脱去。碱液浓度越高，脱去漆皮所用时间会越短。

③ 燃烧去漆法　将线端需要去掉漆皮的部分，在酒精灯的火焰上燃烧，使漆皮炭化，然后迅速浸入乙醇中，取出后用洁净的棉花或棉布擦净，漆皮随即脱去。

1.2.3.3　绕包线

电工产品中，用天然丝、玻璃、绝缘纸或合成树脂薄膜等紧密绕包在导电线芯上，形成绝缘层，也有在漆包线上再绕包绝缘层的。除薄膜绝缘层外，其他一般如玻璃丝等需经胶黏绝缘漆的浸渍处理，以提高其电性能、力学性能和防潮性能。除少数天然丝外，一般绕包线的特点是：采用浸渍方式构成组合绝缘，比漆包线的漆膜层要厚，有较高的电气性能，能承受过电压及过负荷，主要应用于大中型电工产品中。薄膜绝缘绕包线则具有更优良的力学性能和电气性能，用于大、中型电机设备中。

1.2.3.4 无机绝缘线

电工产品中使用的无机绝缘线是采用无机材料（如陶瓷、氧化铝膜）作为绝缘层，但单一的无机绝缘层常有微孔存在，会影响其电气性能，工艺上一般常用有机绝缘漆浸渍后经烘干填实微孔。无机绝缘电磁线的特点是耐高温、耐辐射，主要用于高温或有辐射环境中工作的电工设备中。

无机绝缘电磁线有氧化膜铝带（箔）和陶瓷绝缘线两种，其品种、规格、特点及主要用途见表 1-9。

表 1-9 无机绝缘电磁线品种、规格、特点及主要用途

分类	名称	型号	规格①/mm	优点	局限性	主要用途
氧化膜绝缘线	氧化膜圆铝线	YML YMLC②	0.05～5.0	槽满率高、重量轻、耐辐射性好。若不用绝缘漆封闭的氧化膜耐温可达250℃，若用绝缘漆封闭的氧化膜，耐热性取决于绝缘漆的性能	击穿电压低、弯曲性能差、氧化膜耐刮性差、耐酸和耐碱性能差。不用绝缘漆封闭的氧化膜耐潮湿性差	用于制作起重电磁铁、高温制动器、干式变压器线圈，还可用于有辐射的场合
	氧化膜扁铝线	YMLB YMLBC②	1.0～4.0③ 2.5～6.3			
	氧化膜铝带(箔)	YMLD	厚 0.08～1.00 宽 20～900			
陶瓷绝缘线	陶瓷绝缘线	TC	0.06～0.50	优良的耐高温性能，长期工作温度可达500℃。还具有优良的耐化学腐蚀性能和耐辐射性能	击穿电压低、弯曲性能差，耐潮湿性差，如果没有密封层，不得在高潮湿环境中使用	用于高温以及有辐射的场合

① 圆线规格以线芯直径，扁线以线芯的窄边（*a*）、宽边（*b*）的长度表示，带（箔）以导体的厚、宽表示。

② 在氧化膜层上再涂覆绝缘漆使其封闭。

③ *a* 边 1.0～4.0，*b* 边 2.5～6.3。

（1）氧化膜铝带（箔）

氧化膜铝带（箔）工艺上是用阳极氧化法在铝带（箔）表面生成一层致密的三氧化二铝（Al_2O_3）膜而成。使用上，用氧化膜铝带（箔）绕制线圈可提高空间因数和线圈的热传导性能。试验表明，未经绝缘密封的氧化膜铝带，一般温升到 350 ℃时，其击穿电压可保持在 180～220kV；在直径 50mm 圆棒上弯曲，并在两端共加重物 3.8kg，其击穿电压仍可保持在 200kV 左右；在室温和相对湿度为 65%时，其绝缘电阻为 3.6×10^{10}～$4.0\times10^{10}\Omega$。

（2）陶瓷绝缘线

陶瓷绝缘电磁线工艺上是在导线上浸涂玻璃浆后，经烘炉烧结而成，可在 50℃高温环境下长期使用。铜线芯一般要采用镍铜线、镍包铜线或不锈钢铜线为导体，可防止铜导线在高温下氧化。陶瓷绝缘线有极好的耐辐射性能，适宜在高能物理、宇航等领域中应用。

1.2.3.5 特种电磁线

在高温、超低温、高湿度、强磁场或高频辐射等特殊环境下工作的仪器、仪表和其他电工产品中的电磁线，要求其绝缘结构和机、电性能适应这些特殊环境的要求，保证具有良好的效果，必须是以能够适应特殊场合使用要求的材料作为绝缘层的电磁线。特种电磁线的品种、规格、特点和主要用途见表 1-10。

表 1-10　特种电磁线品种、规格、特点及主要用途

名称	型号	规格①/mm	耐热等级	优点	局限性	主要用途
单丝包高频绕组线双丝包高频绕组线	SQJ SEQJ	由多根漆包线绞制成线芯	Y(90℃)	系多根漆包线组成，柔软性好，可降低趋肤效应；聚氨酯漆包线有直焊性；Q 值大	耐潮湿性差	用于制作要求 Q 值稳定和介质损耗角正切小的仪表、电器线圈
玻璃丝包中频绕组线	QZJBSB	宽 2.1～8.0mm 高 2.8～12.5①mm	B(130℃) H(180℃)	系多根漆包线组成，柔软性好，可降低趋肤效应；嵌线工艺简单		用于制作 1000～8000Hz 的中频变频机绕组
换位导线	QQLBH	a 边 1.56～3.82mm b 边 4.7～10.8/mm	A②(105℃)	简化线圈绕制工艺；无循环电流，线圈内涡流损耗小；比纸包线的槽满率高	弯曲性能差	用于制作大型变压器绕组
潜水电机绕组线	QQV	线芯截面 0.6～11.0mm^2	Y(90℃)	聚乙烯绝缘耐水性能较好	槽满率低，绕制时，线圈绝缘层易损伤	用于制作潜水电机绕组
湿式潜水电机绕组线	—	线芯截面 0.5～7.5mm^2	Y(90℃)	聚乙烯绝缘耐水性能良好，尼龙护套机械强度高	槽满率低	用于制作潜水电机绕组

① 多根漆包线绞合、压缩成型后的尺寸。

② 在油中或用浸渍漆处理后的耐温等级。

(1) 换位导线

换位导线的外形如图 1-9 所示。它是由多根漆包线组成。

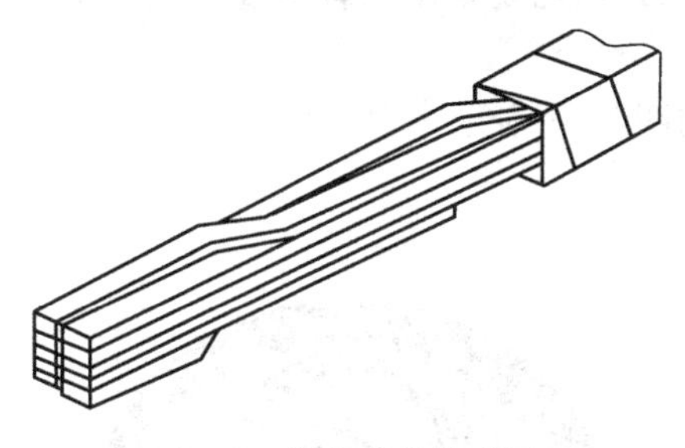

图 1-9　换位导线外形图

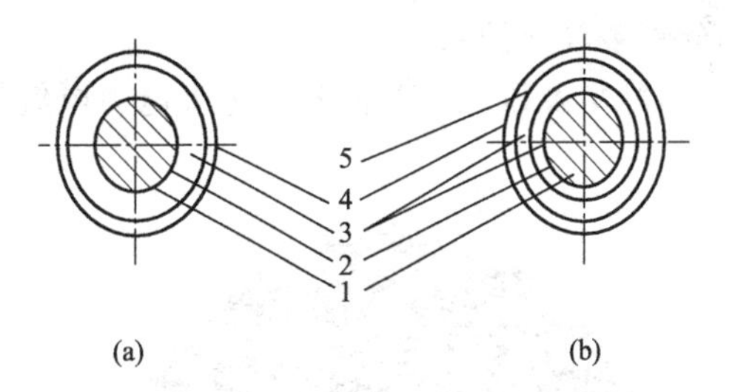

图 1-10　潜水电机绕组线结构

1—导体；2—导体封闭层；3—聚乙烯绝缘层；4—尼龙层；5—阻止层

(2) 潜水电机绕组线

潜水电机绕组线一般为铜导线线芯，截面较大的线芯由多股导线绞制而成，线芯截面为 0.5～7.5mm^2，其截面结构如图 1-10 所示。图 (b) 为两层聚乙烯绝缘，中间加以阻止层，阻止层一般采用尼龙、硅油等绝缘材料，以防局部击穿。潜水电机绕组线能在交流电压 500V、温度 60℃、工作水压不超过 60MPa 的条件下长期工作。

1.2.3.6 电磁线的选用

不同的电工产品由于其使用条件和制造工艺的不同，对电磁线有不同的要求。设计人员在设计电工产品时，会有主次地分析其对电磁线的有关性能要求，对各种电磁线的优、缺点进行比较，然后加以选用，以便既能保证产品质量、满足使用要求，又能降低生产成本。

1.3 电缆

将一根或数根绝缘导线组合成线芯，外面缠绕上密闭的包扎层（铝、铅或塑料），这种导线称为电缆。

电缆的种类很多，根据电缆的结构和用途的不同，施工（敷设、安装）的方法不同。本节介绍电力系统中常用的电力电缆、控制电缆以及电气装备用电缆。

1.3.1 电力电缆

电力电缆在电力系统中用于传输或分配较大功率的电能，根据电力系统电压等级的不同，生产有不同电压等级的电力电缆，本节介绍 35kV 以下的低压电力电缆。

按绝缘材料分，低压电力电缆主要生产品种有油浸纸绝缘电力电缆、橡胶绝缘电力电缆、聚氯乙烯绝缘电力电缆和聚乙烯及交联聚乙烯绝缘电力电缆。

(1) 油浸纸绝缘电力电缆

① 油浸纸绝缘电力电缆结构特征　油浸纸绝缘电力电缆有铅护套或铝护套的铜芯或铝芯电缆等品种。绝缘方式有普通型、滴干型和不滴流型三种。单芯电缆的导电线芯为圆形，采用电缆纸带以同心式多层绕包；多芯电缆的导电线芯有制作成半圆形、椭圆形或扇形，每根线芯上分别绕包多层绝缘纸带，几根线芯绞合成缆，其空隙处填有电缆用麻、电缆纸绳，使之成为圆形，再绕包上一定厚度的绝缘纸带。电压稍高的电缆线芯表面及绝缘层外层采用半导电屏蔽层。纸绝缘层经浸渍处理，采用不同的浸渍剂分别制成普通型、滴干型和不滴流型电缆。电缆的内层采用热压铅或铝的密封护套，根据不同敷设场合的条件，为了保护电缆内护层免受机械损伤或腐蚀，以及电缆所能承受的拉力，电缆采用沥青电缆麻被、钢带或韧钢丝铠装等外护层。

10kV 及以下三芯油浸纸绝缘电力电缆的结构如图 1-11 所示。

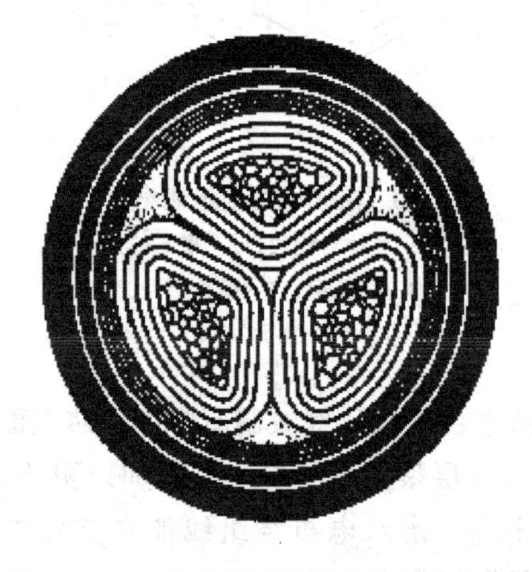

图 1-11　三芯电缆油浸纸绝缘电力电缆结构

图 1-12　三芯橡胶绝缘电力电缆结构

② 油浸纸绝缘电力电缆的规格及敷设环境　油浸纸绝缘电力电缆生产的品种规格：额定工作电压为1～35kV线芯数为1～4芯；单芯的截面积为2.5～800mm²，多芯的截面积为25～400mm²，截面等级依次是2.5、4.6、10、16、25、35、50、70、95、120、150、185、240、300、400、500、625、800（mm²）。油浸纸绝缘电力电缆广泛应用于交流电压的输配电网中，作为传输或分配电能之用，也可用于直流，其工作电压可提高一倍。滴干电缆和不滴流电缆用于高落差及垂直敷设的场合，不滴流电线也可以用于热带地区。

（2）橡胶绝缘电力电缆

① 橡胶绝缘电力电缆结构特征　橡胶绝缘电力电缆的导电线芯有铜芯和铝芯两种，橡胶绝缘，其内护层有铅包、聚氯乙烯及氯丁橡胶护套，有的电缆还采用铜带铠装沥青浸渍麻被外护层。

三芯橡胶绝缘电力电缆的结构如图1-12所示。

② 橡胶绝缘电力电缆的规格、型号及敷设环境　橡胶绝缘电力电缆生产的品种规格：额定工作电压0.5～6kV，电缆线芯数为1～4芯，单芯的截面积为1.0～500mm²，多芯的截面积为1.5～185mm²，截面等级与油浸纸绝缘电力电缆的截面等级基本相同。橡胶绝缘电力电缆广泛应用于定期移动的场合，作固定敷设使用，氯丁橡胶和聚氯乙烯护套都可用于要求非燃和不延燃的场合。

（3）聚氯乙烯绝缘电力电缆

① 聚氯乙烯绝缘电力电缆结构特征　聚氯乙烯绝缘电力电线的导电线芯有铜芯和铝芯两种，单芯电缆的导电线芯为圆形，多芯电缆的线芯有圆形、扇形或半圆形。绝缘层采用聚氯乙烯电缆绝缘材料经热挤压而成，且线芯绝缘分色标志，主线芯用黄、绿、红色，中性线芯用黑色，中性线芯也有采用裸导体结构。6kV单芯电缆的绝缘层表面及多芯电缆在电缆绕包塑料带前，绕包两层铝带或一层铜带。电缆护套采用聚氯乙烯普通电缆护套料，其护层结构有三种：一是无铠装层，仅有聚氯乙烯护套（VLV、VV型）；二是由聚氯乙烯挤制或聚氯乙烯带绕包的内衬垫，其外用钢带铠装（VLV29、VV29型）或钢丝铠装（VLV39、VV39、VLV59、VV59型），铠装层外再挤压聚氯乙烯外护套；三是只有内护层和铠装层，没有外护套的裸铠装（VLV30、VV30、VLV50、VV50型）。

三芯聚氯乙烯绝缘电力电缆的结构如图1-13所示。

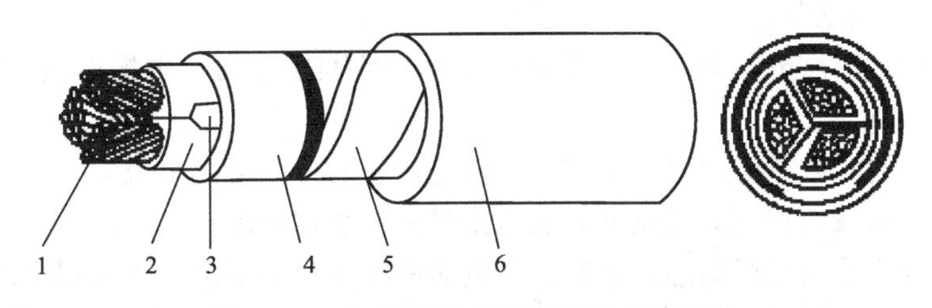

图1-13　三芯聚氯乙烯绝缘电力电缆结构

1—导电线芯；2—聚氯乙烯绝缘；3—边角填充；4—内衬垫；5—铠装钢带；6—聚氯乙烯护套

② 聚氯乙烯绝缘电力电缆规格及敷设环境　聚氯乙烯绝缘电力电缆生产的品种规格：额定工作电压为1～6kV电线线芯数为1～4芯，单芯截面积为1～800mm²，多芯的截面积为1～300mm²，截面等级与油浸纸绝缘电力电缆的截面等级基本相同。聚氯乙烯绝缘电力电缆适用于交流6kV及以下电力等级的电力线路中，作为固定敷设、传输电能的干线及支线电缆，其工作温度不超过65℃，没有敷设位差的限制。

(4) 交联聚乙烯绝缘电力电缆

交联聚乙烯绝缘电力电缆其绝缘层采用的是交联聚乙烯。交联聚乙烯是聚乙烯在高能射线(如γ射线、α射线、电子射线等)或交联剂的作用下，使其大分子之间生成交联，可提高其耐热等性能，采用交联聚乙烯作绝缘的电缆，其长期工作温度可提高到90℃，能承受的瞬时短路温度可达170～250℃。

① 交联聚乙烯绝缘电力电缆结构特征　交联聚乙烯绝缘电力电缆产品结构与聚氯乙烯绝缘电力电缆基本相同，其导电线芯有钢芯和铝芯两种，单芯电缆的导电线芯为圆形，多芯电缆的导电线芯为圆形或半圆形。每相绝缘分别由内屏蔽层、交联聚乙烯绝缘层及外屏蔽层所组成，导电线芯的屏蔽层(即内屏蔽层)采用半导电交联聚乙烯复合物挤包，绝缘屏蔽层(即外屏蔽层)采用双面涂胶的半导电丁基橡胶布带绕包或用半导电高分子复合物挤包。绝缘屏蔽层外面均重叠绕包一层电工用韧铜带。移动式的电力电缆则编织一层镀锡钢丝，铜带外再绕包一层聚氯乙烯带或电缆纸。其护层结构与聚氯乙烯绝缘电力电缆基本相同，采用聚氯乙烯护套、钢带或钢丝铠装，可分为无铠装(YJLV、YJV、YJLVF、YJVF型)、内铠装(YJLV29、YJV9、YJLV39、YJV39、YJLV59、YJV59型)和裸铠装(YJLV30、YJV30、YJLV50、YJV50型)。多线芯电缆各主线芯有分色标志，采用除红色以外的彩色纤维(纱或丝)放置在外屏蔽铜带里层或在外屏蔽的半导电丁基橡胶布带上印有彩色条纹，以示区别各相。交联聚乙烯电力电缆的结构如图1-14所示。

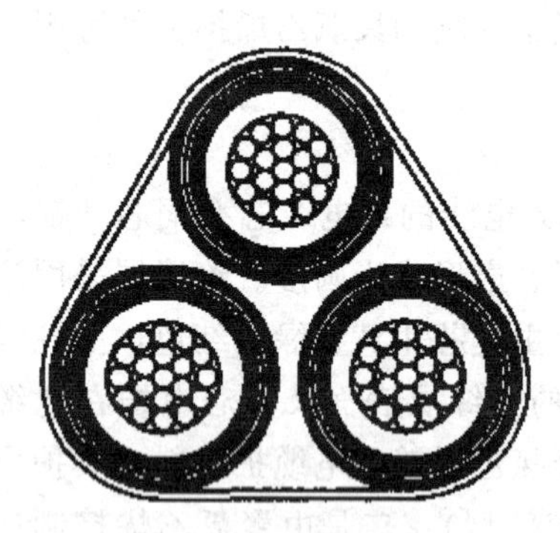

图1-14　交联聚乙烯绝缘电力电缆结构

② 交联聚乙烯绝缘电力电缆规格及敷设环境　交联聚乙烯电力电缆生产的品种规格：额定工作电压为6～35kV；电缆线芯数为1～3芯，单芯的截面积为16～500mm^2，三芯的截面积为16～240mm^2，截面等级与油浸纸绝缘电力电缆的截面等级基本相同。交联聚乙烯绝缘电力电缆广泛应用于交流输配电网中，作传输电能之用，可替代油浸纸绝缘电力电缆，无敷设位差的限制，还可用于定期移动的固定敷设场合，不但具有较高的耐热性能，而且还有良好的耐寒性能。

(5) 电力电缆的选用

① 电缆的额定工作电压应大于或等于所在电网的额定电压，电缆的最高工作电压不应超过额定电压的15%。

② 电缆的长期允许载流量应大于或等于供电负载的最大持续电流。

③ 电缆导线的截面积应满足供电系统短路时的热稳定要求。

④ 电缆导线应尽量采用铝芯，只有重要负荷或特殊环境要求时才采用铜芯电缆。

⑤ 敷设在建筑物内的电缆宜选择裸铠装电力电缆，直接埋在地下的电缆应选用带护层的铠装电力电缆。

⑥ 敷设在有腐蚀性介质场所的电缆，应选用具有防腐性能强的护套电缆。

⑦ 垂直敷设时或在高低位差较大的场所敷设电缆时，应选用不滴流电缆。

1.3.2 控制电缆及选用

(1) 控制电缆结构特征

控制电缆是配电装置中传导操作电流，连接电气仪表、继电保护和自动控制等回路用的电缆。控制电缆线芯多采用铜导体，也有部分采用铝导体。按其线芯结构形式可分为三种：A 型（0.5～6mm^2，单根实芯）；B 型（0.5～6mm^2，7 根单线绞合）；R 型（0.12～1.5mm^2，软结构，单线直径 0.15～0.2mm）。

控制电缆按其绝缘层材料，可分为聚乙烯、聚氯乙烯和橡胶三类。其中，聚乙烯控制电缆的电性能为最好，也可应用于高频线路。控制电缆的绝缘线芯主要采用同心式绞合，也有部分控制电缆采用对绞式。氯丁橡胶电缆具有不延燃性能，聚乙烯护套电缆具有较好的耐寒性能。控制电缆线芯长期允许工作温度为 65℃。

（2）控制电缆的规格及敷设要求

控制电缆适用于直流和交流 50～60Hz，额定工作电压 600/1000V 及以下的控制、信号、保护及测量线路用，适于固定敷设。因为一般控制电路中电流不大，且多为负荷间断，所以电缆线芯截面较小，一般为 1.5～10mm^2。

（3）控制电缆的选用

① 控制电缆的选择必须以温升、经济电流密度、电压损失等参数为依据。

② 控制电缆应尽可能选用多线芯电缆，力求减少电线根数。当线芯截面积为 1.5mm^2 时，电缆线芯数不宜超过 30 芯。当线芯截面积为 2.5mm^2 时，电缆线芯数不宜超过 24 芯。当线芯截面积为 4mm^2 及以上时，电缆线芯数不宜超过 10 芯。

③ 测量表计电流回路用控制电缆的截面积不应小于 2.5mm^2，而电流互感器二次电流不超过 5A，所以不需要按额定电流校验电缆芯。另外，控制芯数不宜超过 10 芯。

④ 较长的控制电缆在 7 芯及以上，截面积小于 4mm^2 时，应当留有必要的备用芯。但同一安装单位的、同一起止点的控制电缆中不必每根电缆都留有备用芯，可在同类性质的一根电缆中预留。

⑤ 应尽量避免一根控制电缆同时接至控制屏上两侧的端子排，若线芯数为 6 及以上时，应采用单独的电缆。

⑥ 对较长的控制电缆应尽可能减少电缆的根数，同时也应避免电缆芯的多次转接。同一根电缆内不宜有两个安装单位的电缆芯。在同一个安装单位内截面积相同的交、直流回路，必要时可共用一根电缆。电缆可按短路时校验其热稳定性。

⑦ 保护装置电流回路用控制电线截面的选择，是根据电流互感器的 10%误差曲线进行的。选择时首先确定保护装置一次电流倍数 m，根据其 m 值，再由电流互感器 10%误差曲线查出允许二次负荷数值。

⑧ 电压回路用控制电缆，按允许电压损失来选择电缆线芯截面。

⑨ 控制、信号回路用控制电缆线芯，根据机械强度条件选择，铜芯电缆线芯截面积不应小于 1.5mm^2。当合闸回路和跳闸回路流过的电流较大，产生的电压损失增大，为使断路器可靠地动作，此时需根据电缆允许电压损失来校验电线线芯截面。

1.3.3 电气装备用电缆

电气装备用电缆常采用橡胶绝缘和橡胶护层的橡套电缆，类别较多，本书仅介绍移动式通用橡套电缆和一些常用的橡套电缆，如电焊机用软电缆、机车车辆用电缆、无线电装置用电缆、摄影光源软电缆和防水橡套电缆等。

（1）移动式通用橡套软电缆

移动式通用橡套软电缆的导电线芯采用多股软铜线束绞而成，结构柔软，大截面的导线表面采用纸包，改善弯曲性能；绝缘材料采用天然-丁苯橡胶，老化性能较好；护层采用同样橡胶，户外型产品采用全氯丁橡胶或以氯丁橡胶为主的混合橡胶，有较好的老化性能及力学性能，按电缆承受机械力的能力可分为轻型、中型和重型三种形式。一般轻型橡胶电缆适用于日用电器、小型电动设备，柔软、轻巧、弯曲性能好；中型橡套电缆普遍用于工、农业各部门；重型橡套电缆用于港口机械、探照灯、大型灌站等场合。移动式通用橡套软电缆的产品品种、型号及主要用途见表 1-11。

表 1-11　移动式通用橡套软电缆的产品品种、型号及主要用途

产品名称	型号	最高允许温度/℃	主 要 用 途
轻型通用橡套电缆	YQ	65	连接交流电压 250V 及以下轻型移动电气设备和日用电器
户外型通用轻型橡套电缆	YQW		具有耐气候性和一定的耐油性能
中型通用橡套电缆	YZ		连接交流电压 500V 及以下各种移动电气设备(包括各种农用电动装置)
户外型通用中型橡套电缆	YZW		具有耐气候性和一定的耐油性能,其他同上
重型通用橡套电缆	YC		能承受较大的机械外力作用,如港口机械用,其他同 YZ 型
户外型通用重型橡套电缆	YCW		具有耐气候性和一定的耐油性能,其他同 YC 型

(2) 机车车辆用软电缆

机车车辆用软电缆的导电线芯采用软铜线绕制的柔软结构，绝缘材料采用天然-丁苯橡胶，护套采用耐臭氧和不延燃性的氯丁橡胶，地铁车辆用软电缆采用防霉性好的配方橡胶。机车车辆用软电缆分为电气化车辆用电缆和地铁车辆用电缆，其产品品种、型号及主要用途见表 1-12。

(3) 电焊机用软电缆

电焊机用软电缆的导线采用柔软型结构，专用作电焊机二次侧接线及连接电焊钳的软电缆。其导线外包一层聚酯薄膜绝缘带，绝缘和护套采用较好的橡胶，厚度也较大，以保证在复杂的环境条件下使用具有良好绝缘、抗老化和力学性能。电焊机用软电缆分为铜芯橡套软电缆（YH）和铝芯橡套软电缆（YHL），铝芯电缆的线芯采用铝合金，既能大幅减轻电缆重量，又能保证具有足够的机械强度。

表 1-12　机车车辆用软电缆品种、型号及主要用途

产品名称	型号	最高允许温度/℃	主 要 用 途
电气化车辆用橡胶绝缘非燃性橡套电缆	DCHF	65	连接直流电压 500V、1000V、2000V 及以下的电气化车辆内部的电气设备用
电气化车辆用橡胶绝缘棉纱编织电缆	DCBX		
地铁车辆用橡胶绝缘丁腈聚氯乙烯复合物护套电缆	DCXVF	65 (最低环境温度为－35℃)	供地下铁道机车车辆用各种供电装置,照明、通信、广播之用。电压等级为交流 500V 或直流 1000V、3000V。通信、广播用的交流电压为 250V 及以下
地铁车辆用橡胶绝缘氯丁护套电缆	DCXHF		
地铁车辆用橡胶绝缘氯丁护套多芯屏蔽电缆	DCXHFP		
地铁车辆用丁聚物绝缘聚氯乙烯护套屏蔽广播线	DCVFVP		

(4) 无线电装置用电缆

无线电装置用电缆是供移动式无线电装置用的电缆，可分为一般性的橡套电缆（SBH）和具有屏蔽作用的橡套电缆（SBHP）两种，无线电装置用电缆的工作温度为－50～50℃。

(5) 摄影光源用软电缆

摄影光源用软电缆的导体线芯采用多股细铜线先束后绞制成细软的柔软型结构，绝缘层及护套采用乙丙橡胶，允许工作温度为 90℃，型号为 GER-500。

(6) 电梯电缆

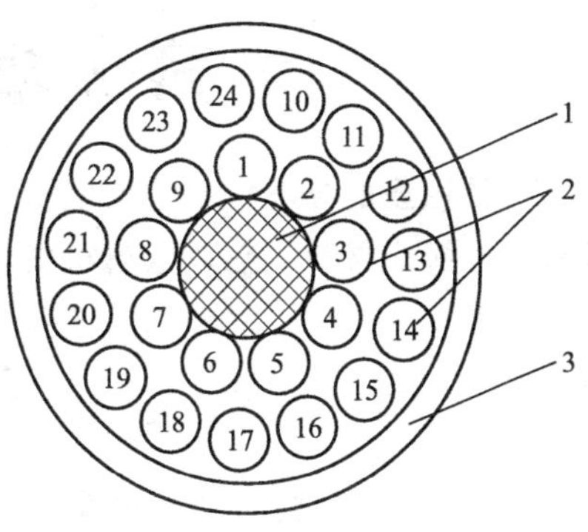

图 1-15　电梯电缆截面结构
1—尼龙加强绳；2—绝缘线芯；3—橡胶护套

电梯电缆是供高层建筑电梯及其他起重运输等设备传递信号及控制之用，是一种信号传递用控制电缆，适应自由悬吊和多次弯曲，电缆均为多芯，其导电线芯采用铜绞线，绝缘层采用橡胶，成缆时中心有尼龙加强绳，以承受电缆悬吊时的自重，并使之柔软，护套采用机械强度高的橡胶。电梯电缆的截面结构如图 1-15 所示。其品种、型号及主要用途见表 1-13。

表 1-13　电梯电缆品种、型号及主要用途

产品名称	型号	工作电压/V	长期工作最高温度/℃	规格	主要用途
电梯用信号电缆	YT	250	65	截面积：0.75mm²；芯数：24、30、42	户内移动信号线路用
	YTF				户外或接触及油污及要求不延燃的移动信号线路用
电梯用控制电缆	YTK	500	65	截面积：1.0mm²；芯数：8、18、24	同 YT 条件，控制线路用
	YTKF				同 YTF 条件，控制线路用

(7) 防水橡套电缆

防水橡套电缆用于向潜水电机传输电能，交流电压 500V 及以下，环境温度为－40～60℃，允许最高工作温度不超过 65℃。电缆在长期浸入水中并有较大水压的工作情况下，具有良好的电气绝缘性能，且电缆柔软，弯曲性能好，能承受经常移动，型号为 JHS。

思考复习题

1. 导电用金属的主要特性及用途有哪些？
2. 什么是复合金属？复合金属导电材料的用途和特性有哪些？
3. 简述裸导线的分类、特性及用途。
4. 什么是电磁线？电磁线的分类有哪些？
5. 简述特种电磁线的品种、特点及用途。
6. 举例说明电磁线的应用。
7. 绝缘导线按用途分类有哪些？
8. 简述电力系统中常用的电力电缆、控制电缆以及电气设备电缆的特点。

第 2 章　特种电工材料

特种用途的导电材料包括电阻合金材料、电热材料、热电偶材料、熔体材料、弹性合金材料、电触头材料、热双金属材料、膨胀合金材料、电碳制品材料等。

2.1　电触头材料

2.1.1　电触头材料的分类

在电力和通信系统中，许多电气装置需要各种不同的电触头，有开闭触头、固定触头以及滑动触头三种类型。触头材料按特性和用途可分为轻负载、中负载、重负载和真空触头材料四大类。

（1）轻负载触头材料

轻负载触头材料多用于信息技术领域及某些设备的控制、测量和调试系统中。由于负载小（电压小于 30V、电流小于 60A），一般不会发生触头熔焊。电器的高可靠性主要取决于触头材料的接触电阻的高稳定性。因此，对触头的表面状态要特别重视，尽可能避免表面因吸附、氧化、腐蚀以及周围环境等污染而形成表面膜。这类触头材料有金基、铂基、钯基和银基。

（2）中负载触头材料

中负载触头材料是指工作电压为 110～1200V，工作电流为 6～2500A，且接通和分断电流可达 10kA，相当于各类触头额定电流的 4～10 倍，如控制开关、接触器、负荷开关和电动机启动器等。这类触头材料必须导电性好、导热性好、接触电阻低而且稳定、抗熔焊、耐电弧烧损、极性转移少、寿命长。它们以银基为主，主要是银-金属和银-金属氧化物等。

（3）重负载触头材料

重负载触头材料是指用于具有过电流、短路和接地保护功能的保护开关和熔断器的触头材料，其额定电压为 110～500kV，额定电流为 6～6300A，最大分断电流可达 15～1000 倍额定电流。要求这类触头材料在电流下具有良好的抗熔性和快速熄弧性能，能长期承受高热负载能力。触头结构一般分别设置主触头和弧触头，必须采取措施提高触头运动的速度，加强吹弧及缩短熄弧时间。这类触头材料以钨基和钼基为主，由于钨、钼易氧化而增大接触电阻，从而大大提高温升，为此常与含石墨成分的银石墨、银碳化钨石墨配对使用。铜-钨比银-钨更易氧化，只能在油、SF_6 或真空中使用。近年来采用焊接制成自力型整体触头组件，用于 225kV、550kV 超高压的 SF_6 高压断路器中，效果良好。电子束焊接铜基触头克服了其他焊接方法带来的铜退火的缺点。

（4）真空触头材料

真空触头材料属于重负载触头材料范围。这种触头材料在真空中不会产生影响导电的表面氧化膜，故不必采用贵金属。真空电器要求触头材料具有更高的抗熔焊性和耐压强度、低的截流值和热电子发射性能，以免影响介质强度的恢复能力和避免造成更高的过电压。在真空断路器中 Cu-Cr、Cu-Bi 系列触头材料应用最广泛。由于铜和铬蒸气压相近，在电弧作用下各自蒸发的数量接近，使用过程中能保持原来成分比例，故始终具有高的分断能力。由于 Cu-Cr 触头材料不含蒸气高压、电子溢出功小的添加元素，所以在分断大电流时，灭弧室不会存在大量低熔点金属蒸气，触头之间的介质强度能迅速恢复，这是Cu-Cr触头优于Cu-Bi触头的原因，它可以减少触头间隙，缩小灭弧室等。Cu-Cr触头还具有较强的吸气能力，可保持灭弧真空度的恒定，延长灭弧室的使用寿命。此外，在应用中对Cu-Cr触头含气量要求宽于Cu-Bi触头，故在制作Cu-Cr中添加Mo、Ta、Nb等元素，可以进一步提高耐压强度和抗熔焊性、耐磨损性、抗腐蚀性等特性。

2.1.2 电触头材料的选用

(1) 电触头材料的选用原则

电触头材料在电器开关中占有十分重要的地位，又由于电触头材料的性能特点各异，每种电触头材料都有其一定的应用对象及适用范围，超越各自的适用范围，优质材料也会变成应用性能差的品种，因此，合理选用电触头材料以满足不同开关电器的要求就显得很重要了。

① 电气性能条件　要根据电器开关的特性功能进行选材，即电流种类和大小（强、弱)、电压种类和高低、短路切断能力、负载的大小、电弧的大小和电寿命等电气性能条件。不同电气性能条件下的电触头材料的选择见表2-1。

表2-1 不同电气条件下的电触头材料的选择

电气条件	选用材料
额定电流100A以下的接触器	Ag-Fe
额定电流100A以上及100A以下弹跳现象严重的接触器	Ag-CdO
额定电流60A以上,分断电流3000A以下的断路器	烧结、挤压法Ag-CdO
额定电流400A以下,分断电流20000A以下的断路器	Ag-C与Ag-Ni非对称触头对
额定电流600A以上,分断电流25000A以上的断路器	Ag-W、Ag-WC
额定电流250A以上,分断电流15000A以上的断路器	可采用主弧两触头 主触头:Ag、Ag-Ni、Ag-CdO 弧触头:Ag-W、Cu-W
线路保护开关,铁路信号继电器要求确保安全不得熔焊	烧结、挤压法Ag-C、Ag-W、Ag-WC、Ag-CdO
磁吹式开关: 磁场较弱时 磁场较强时 分断速度较快 分断速度较慢	 内氧化法Ag-CdO 烧结、挤压法Ag-CdO 烧结法Ag-CdO 内氧化法Ag-CdO
直流条件下使用时	可选用热导率不同的两种材料分别制成阳极和阴极触头，热导率高的材料作阳极,以防材料从阳极向阴极的正向转移
在有电感的回路或因触头运动速度快,分断时将出现高的电压峰值	选用电磨损小的触头材料

② 力学性能条件　根据开关电器的动作原理、接触力的大小、闭合力大小、断开与闭合频率和机械寿命等机械条件进行选材。

a. 高压断路器的闭合力大，触头开距大，电弧强，触头材料将承受大的机械冲击力和电弧的急热急冷作用，一般钨粒度细的（1μm左右）银-钨或铜-钨触头材料易产生龟裂与破损。常选用钨粒度较粗的高韧性材料，虽其电磨损稍大，但可消除触头碎裂的故障。

b. 真空接触器操作频繁，且常在小电流下分断。故应选用电磨损与截流较小的电触头材料，如钨-铜铋锆和铜铁镍钴合金等。较大容量的真空接触器则宜选用不含钨的触头材料，因钨的剩余电流大，限制了它的电流分断能力。

c. 真空断路器用来分断大的短路电流或过载电流，希望有较小的截流，主要要求具有足够大的抗熔焊和电流分断能力。当分断容量在 100MV・A 左右时，通常选用铜铋合金。在分断容量更大的真空断路器中，则选用灭弧能力更强的电触头材料，如铜碲硒合金和铜铋银合金等。

d. 用于轻负载触头，当条件不允许提高接触压力时，应选用贵金属合金作触头材料，如果接触压力较高，则应选用硬度较高并能耐机械磨损的触头材料，以延长触头的使用寿命。

e. 当触头最大间隙受条件限制不能增大时，应选用灭弧较好的电触头材料，可避免产生持续的电弧。

③ 环境条件　根据电器开关所处的环境温度和湿度，以及触头工作时周围是否有粉尘、易燃易爆气体和腐蚀件气体等环境条件进行选材。

a. 在高湿度下使用的电触头材料，应选用耐腐蚀性能良好的铂基、钯基、金基和银基合金等。

b. 在硫化气体中，应选用耐腐蚀能力较强的铂基合金或钯基合金。

c. 在汽油或其他油料气氛中，选用钨触头材料。

d. 小电流触头上的尘埃，影响良好的接触。软质触头材料易黏附尘埃，且不宜清除，所以应选用硬度较高的触头材料。

(2) 电触头的接触形式

① 点接触　球面与平面的接触。在较小接触压力情况下，点接触的接触电阻较小。当加大接触压力，接触电阻的下降并不很迅速。一般继电器等小功率电器选用此接触形式。

② 线接触　圆柱与平面的接触。随着触头接触压力的增大，触头间接触面增大，接触电阻也迅速减小。一般断路器等电器选用此接触形式。

③ 面接触　两触头平面之间的接触。在大接触力作用的范围内，面接触电阻最小。一般断路器等电器选用此接触形式。

2.2 电热材料

电工用电热材料把电能转变为热能，在高温下具有良好的抗氧化性能和一定的机械强度，电阻率较高，电阻温度系数较小，易于加工成型。根据不同使用温度，有合金、纯金属、非金属陶瓷以及管状电加热元件等不同类型产品。

2.2.1 电热合金材料

(1) 电热合金类别和特点

电热合金用于制造电阻加热装置中的发热元件，广泛应用于各种工业电炉和家用电器中。作为电阻体接在电路中电能转变为热能，使炉温升高。电热合金应具有良好的抗氧化性能。为了提高合金的工作温度和使用寿命，在合金中掺有微量的稀土元素。

电热合金具有高电阻率、低电阻温度系数、抗氧化、有较高的温度以及良好的加工性能的特点。在对温度或功率要求有自控作用的使用环境，要求材料有较高的电阻温度系数，在用于腐蚀气氛的环境中，要求材料有良好的耐腐蚀性。

(2) 电热合金的选用和计算

① 选用电热合金时，需考虑其本身特性，包括：高温时铁铬铝合金强度的降低大大低于镍铬合金，因此在一定的高温场合，应选用镍铬合金而不宜选用铁铬铝合金；铁铬铝合金在高温使用后，不但会变脆，还会伸长，再加上高温强度降低，若支撑、安装不当，必定会产生形变、短路等现象，而镍铬合金使用后，伸长不显著，设计时应考虑；电热合金的电阻率会随温度的变化而变化的情况可用电阻率修正系数 C_t（工作温度下的电阻率 ρ_t 与 20℃时的电阻率 ρ_{20} 之比值）来表征电阻随温度的变化。一般情况下，电阻率修正系数越小越好。

② 选用电热合金时，除了考虑电热合金本身的特性外，还应考虑被加热工件的工艺要求、设备的结构形式以及使用条件。

③ 电热合金在高温时强度下降，所以除在结构中考虑一定的支撑外，对元件的形状和尺寸也应合理选择。

④ 为了降低元件引出端的温度，减少电能损失和便于连接电源线，元件引出棒或带的截面积至少应为元件截面积的 3 倍。

⑤ 低电压大电流的加热设备中，以采用板、带材电热元件为宜。工业炉用应选 ϕ3mm 以上电热丝，一般在 10kW 以上，应使用三相电源供电以减小电热合金线径。对功率在 12kW 以下的实验电路可选 ϕ3mm 以下电热丝。

⑥ 合金截面尺寸的确定

a. 合金材料圆线线径计算公式为

$$d=34.3\sqrt[3]{\frac{P^2\rho_1}{U^2\omega}}$$

$$\rho_t=C_t\rho_{20}$$

式中　d——电热合金材料直径，mm；

P——元件功率，kW；

ρ_t——元件温度 t 时的电阻率，$10^{-6}\Omega\cdot m$；

C_t——元件温度 t 时的电阻率温度修正系数；

ρ_{20}——元件温度 20℃时的电阻率；

ω——元件表面负荷，W/cm^2

b. 合金材料带材截面积尺寸的计算公式为

$$t=\sqrt[3]{\frac{P^2\rho_1}{20m(m+1)U^2\omega}}$$

$$m=b/t$$

式中　t——带材厚度，mm；

b——带材宽度，mm；

m——带材宽厚比。

以上公式表明，需要在设备功率、供电电压、合金牌号以及电热元件采用的表面负荷等参数确定后，才能算出电热合金材料的截面尺寸。

⑦ 截面负荷 ω 是表示电热元件发热能力的量，它是指电热元件表面上每平方厘米所能散发的功率。ω 值的大小决定着表示电热元件温度与炉内温度之间的差额。ω 值越大，两温度的差额越大。它的选用与电热合金的材质、规格、电热设备的构造、敞露与封闭程度、工作温度、加热介质、介质温度、传热方式等有密切关系。

表 2-2 是铁铬铝合金（0Cr25Al5）表面负荷选用范围。由于镍铬合金（Cr20Ni80）的工作温度比铁铬铝合金低，故镍铬合金的表面负荷相应减少，约为表 2-2 中所列数值的 80%左右。设计中还应考虑元件结构形状对散热条件的影响，散热条件好的表面负荷可较大。带材元件比线材元件的散热好，因此其表面负荷可较高一些。一般可高出表 2-2 中所列线材的 20%。

表 2-2　铁铬铝合金（0Cr25Al5）表面负荷选用范围

电热设备类型	工业电阻炉		日用电阻炉		电烙铁		电熨斗	管状电加热元件
	炉温 1000～1200℃	炉温 950℃	开启式	半开启式	外热式	内热式		
材形	线材	线材	线材	线材	带材	带材	带材	线材
表面负荷选用范围 /W・cm^{-2}	1.0～1.5	1.4～1.8	4～6	13～15	2～3	8～10	5～8	8～25

在电热元件工作温度范围相同情况下，炉温越高，表面负荷需相应减少以降低元件温度与炉温之间的温差，否则元件温度将随着增高，导致元件过热，寿命缩短。反之，炉温降低，表面负荷可相应增大。

在炉温相同的情况下，增大表面负荷将提高元件温度，缩短元件寿命。由于电功率不变，增大表面负荷可相应减小元件表面积，从而减少电热合金材料用量。反之，减小表面负荷，可延长元件使用寿命，但需增加电热合金的用量。

2.2.2　常用电热合金元件

2.2.2.1　硅碳电热元件

硅碳电热元件是用碳化硅作为原料，经高温再结晶形成，由发热部和接线端两部分组成，有棒状及管状之分。其结构又有粗端部、等直径、三相型、槽型、螺纹管等之分。

（1）硅碳电热元件的选用

① 硅碳元件支数的计算

a. 根据电热设备所需要总功率 P 及从材料手册上选定表面负荷 ω，即可用下式算出硅碳元件发热的总面积：

$$S=\frac{P}{\omega}$$

b. 根据电热设备的实际尺寸，从相应的材料手册上选定一种合适的硅碳元件发热部长度 l 和接线端长 l_2。表中同一发热部长度的元件有多种直径可供选用，可从中选定一种直径 d（棒）或 D（管），用下式算出元件支数 Z（三相供电电路中，需把 Z 凑成 3 的倍数）：

$$Z=\frac{S}{\pi dl}\text{（棒）}$$

$$Z=\frac{S}{\pi Dl}\text{（管）}$$

c. 每支元件的功率 P_1 由下式确定：

$$P_1=\frac{P}{Z}$$

② 每支元件的允许负荷　根据计算结果查材料手册可知各种规格元件在不同炉温下的每支允许负荷，在使用过程不得超过这一允许负荷，否则会加速元件的老化，缩短使用寿命。

（2）使用注意事项

① 硅碳棒的接线方法以单相并联和三角形并联为佳，负荷易于平衡。这样既保护元件，又能获得均匀的炉温。

② 要注意硅碳棒阻值的匹配，以达到功率平衡，对于旧棒或阻值标记模糊不清的棒，可通电使发热部表面温度升至 1100～1200℃，记录下该温度时的电压与电流值，由伏安法求得棒的阻值，切忌以冷态时的阻值作为匹配的依据。

③ 硅碳元件在长期使用过程中，由于材料的氧化，其阻值会逐渐增大，因此在使用过程中必须配用调压器调节供电电压以保持设备所需的功率，并可由 $U=\sqrt{PR_1}$ 来确定调整后的供电电压。

2.2.2.2　硅钼棒电热元件

（1）硅钼棒电热元件介绍

硅钼棒电热元件是由二硅化钼粉末冶金方法经挤压成型，经高温烧结而成。根据外形可分为“U”形棒和直形棒两种。棒两端较粗是冷端，端头喷铝作为连接部分，如图 2-1 所示。

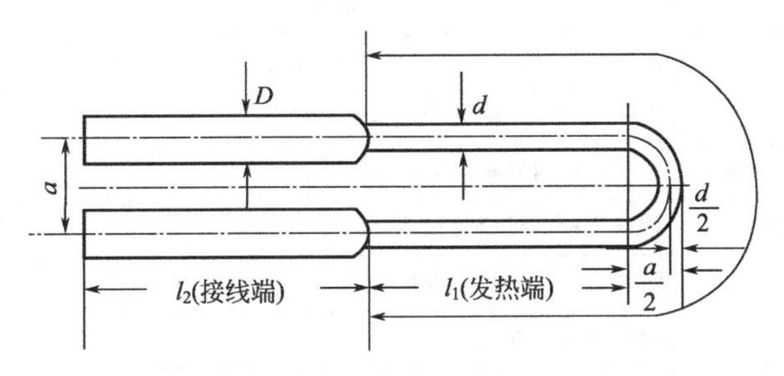

图 2-1　硅钼棒结构图

（2）硅钼棒电热元件的选用和使用时应注意的事项

① 硅钼棒电热元件的选用　根据高温电路的具体尺寸，查表可选择合适的规格，包括 l_1、l_2、d 和 a，并把电炉所需总功率 P 除以选定规格的每支元件功率 P_1，得出所需元件支数 Z（在三相供电电路情况下，需把 Z 选成 3 的倍数）。

② 硅钼棒使用注意事项

a. 硅钼棒加热元件用于电炉时，其安装方法有垂直吊转和水平安装两种。在一般情况下，硅钼棒元件用于电炉中时多为吊挂。当需要水平安装时，电炉使用最高工作温度比垂直吊挂降低 100℃。

b. 当元件在 400～800℃温度范围内长期使用时，会破坏元件表面的石英玻璃层而使元件发生低温氧化，因而不能在此温度的范围长期使用。

c. 耐火材料宜用酸性或中性，不能用氧化镁或白云石等碱性耐火材料。

2.2.2.3 管状电热元件

管状电热元件又称电热管，是由铁铬铝或镍铬电热合金材料烧成的元件作为发热体，外面套以金属护套，中间填以电熔结晶氧化镁原料组成。其结构如图 2-2 所示。

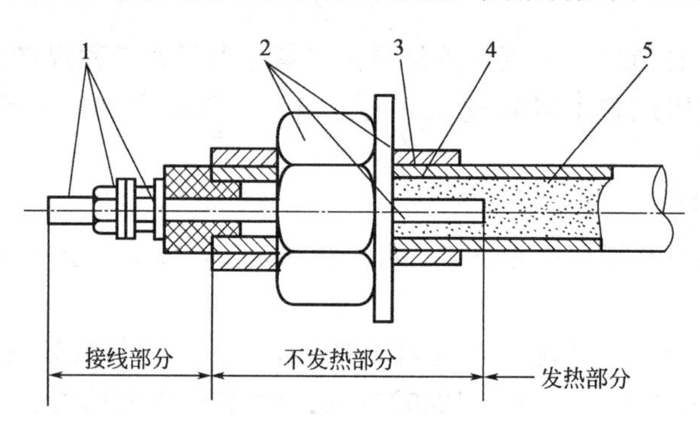

图 2-2 管状电热元件示意图

1—接线装置；2—紧固装置；3—金属套管；
4—结晶氧化镁；5—电热材料

(1) 管状电热元件的型号、名称及主要用途

根据使用场合的要求小同，电热管被制成不同形状和型号。这些型号元件是按各种加热介质、所需温度的差别而采用不同的管子表面负荷及电热元件表面负荷设计制成的。其型号、名称及主要用途见表 2-3。

表 2-3 管状电热元件的型号、名称及主要用途

型号	名　称	主要用途	最高使用温度/℃
JGQ	空气用加热元件	加热空气(标有 W 的为涂远红外元件)	300
JGY	油用电加热元件	循环或不循环的敞开式或封闭式器具内加热	300
JGX	硝盐溶液用电加热元件	敞开式槽内硝盐溶液加热	500～550
JGJ	碱溶液用电加热元件	敞开式槽内碱溶液加热	500～550
JGS	水用电加热元件	敞开式或封闭式槽内加热	105
JGM	模具用电加热元件	插入模孔内加热	300
JGW	远红外电加热元件	干燥油漆、塑料、食品及含水物质	300
JGC	道岔除雪用电加热元件	道岔除雪、塑料加工、管道保湿	300

(2) 管状电热元件的选用和使用时应注意的事项

① 管状电热元件的工作电压不得超过额定电压的 1.1 倍。

② 管状电热元件外壳必须接地。

③ 出于各型号的电热元件是根据各种加热介质，采用不同的管子表面负荷设计，故不宜随意调换使用场合。

④ 用于液体中的电热元件必须把其发热部件全部浸入液体中，防止暴露于液面以上的部分过热而烧坏。

⑤ 电热元件在盐熔或碱熔炉中，当盐或碱为固态时，由于散热的原因，电热元件需降低电压使用，以降低表面负荷。待它全部熔化成液体后，方可升至额定电压。

2.2.2.4 远红外电热元件

利用远红外线加热干燥是一项新技术，它通用于各种有机物、高分子物质和含水物质，如油漆、漆包线、纺织品、粮食、木材、蔬菜和药材的干燥；食品的烘焙；金属的退火热处理和应力消除；治疗人体疾病等方面。具有投资省、烘干时间短、升温速度快、占地面积小、烘物质量高和消耗电能少等优点，一般可节电 30%～50%。远红外电热元件有金属管状、陶瓷类和直热式远红外辐射加热元件。

(1) 金属管状远红外元件

金属管状远红外元件是在普通金属管状电加热元件上加涂远红外辐射涂层而制成，可以制作成不同长度和各种形状。它具有启动升温快、热效率高、使用寿命长以及安装维修方便等特点，其表面负荷一般不大于 $4W/cm^2$（较小），不适用于大功率的高温加热，其规格直径有 ϕ10mm、ϕ12mm、ϕ14mm 及 ϕ16mm 几种，作为基体管有不锈钢和碳钢两种材质。碳钢管面覆盖的远红外辐射涂层不易脱落；若在有腐蚀性气体的环境或使用温度较高的场所，宜选用不锈钢管。

(2) 陶瓷类远红外元件

陶瓷类远红外元件有碳化硅板和锆英石板等，它的制造工艺简易，使用方便，寿命长，节电效果明显。适用于温度较高，辐射强度大的加热炉。由于质地较脆，不耐碰撞和振动，安装、检修较麻烦。

(3) 直热式远红外元件

直热式远红外元件是电阻带朝炉心的正面涂敷远红外辐射涂层，在电阻带的背面涂敷低辐射的二氧化铝涂层。它的表面负荷率较大，可达 $10W/cm^2$，被照射而可得到较大的辐射强度，达到较高的加热温度。

(4) 远红外辐射的涂敷工艺

涂敷辐射材料层方法有等离子喷涂法、涂刷法、撒布法和复合烧结法四种，其中，涂刷法的工艺简单，施工方便，不需要专用的设备，应用最普遍。

涂刷法与刷漆工艺相似，先将金属加热元件或碳化硅电加热元件进行喷砂及用有机溶剂清洗处理，然后用毛刷将预先制备的料浆均匀地涂刷在电加热元件的表面，涂敷层厚 0.2～0.4mm，晾干后，在 100～200℃温度下烘 2h 即可。涂敷的料浆是用黏结剂与远红外辐射涂料按一定比例（质量比）经球磨或搅拌混合均匀制备而成。

2.3 电阻合金

电阻合金材料是制造电阻元件的重要材料，因其有电阻温度系数小、稳定性好、机械强度高等特点。电阻合金材料可制成线、棒、管、带、片、箔、粉状等形状的材料，其表面还可以覆盖绝缘层，被广泛应用于电机、电器、仪器仪表及电子工业等领域。

电阻合金按其用途可分为调节元件用电阻合金、精密元件用合金、电位器用电阻合金以及传感器用电阻合金。

2.3.1 调节元件用电阻合金

调节元件用电阻合金具有机械强度高、抗氧化和耐腐蚀性能好、工作温度较高等优点，主要用于电流、电压调节与控制元件的绕线，如电动机启动、调速、制动、降压及放电和其他传动装置。

调节元件用电阻合金的主要材料有康铜、新康铜、镍铬、镍铬铁合金、铁铬铝合金等，其成分、特点、性能参数见表 2-4。

表 2-4 调节元件用电阻合金品种、特点及性能参数

品种	主要成分 /%	电阻率 (20℃) $\rho/\Omega \cdot m$	电阻温度系数 α $/10^{-6}℃^{-1}$	对铜热电动势 E_0 $/\mu V \cdot ℃^{-1}$	密度 d $/g \cdot cm^{-3}$	抗拉强度 σ_b/MPa	伸长率 δ /%	最高工作温度 /℃	特点
康铜	Ni 39～41 Mn 1～2 Cu 余量	0.48×10^{-6}	−40～40	15	8.88	≥400	≥15	500	抗氧化性能好
新康铜	Mn 10.8～12.5 Al 2.5～4.5 Fe 1.0～1.6 Cu 余量	0.49×10^{-6}	−40～40 (20～200℃)	2 (0～100℃)	8	≥250	≥15	500	抗氧化性能略差于康铜、价较低廉
镍铬	Cr 20～23 Ni 余量	1.13×10^{-6}	≈70	3.5～4	8.4	≥650	≥20	500	焊接性能较差
镍铬铁	Cr 15～18 Ni 55～61 Fe 余量	1.15×10^{-6}	≈150	<1	8.2	≥650	≥20	500	焊接性能较差
铁铬铝	Cr 12～16 Al 4～6 Fe 余量	1.25×10^{-6}	≈120	3.5～4.5	7.4	≥600	≥16	500	焊接性能较差

(1) 康铜

康铜用于制造各种电器和电阻元件，使用温度不大于 500℃。康铜电阻合金以铜镍为主要成分，其特点是电阻温度系数较低、电阻率较高，抗氧化性能和机械加工性能良好，耐腐蚀和易钎焊。康铜电阻合金有线材、片材和带材等品种。按国家标准 GB 6145—1985，康铜电阻的牌号为 6540。

(2) 新康铜

新康铜用于制造各种电器变阻器和电阻元件。使用温度与康铜一样，以铜、锰为主要成分，电阻率、电阻温度系数与康铜相同，对铜的热电动势略小于康铜，密度小于康铜，价格比康铜低。在电阻器的制造中大量取代康铜。

新康铜电阻合金可分为线材和带材等品种，根据国家标准 GB 6149—1985，新康铜电阻合金的牌号为 6J11。

(3) 镍铬、镍铬铁电阻合金

镍铬合金的成分是 Cr20Ni80，镍铬铁的成分是 Cr15Ni60，它们是高电阻电热合金材料。由于电阻率比康铜和新康铜大，耐高温、抗氧化性能好，除了电热合金材料外，它们还是理想的电阻合金材料。其电阻温度系数高于康铜类电阻，适宜在功率较大的电动机启动、调速、制动用的变阻器中作为电阻元件应用。

(4) 铁铬铝合金

铁铬铝合金的成分是 1Cr13Al14。由于新的铁铬铝品种的发展（如 0Cr25Al15、0Cr27Al17Mo2 等），其 1Cr13Al14 铁铬铝转向电阻合金的应用，其规格主要偏向于适用变阻器使用的带材，因其电阻率比康铜类、镍铬类合金高，且能在高温状态下使用，是大功率变阻器中理想的电阻材料。

2.3.2　精密元件用电阻合金

精密元件用电阻合金具有电阻温度系数小、稳定性好、对铜热电动势低等特点，一般制成高强度聚酯漆包线，主要用于制作仪器、仪表的绕组（电阻元件），按其用途分为电工仪表用锰铜电阻合金、分流器用锰铜电阻和高阻值、小型精密电阻元件用电阻合金。

（1）电工仪表用锰铜电阻合金

电工仪表用锰铜电阻合金以铜、锰、镍为主要成分，具有较高的电阻率（略低于康铜、新康铜）、很小的电阻温度系数。主要用于电桥、电位差计及标准电阻等电工仪表中的电阻元件，在 20℃附近的电阻随温度变化的误差很小，所以在恒温条件下使用时，仪表的准确度和稳定性很高。锰铜电阻合金的质量性能以国家标准 GB6145—1985 为依据。线及带材表面应平滑、光洁，不允许有裂缝、夹缝、起皮等质量问题。电工仪表用锰铜电阻合金的品种、特点及性能参数见表 2-5。

表 2-5　电工仪表用锰铜电阻合金的品种、特点及性能参数

<table>
<tr><th colspan="2" rowspan="2">品种</th><th rowspan="2">合金牌号</th><th rowspan="2">主要成分/%</th><th rowspan="2">电阻率(20℃) $\rho/\Omega\cdot m$</th><th colspan="2">电阻温度系数 $/10^{-6}℃^{-1}$</th><th rowspan="2">对铜热电动势 $/\mu V\cdot ℃^{-1}$</th><th rowspan="2">密度 d $/g\cdot cm^{-3}$</th><th rowspan="2">特点</th></tr>
<tr><th>α</th><th>β</th></tr>
<tr><td rowspan="3">锰铜线、片材</td><td>1 级</td><td rowspan="3">6J12</td><td rowspan="3">Mn 11～13
Ni 2～3
Cu 余量</td><td rowspan="3">(0.47±0.03)×10^{-6}</td><td>−3～+5</td><td rowspan="3">−0.7～0</td><td rowspan="3">1</td><td rowspan="3">8.44</td><td rowspan="3">电阻稳定性高，焊接性能好，抗氧化性能较差</td></tr>
<tr><td>2 级</td><td>−5～+10</td></tr>
<tr><td>3 级</td><td>−10～+20</td></tr>
</table>

（2）分流器用锰铜电阻合金

分流器用锰铜电阻合金在 20～50℃ 范围内的电阻值最大，可用于温升较高、温度变化范围较宽的分流器或分压器上。分流器用锰铜电阻合金分为 F1 级和 F2 级两种。F1 级以铜、锰、硅为主要成分，用于准确度较高的分流器，F2 级以铜、锰、镍为主要成分，用于精密电阻器、分流器和一般电阻器。

分流器用锰铜电阻合金的品种、性能见表 2-6，质量性能以国家标准 GB6145—1985 为依据。

表 2-6　分流器用锰铜电阻合金的品种、性能参数

<table>
<tr><th colspan="2" rowspan="2">品　种</th><th rowspan="2">合金牌号</th><th rowspan="2">主要成分/%</th><th rowspan="2">电阻率(20℃) $\rho/\Omega\cdot m$</th><th colspan="2">电阻温度系数 $/10^{-6}℃^{-1}$</th><th rowspan="2">对铜热电动势 $/\mu V\cdot ℃^{-1}$</th><th rowspan="2">密度 d $/g\cdot cm^{-3}$</th><th rowspan="2">特点</th></tr>
<tr><th>α</th><th>β</th></tr>
<tr><td rowspan="2">锰铜线、片材</td><td>F1</td><td>6J8</td><td>Mn 8～10
Si 1～2
Cu 余量</td><td>0.35±0.05</td><td>−5～10</td><td>−0.25～0</td><td>2</td><td>8.7</td><td>电阻对温度曲线较平坦，在较宽温度范围内的阻值误差比 F2 级小</td></tr>
<tr><td>F2</td><td>6J13</td><td>Mn 1～13
Ni 2～5
Cu 余量</td><td>0.44±0.04</td><td>0～40</td><td>−0.7～0</td><td>2</td><td>8.4</td><td>电阻最高点温度比通用型锰铜高</td></tr>
</table>

（3）高阻值、小型精密电阻元件用电阻合金

高阻值、小型精密电阻元件用电阻合金的电阻率较高，能加工成细线（直径 0.01mm）或轧制成薄膜（厚度小于 0.01mm），分为裸线和聚酯漆包线两种，主要用于高阻值元件、高阻值电阻箔、高限位电阻器、小型电阻元件等，也可用于制作电位器，高电阻率合金有镍铬铝铁、镍铬铝铜、镍铬锰硅、镍铬铝钒、镍锰铬钼等，其特点和性能参数见表 2-7。

表 2-7 高电阻率电阻合金的特点、性能参数

名称	主要成分/%	电阻率(20℃) $\rho/\Omega \cdot m$	平均电阻温度系数(0～100℃)α $/10^{-6}℃^{-1}$	对铜热电动势 E_0 $/\mu V \cdot ℃^{-1}$	密度 d $/g \cdot cm^{-3}$	抗拉强度 σ_b /MPa	伸长率 δ/%	最高工作温度/℃	特点
镍铬铝铁	Cr 18～20 Al 1～3 Fe 1～3 Ni 余量	1.33×10^{-6}	−20～20	≤2	8.1	784～980	10～25	−65～125	电阻系数大，电阻温度系数小，对铜热电动势小，机械强度高，耐磨，抗氧化，但焊接性能差
镍铬铝铜	Cr 18～20 Al 2～4 Cu 1～3 Ni 余量	1.33×10^{-6}	−20～20	≤2	8.1	784～980	10～25	−65～125	焊接性能较好，其他特点与镍铬铝铁相同
镍铬锰硅	Cr 17～19 Mn 2～4 Si 1～4 Al、Ni 余量	1.35×10^{-6}	−20～20	≤2	8.1	784～980	10～25	−65～125	焊接性能较好，其他特点与镍铬铝铁相同
镍铬铝钒	Cr 17～19 Al 3～5 V 1～3 Mn、Ni 余量	1.70×10^{-6}	−30～30	≤5	8.1	约 1570	约 15	−65～125	焊接性能较差
镍锰铬钼	Mn34～37 Cr 7～10 Mo、Ni 余量	1.90×10^{-6}	−50～50	≤7		约 1570	6～10	−65～125	焊接性能较好

2.3.3 电位器用电阻合金

电位器用电阻合金具有耐腐蚀性能好、表面光洁、接触电阻小而恒定等特点。一般采用康铜和镍铬基合金以及滑线锰铜。滑线锰铜的特点及性能参数见表 2-8。

表 2-8 滑线锰铜的特点及性能参数

主要成分/%	电阻率(20℃) $\rho/\Omega \cdot m$	电阻温度系数 $/10^{-6}℃^{-1}$		对铜热电动势 $/\mu V \cdot ℃^{-1}$	密度 d $/g \cdot cm^{-3}$	抗拉强度 σ_b/MPa	伸长率 δ /%	最高工作温度/℃	特点
		α	β						
Mn 12～13 Ni 1～3 Al、Cu 余量	0.45×10^{-6}	0～40	≤0.5	≤2	8.4	400～500	10～30	20～80	抗氧化性比通用锰铜好，焊接性能好，电阻对温度曲线较平坦，电阻最高点温度较高

康铜对铜的热电动势较大，仅能用于不受直流热电动势干扰的交流电路中，在要求较高

的电位器中，需采用贵金属电阻合金。电位器用贵金属的电阻合金有铂基、金基、钯基及银基等各类合金。

2.3.4　传感元件用电阻合金

传感元件用电阻合金主要用于仪器、仪表中，制成应变（形变）、温度、压力和磁场等参数的传感元件。这种传感元件可以把上述的非电量等参数的变化转换为相应的电阻阻值的变化，从而对这些参数进行测量、控制或补偿。用这种电阻合金制成的传感元件灵敏度高，复现性和互换性好，且反应快、稳定性好。按所传感的参数和作用可分为应变元件用电阻合金、温度补偿用电阻合金及测量温度用电阻材料。

（1）应变元件用电阻合金

应变元件用电阻合金制成的传感元件主要用于测量应变、伸长率和应力等。应变元件用电阻合金灵敏度系数大，电阻温度系数小，对铜的热电动势小。因阻值越高测量准确度越高，故合金材料制成的线径很细，一般为 ϕ0.02mm。应变元件用电阻合金有铁基、镍基和贵金属基等。

（2）温度补偿用电阻合金

温度补偿用电阻合金具有负值电阻温度系数，其电阻值随温度的上升而下降（平均约为 -250×10^{-6}℃$^{-1}$），适用于电工仪表中作线路的温度补偿。若电工仪表中的铜线电阻因温度上升而导致电阻值增大的，可用这种电阻合金的抵消作用，使之得以补偿。温度补偿用电阻合金的材料有铁锰铝，其性能参数见表 2-9。

表 2-9　温度补偿用电阻合金的特点及性能参数

名称	主要成分 /%	电阻率 (20℃) $\rho/\Omega\cdot m$	平均电阻温度系数 α (0～100℃) $/10^{-6}$℃$^{-1}$	对铜热电动势 E_0 $/\mu V\cdot$℃$^{-1}$	工作温度 /℃	特　点
铁锰铝	Mn32～37 Al 5～7 Fe 余量	(1.25～1.35) $\times10^{-6}$	−300～−200	<2	−50～60	焊接性能较差

（3）测量温度用电阻材料

测量温度用电阻材料具有较高的正值电阻温度系数，并且电阻值随温度的上升而显著增大，利用这一特性对温度进行测量。常用的材料有铂、铜、镍等纯金属线。

2.4　热双金属片材料

2.4.1　热双金属片简介

（1）热双金属片工作原理

热双金属片是由两层不同热膨胀系数的金属（或合金）彼此牢固结合而成的复合材料。其中热膨胀系数较高的一层，称为主动层，热膨胀系数较低的一层，称为被动层。有时为了获得特殊的性能，还可以有第三层、第四层。习惯上仍统称为热双金属片。

热双金属片受热时，主动层自由膨胀的长度大于被动层，如图 2-3 所示，由于两层结合在一起，相互牵制，主动层的自由膨胀受到被动层的限制，产生向外的张力，而被动层的自由膨胀受到主动层的拉伸，产生向内的拉力，从而使热双金属片弯曲成主动层凸起，被动层凹进的圆弧形。冷却时，则与上述情况相反。热双金属片的类型、特点及应用见表 2-10。

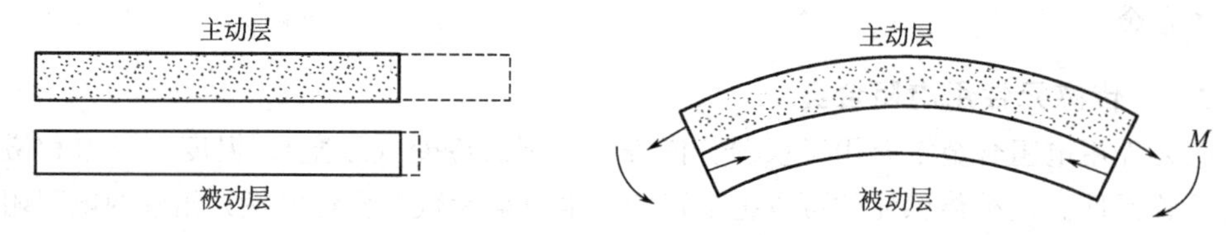

图 2-3　热双金属弯曲原理示意图

表 2-10　热双金属片的类型、特点及应用

类　型	特　　点	应　　用
高灵敏型	具有高的热敏性和电阻率，较低的弹性模量和允许应力，较差的抗腐蚀性能	用于温度指示和温度控制，适用于小型电器和仪器、仪表
通用型	具有一般的热敏性，SJ1480 的主动层含铬，SJ1580 的主动层含锰，SJ1412 的主动层是黄铜，电阻率较低但热导率较高	用于温度指示，温度补偿和温度控制，适用于低压电器、家用电器和仪器、仪表
低温型	在低温具有较高的热敏性	适用于低温范围的仪器、仪表，如温度计和气象仪器
高温型	线性温度范围可达 350～400℃，高温下有较高的强度和抗氧化性	适用于高温状态下工作的仪器、仪表，如 400℃以下的温度计
特殊型	电阻率和热敏性较低，在 300℃以上停止弯曲，可避免在高温下产生过大应变	适用于特殊环境下的电器、仪器
耐腐蚀型	具有一定的耐腐蚀性	适用于腐蚀介质的仪器、仪表
电阻型	热敏性基本一致，电阻率可从 6×10^{-8}～$140\times10^{-8}\Omega\cdot m$，牌号中注有 A 的主动层为铁镍锰合金，注有 B 的主动层为铁镍铬合金	适用于各种电流挡的低压电器，可使产品达到同一性

（2）热双金属片的构成方法

主动层与被动层的结合工艺方法，是热双金属片制作的关键。其工艺方法目前较普遍采用的有热轧法、爆炸法、熔融法。国际上以冷轧法较为普遍，热双金属片结合层的结合方法见表 2-11。

表 2-11　热双金属片结合层的结合工艺方法及特点

结合工艺	特　　点
热轧法	将两层组合材料结合面合在一起，沿结合面四周进行电焊焊接封闭，进行加热轧制，使两层材料压结在一起。用此法其主动层与被动层的厚度比应控制适当
爆炸法	利用炸药爆炸所产生的冲击力将两层材料压结在一起，此法简单，但不能在厂房内进行，应在野外安全地带进行，其生产效率较低
熔融法（液相结合）	将低熔点的材料放在高熔点的材料上，通过加热使低熔点材料在接近熔融状态下相互焊合
冷轧法（固相结合）	将主动层与被动层带材，连续地在冷轧机上进行轧合，此法制成的产品主动、被动、中间各层厚薄均匀，结合平整，尺寸精确，生产效率高

采用热轧法、爆炸法、熔融法工艺制作的热双金属片重量轻（单件尺寸短），但产品性能均匀性差，会造成产品特性不一致，尤其是应用于三相电器中，会造成动作不同步。而冷轧法制作的热双金属片是将组合层带材在固相压机上采用大压缩率进行冷轧结合，根据组合层带材的长度连续轧合，因而产品的重量轻、尺寸长、性能均匀、结合后尺寸精确、厚度均匀、复层质量高、热扩散小、复层纯度高及生产效率高。

（3）热双金属片的构造

热双金属片组合材料为主动层与被动层两层，在电阻型产品中，加有中间层（由三层组成），有些耐腐蚀型产品在主动层与被动层外附加防腐蚀层，形成四层材料。

（4）热双金属片的牌号含义及尺寸规格

① 热双金属片的牌号、代号含义　国家标准规定牌号含义由两部分组成：第一部分为 5J，表示热双金属（其中 J 表示精密合金类别）；第二部分为数字，其中前两位数字表示比弯曲公称值，从第三位数字起表示电阻率公称值。

以牌号 5J1480 举例说明，其中 5J 表示热双金属片，前两位数字 14 表示该牌号热双金属片的比弯曲公称值为 14×10^{-6}℃$^{-1}$，后面的数字 80 表示该牌号热双金属片其电阻率公称值为 $80\times10^{-8}\Omega\cdot m$。

② 热双金属片产品的标记示例

a. 厚度为 1.2mm、宽度为 120 mm、定尺长度 1000 mm 的 5J1480 热双金属片带材，其标记为 5J1480-1.2×120×1000。

b. 厚度为 0.5mm、宽度为 100 mm、成卷的 5J1480 的热双金属片带材，其标记为 5J1480-0.5×100。

2.4.2　热双金属片的质量及使用要求

（1）热双金属片的外形质量和性能质量要求

① 热双金属片外形质量要求

a. 热双金属带的组合层应结合良好，不得有分层，厚度比应均匀一致，边缘不得有毛刺和裂口。

b. 热双金属带材不得有严重扭曲。

c. 尺寸偏差应在规定的范围之内。

② 热双金属片性能质量要求

a. 化学成分在保证热双金属带材性能合格条件下，组合层化学成分可不作考核依据。

b. 热双金属带除了比弯曲、电阻率、弹性模量、扭转、反复弯曲等项性能应符合国家标准规定外，可根据供需双方协议，其中比弯曲也可由弯曲系数或温曲系数代替。

（2）热双金属片的稳定化热处理

在热双金属片的生产以及组件的制作与装配过程中，各道加工工序都会在组件中产生残余应力。为了使组件能长期工作稳定，必须进行热处理，减少和再分配这些应力，以保持组件的稳定性和均匀性，否则，会随着温度的升高或时间消失将产生性能的变化。

热双金属组件可在空气或惰性气氛的炉中进行热处理。在热处理过程，组件必须能自由弯曲。如果组件在装配之后，在操作或加工过程中，其经受的温度较热处理温度高，则应把组件置于高于其最高工作温度 50℃的环境中进行处理，对于在十分高的温度下，必须考虑由于材料软化而使强度降低的问题。

对动作频繁、精度高的热双金属组件，为使其所受应力均匀，可增加热处理次数（一般进行 2～3 次），不宜采用高的热处理温度。在热处理过程发生组件的稍微变形而需要进行调整，则在其后需进一步热处理。另外，保温时间也不宜长。

经常工作在 0℃以下的热双金属组件，应增加热处理工序，以提高组件在低温下工作的稳定性。

热处理时，温度升降速度不宜过快。在处理炉中，组件应留足够空隙，使在受热弯曲时互不相碰。

（3）热双金属组件的选用和热双金属成型零件的采用

① 热双金属组件的选用

a. 热双金属组件的热敏性。是指温度变化时，其材料的弯曲性能，主要有温曲率、比曲率、弯曲系数和敏感系数。

b. 热双金属组件的电阻率和电阻温度系数。以热传导方式间接加热的组件，应选用导热性能好的材料，也可在组件上附加铜层。靠辐射传递热量的，则选用的材料表面最好是暗黑色的。

c. 常用工作温度范围和最高工作温度。热双金属组件的常用工作温度范围，应在其材料的线性温度范围内。这时的热双金属组件具有恒定的和最大的灵敏度。超出此范围，其灵敏度随温度的上升而降低。在热双金属组件要超出线性温度范围时，则应控制其工作温度在允许使用范围内，即不超过最高工作温度。

d. 强度。对于承受较大弯曲应力和重负荷的场合，应选用强度较高的热双金属组件。对于需弯曲成型的组件，不宜选用过硬的材料。

e. 在特殊环境下，应对组件表面采取防护措施。如在恶劣的环境中，应采用耐腐蚀件热双金属组件。在低温环境中可用油漆或塑性涂层，在高温环境中的组件表面可电镀 Ni、Cu、Sn 等。

f. 经济性。热双金属组件常规品种一般是面对面地全面结合的，但为了提供彩色电视显像管阴极罩支座用材料，新近发展了边对边结合的横向结合热双金属组件，选用时应注意。

② 热双金属成型零件的采用　热双金属组件的成型是一项技术性较强的工艺设计和制作的过程，对热双金属组件形状的确定及挠度、机械作用力、热作用力的计算都需认真考虑。对材料加工过程中及组件完成后还需考虑稳定化处理。对于非专业单位需用热双金属组件时，可直接购买热双金属成型零件。

根据所需作用的方式，可采用如下的成型零件。

a. 平直式 U 形热双金属，用于或多或少的直线运动。

b. 双金属圆盘，作用力大时，仅作微小而精确的直线运动。

c. 平螺旋与直螺旋形，用于旋转式运动。

d. 各种形状的成型冲制作，用于特殊用途。

如果环境温度变化剧烈，导致热双金属操作仪器的功能误差不能忽略不计时，常应考虑温度补偿装置。一部分这种补偿可适当地由反向热双金属制成的成型件来完成。

2.5 热电偶材料

2.5.1 热电偶的工作原理及性能要求

(1) 热电偶作用原理

热电偶广泛用于测量和控制温度。它具有测控精确可靠、结构简单、使用方便等优点，被测温度可以从－268.95℃的超低温至2800℃的超高温。热电偶测量原理如图 2-4 所示。

图 2-4 中，A 和 B 是两根成分不同，但具有一定热电特性的材料，称为热电极。它们的一端焊接在一起，构成了一支热电偶。热电偶的焊接端与被测环境在一起，称为工作端或热端。测温时将工作端插入测温部位，其温度为 t_1，另一端称为自由端或冷端，跨接指示仪表 P，其温度为 t_2。当热电偶两端温度不同时（$t_1>t_2$），在回路中将产生热电动势，并形成电流，由指示仪表显示出来。

(2) 对热电偶材料性能的要求

① 必须是相变的单相固熔体，以保证热电动势与温度函数的连续性。

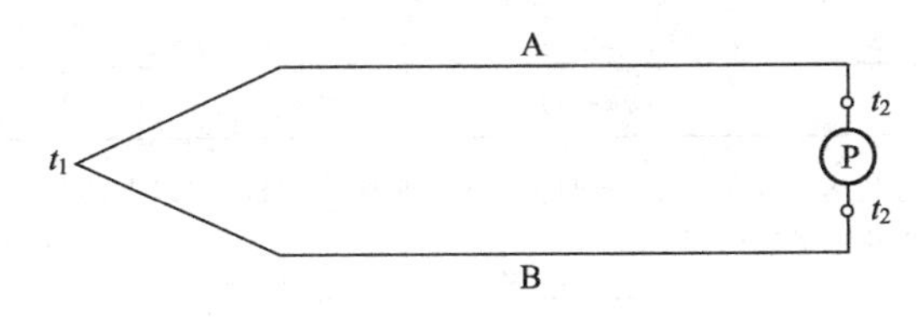

图 2-4　热电偶测温示意图

② 热电动势与温度应尽可能成近似线性的单值函数，热电动势和电动势率要足以使二次仪表能精确显示。

③ 热电特性稳定，且均匀性和重复性好。

④ 电导率高，电阻温度系数低。

⑤ 有良好的化学稳定性和抗氧化性能。

⑥ 高温下使用时熔点高。

⑦ 在核场使用时，具有尽可能的俘获面。

⑧ 加工和力学性能好。

国际电工委员会已制定了热电偶标准，并规定用 S、R、B、K、E、J、T、N 等字母作为热电偶的代号。我国除采用上述种类外，还增加了镍铬-金铁、铜-金铁低温热电偶。

2.5.2　常用热电偶材料介绍

(1) 常用热电偶材料的特点和用途

热电偶材料有棒状、片状、膜状和丝状，通常用丝状材料。用 P 字母表示热电偶的正极，N 字母表示热电偶的负极。常见热电偶丝材料的特点和用途见表 2-12。

表 2-12　常见热电偶丝材料的特点和用途

型号与名称	特　点	用　途
S 铂铑$_{10}$-铂 R 铂铑$_{13}$-铂	测温精度高，复现性好，热电动势稳定，温度与热电动势有很好的线性关系。热电偶材料的熔点高、化学稳定性好，有良好的高温抗氧化性能。适用于氧化性气氛中使用	作有色金属熔炼、热处理炉等高温测量。S 型经选择，用作标准传递
B 铂铑$_{30}$-铂铑$_{6}$	在 100℃以下微分电动势很小，通常不需要补偿导线。稳定性好，测量温度高，高温下晶粒长大倾向性小，适合于真空惰性及氧化性气氛中使用	钢液测温计各种高温炉的测控
K 镍铬-镍硅	在廉金属热电偶中综合性能最优，可以部分代替 1300℃以下的贵金属热电偶的使用。适合于真空、惰性及氧化气氛中使用	用于 1300℃以下的温度热处理炉，加热炉的温度测控
E 镍铬-康铜	在标准化的热电偶中，它的微分电动势最高。在石油化工中使用其耐腐蚀性及耐热性能好，适合于氧化性气氛及弱还原性气氛中使用	适用于 750℃以下的温度测控及石油化工等生产过程测温
J 铁-康铜	微分电动势较高，原材料价格低。适合于石油、化工中的弱还原性气氛环境中及氧化性气氛中	用在 600℃以下的氧化性气氛及弱还原性气氛的测温
T 铜-康铜	在 300℃以下有较好的热电动势均匀性和稳定性，测湿精度高，低温时灵敏度高，在潮湿空气中有较好的抗腐蚀性能，焊接性能好，价格低廉	用在 300℃以下的温度测量，尤其是电机、电器的温升测量，低温标准传递
N 镍铬硅-镍硅	减少了在 550℃以下由于镍铬极合金的有序、无序转变对热电动势的影响，提高了合金的抗氧化性能，因此，它的性能比 K 型热电偶优良	用在 1300℃以下的温控及需由低温至高温的循环测量

续表

型号与名称	特　点	用　途
WRe3-WRe25 WRe5-WRe26	使用温度可高达2300℃，高温强度好，灵活度高，是1800℃以上的测温唯一可供使用的热电偶	适合于惰性、真空、还原性干燥的氢气中使用
NiCr-AuFe0.07 镍铬-金铁	热电动势的均匀性和复现性好，性能稳定，低温灵敏度高	适用于－270～0℃的深低温测量
Cu-AuFe0.07 铜-金铁	在－270～196℃范围内，性能稳定，灵敏度高等	主要用于宇航、核反应等低温测量

（2）热电偶材料的品种和特性

① 铂铑热电偶材料　铂铑合金的熔点、电阻率、机械强度和热电动势均随着铑的含量增加而提高。配制的热电偶在温度与热电动势关系上呈现的线性较好。同时，负极加入铑可以提高抗玷污性和热电动势的稳定性。BN、SP、RP、BP热电偶材料中铬的含量分别为6%、10%、13%、30%。

② 铂热电偶材料　SN、RN热电偶材料是由纯铂丝制成的，其R_{100}/R_{10}在1.3920～1.3925之间。用于氧化性、惰性气体中的测量。

③ 镍铬热电偶材料　KP、EP镍铬热电偶材料的成分中铬的含量为9%～10%、硅的含量小于1%，含微量的抗氧化元素，余量为镍；NP改良型镍铬热电偶材料的成分中铬的含量为14.2%，硅的含量为1.4%。铬的增加消除了在250～500℃时，由于其结构不稳定造成的热电动势变化，硅的增加促进了合金表面保护膜的形成。

这两种热电偶材料的测温范围为250～500℃，使用在氧化性、惰性气氛中的测温。

④ 镍热电偶材料　KN热电偶材料的成分中硅的含量为2.5%，钴的含量小于0.6%，锰的含量小于0.7%，NN热电偶材料的成分中硅的含量为4.5%、锰的含量为0.05%～1%，其抗氧化性好，磁性转变温度降到室温以下。这两种材料均能在氧化性、惰性气氛中测温，但不能在硫的气氛中使用，否则会使材料腐蚀变脆。

⑤ 康铜热电偶材料　JN、TN、EN热电偶材料的成分中镍的含量为39%～45%，硅和锰少量。由于合金成分不同，热电偶的热电动势温度曲线也有差异，不能混乱使用。这三种热电偶材料适用于在氧化性、惰性、还原性和真空气氛中测温。

⑥ 铜热电偶材料　TP为1号纯铜热电偶材料，铜在潮湿气氛中具有较好的耐腐蚀性，但在400℃以上会加速氧化，适用于在真空、氧化性、还原性气氛和0℃以下测温。

⑦ 铁热电偶材料　JP热电偶材料，是由铁的含量为99.5%的纯铁制成的，铁在540℃以上会加速老化，在潮湿的气氛中易生锈，需经表面处理来提高抗腐蚀能力。这种材料适用于在真空、氧化性、还原件、情性气氛中测温。

⑧ 钨铼热电偶材料　钨铼热电偶材料的使用温度上限比铂铑热电偶材料还高，可达到2300℃，测量在1300℃以上。这种材料多用于航空和高温技术测量。

⑨ 低温热电偶材料　用作低温热电偶材料有E、T、J、K和N型，测量温度下限为－200℃。镍铬-金、铁和铂-金、铁热电偶可用到铂热电偶材料K。NiCr-CuFe和Cu-CuFe热电偶材料比NiCr-AuFe热电偶材料的热电动势高，机械强度高，加工性好。

⑩ 镍基合金热电偶材料　NiMo20-NiCo19热电偶材料，使用温度可达1205℃，但由于

抗氧化性差，只能在 650℃以下温度和氧化性气氛中使用。NiCr20-NiSi3 热电偶材料抗氧化性好，但微分电动势较小，可在还原性气氛中使用，测温可达 1200℃。

⑪ 铱基合金热电偶材料　IrRh40-Ir、IrRh50-Ir、IrRh60-Ir 热电偶材料的测温上限可达 2100℃。适用于在真空、空气、惰性及弱氧化性气氛中测温。

⑫ 难熔金属热电偶材料　该材料多用于测量炼钢炉的 2400℃高温。由于 Mo 的中子俘获截面小，所以这类热电偶材料常用来测量核反应堆的温度。

⑬ 非金属热电偶材料　二硅化钨-二硅化钼、碳-碳化钛热电偶材料的测量上限分别可达 1700℃和 2000℃，前者适用于在金属蒸气、水蒸气、一氧化碳、含碳、二氧化碳等气氛中测量；后者适用于在一氧化碳、含碳、渗碳介质中测温。

(3) 热电偶材料的选用

① 使用温度范围　对于给定的测温，应注意长期和短期使用极限温度以及热电偶丝材料的线径与使用温度极限的关系。

② 测温精度要求　选用稳定性好、热电动势值高、微分电动势大的热电偶材料，这可以提高测温的精度。此外，热电偶的矫正方法、补偿导线的精度和配对仪表等对热电偶的测温精度有一定的要求。

③ 时间响应要求　热电偶的时间响应快慢与热电偶丝材料的粗细、热端的焊接、保护套管的材料等有关，丝材越细，响应时间越短，但使用寿命会缩短，使用温度极限也会相应降低。

④ 环境气氛　使用过程中热电偶所处的环境气氛有氧化性、还原性、中性、真空及腐蚀性等气氛。要根据不同的环境气氛和工作介质，按表 2-13 来选择。

表 2-13　标准化补偿导线的型号、配用的热电偶、绝缘层标识及性能参数

型号	配用热电偶	绝缘层正极	标识负极	往复电阻(不大于)/Ω	100℃		200℃	
					热电动势/mV	允许偏差	热电动势/mV	允许偏差
SC	铂铑$_{10}$-铂	SPC 红	SNC 绿	0.1	0.645	A±0.023(3℃) B±0.037(5℃)	1.44	— B±0.057(5℃)
KC	镍铬-镍硅	KPC 红	KNC 蓝	0.8	4.095	A±0.063(2.5℃) B±0.105(2.5℃)	—	— —
KX	镍铬-镍硅	KPX 红	KNX 黑	1.5	4.095	A±0.063(1.5℃) B±0.105(2.5℃)	8.137	A±0.063(1.5℃) B±0.100(2.5℃)
EX	镍铬-康铜	EPX 红	ENX 棕	1.5	6.317	A±0.102(1.5℃) B±0.170(1.5℃)	13.49	A±0.111(1.5℃) B±0.183(2.5℃)
JX	铁-康铜	JPX 红	JNX 紫	0.8	5.268	A±0.081(1.5℃) B±0.135(2.5℃)	10.777	A±0.083(1.5℃) B±0.138(2.5℃)
TX	铜-康铜	TPX 红	TNX 白	0.8	4.277	A±0.024(0.5℃) B±0.047(1℃)	9.286	A±0.043(0.8℃) B±0.083(1.5℃)

注：1. X 标识延长型导线，即用本身电偶丝延长作为补偿导线。

2. A 表示精密型；B 表示普通型。

3. 往复电阻是指 20℃时，长度各为 1m，截面各为 $1mm^2$ 的正负两导线的总阻值。

4. 铂铑$_{30}$-铂铑$_6$ 热电偶不需配用补偿导线。

(4) 热电偶材料的焊接方法

① 气焊焊接　气焊焊接使用由乙炔-氧（或氢-氧）混合气体燃烧的火焰，需调节至乙炔

稍微过量的中性焰后使用。焊接时，将接点放在焰心以外 1.2～2.0mm 的位置加热；操作时，火焰应时起时落，不能始终停留在一点。两金属线一经熔合，立即移开火焰，冷却后即可获得一个球形点。

② 碳弧焊接　碳弧焊接可使用交流或直流，以直流较好。在直流下，热电偶线作正极，碳电极作负极。接通电源后，将碳极尖端对准热电偶线，轻轻接触后迅速拉开，使之产生电弧，当热电偶线刚熔化时，立即拉开碳极，使电弧中断，形成球状节点。较易氧化的材料可在氩气保护下焊接。

③ 汞弧焊接　汞弧焊接适用于焊接 0.3～1.5mm 线径的热电偶线，可使用交流或直流，电压为 20～60V。使用直流电时，需将热电偶线接正极，杯盛水银接负极（不能接反，否则水银会剧烈蒸发，对人体有害。可在水银表面覆上一层变压器油，以防止焊接点氧化和水银蒸发）。焊接时，将热电偶线端碰上水银表面，然后稍微提高，使之产生电弧，热电偶线很快熔化，这时提起热电偶线，使电弧熄灭，冷凝后，会形成一球状的焊接点，焊接点的结晶组织细而致密，气孔及杂质较少，焊接质量高。

2.5.3 补偿导线

（1）补偿导线的作用

工业上应用的热电偶，其自由端（冷端）常靠近热源，温度波动较大。为了消除因自由端温度变化所产生的测量误差，通常采用补偿导线，或者说补偿导线是用来补偿热电偶在自由端非 0℃时所引起的温度误差。

由于热电偶的分度和指示仪表，通常是以 0℃作为热电偶的自由端温度。但在实际应用时由于热电偶工作端和自由端离得很近，冷端受到周围介质温度的波动影响，其温度不会保持在 0℃不变，从而引起测量误差。为了消除这种误差可采用多种方法加以补偿修正，而加接补偿导线是工业中较为常用的方法。

如图 2-5 所示，用补偿导线 C、D 将热电偶 A、B 的自由端从热源近处的 t_2 点延伸至较恒定的 t_3 点。C、D 可分别看作是 A、B 的延长线，回路中的总电动势将不受中间温度 t_2 变化的影响。

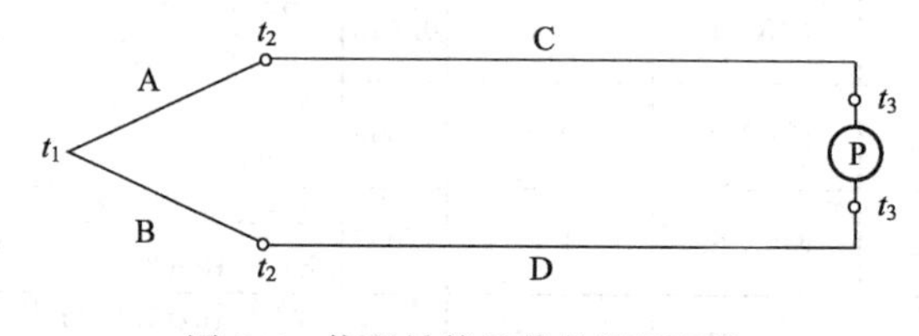

图 2-5　使用补偿导线的测量回路

补偿导线价格低廉，在使用贵金属热电偶时，如延伸距离较长，必须使用补偿导线。在连接补偿导线时，正、负极性不能接反。

（2）补偿导线的型号、绝缘层标识及性能参数

标准化补偿导线有 SC、KC、XX、EX、JX、TX 六种型号。型号的首位字母为配热电偶的分度号，第二位字以中若是“C”表示是补偿型补偿导线，若是“X”则表示是延伸型补偿导线。在补偿导线合金丝中用“P”表示正极，用“N”表示负极。补偿导线的使用温度范围，G 型为－40～100℃，H 型为－40～200℃。按热电特性允许偏差又可分为精密级（A 级）和普通级（B 级）。标准化普通导线型号、配用的热电偶、绝缘层标识及性能参数见

表 2-13。

补偿导线一般采用聚氯乙烯作为绝缘层或护套层，耐热导线多采用聚四氟乙烯和无碱玻璃纤维织物作绝缘，并用有机镀漆浸渍、烘干制作成护套层。屏蔽层用镀锡或镀锌钢丝织物或复合铝（或钼）带绕包而成。

（3）补偿导线合金丝的品种、成分及技术参数

补偿导线合金丝的品种、成分及技术参数见表 2-14，适用于型号为 S、K、E 的工业热电偶补偿导线。

表 2-14　补偿导线合金丝的品种、成分及技术参数

品种	型号	主要成分/%				20℃时电阻率/Ω·m	抗拉强度/MPa	伸长率/%
		Ni+Co	Cu	Mn	Cr			
铜镍合金	B0.6	0.53～0.63	余量	—	—	<0.03×10⁻⁶	≥19.6	≥25
康铜	BMn40～1.5	39～41	余量	1.0～2.0	—	<0.50×10⁻⁶	≥39.2	≥20
考铜	BMn43～0.5	42.5～44	余量	0.1～1.0	—	<0.50×10⁻⁶	≥39.2	≥20
镍铬合金	NiCr9	余量	—	—	8.5～9.5	<0.75×10⁻⁶	≥49	≥25
纯铜	T					<0.0184×10⁻⁶	≥19.6	≥25

（4）使用和应注意的事项

① 各类型的补偿导线必须与相应型号的热电偶配合使用。

② 补偿导线与热电偶材料连接时，正、负极必须相互对应，两个接线处于相同的温度点。

2.6　熔体材料

熔体（熔丝），又叫保险丝，是熔断器的主要部件。串联于电路中，当通过熔断器的电流大于规定值时，熔断器中的熔体产生的热量使自身熔断而自动地（或通过灭弧填料和熔管等配合）断开电路，从而达到保护电路和电气设备的目的。以下是对熔断材料的一些介绍。

2.6.1　熔体材料的种类

按使用场合和性能要求不同，熔体材料可分为一般熔体、快速熔体和特殊熔体材料三种。按熔体的材料不同，熔体材料又可分为纯金属熔体材料和低熔点合金熔体材料。

（1）一般熔体材料

具有长期载流能力，出现故障时能在规定的时间内分断故障电流。其材料是根据被保护的对象和功能要求而定。例如，保护电力线路用的熔体，若用来分断较小的过载电流和不很大的短路电流时，可采用锌或铅-锡类合金低熔点材料为熔体，反之，则采用添加适量的冶金效应材料金属铜作熔体。保护电动机回路的小容量熔体，多用焊有低熔点金属的高熔点金属丝所构成的二元熔体。大容量的后备保护熔体有时用高熔点金属如铜等通过精密的形状、尺寸设计来达到。保护电热设备用的熔体，可采用对温度反应敏感的合金或化学物质作熔体。

（2）快速熔体材料

在过载或短路情况下，则能迅速准确地切断故障电流，开断电流能力一般大于 50kA，出现在熔断器两端的电弧电压不大于电路中硅组件的击穿电压。用作快速熔体的材料应具有

优良的导电性和导热性，从室温到熔点以及从熔点到沸点的热容量，熔化潜热及汽化潜热小，抗氧化稳定性好，机械加工性能好，与石英砂兼容性好，在正常工作条件下，其功率损耗较低。银、铝等纯金属为常用快速熔体材料。

（3）特殊熔体材料

特殊熔体材料的特点是：在大于100℃的温度下，熔体的电阻率呈现非线性突变。金属钠、钾适用于制作自复熔断器的特殊熔体材料。

材料质量对熔体（熔断器）的特性和精度影响很大，往往同一产品用国产的纯铜带为熔体，弧前时间-电流特性沿电流方向的误差为±15%，而进口同规格的铜带，弧前时间-电流特性误差则能控制在±10%以内，其材料尺寸精度高，性能稳定。

（4）纯金属熔体材料

银、铜、铝、锡、铅和锌是最常用的纯金属熔体材料。在特殊情况下也采用其他金属作熔体材料。

① 银　银具有高的电导率和热导率。银质熔体无论是在空气中还是在石英砂中均能良好地承受长期通电和连续过载的作用。其电导率能在接近氧化的高温下也不显著下降，而且在高于180℃的温度下能分解成纯银，银的耐腐蚀性好，与石英砂兼容性好，焊接性和加工性也好，能制成精确尺寸和复杂外形的熔体，与触头焊接方便。在受热的过程中，银能与其他金属形成共晶但不损害其稳定性，从性能上讲，银是最合适的熔体材料，但其属于贵重金属，资源很少。

由于银具有以上特点，价格虽然较贵，在电力和通信系统中，仍被广泛用于制作快速熔断器和某些高质量、高性能的熔断器的熔体。

② 铜　铜具有良好的导电、导热性能和可加工性，机械强度高，价格远比银低，铜质熔体熔化时间短，金属蒸气少，有利于灭弧。但铜质熔体在温度较高时易氧化，其熔断特性不够稳定，故对周期性变化的负载特别敏感，在周而复始的负载下，铜质熔体到熔化所需的全部时间要比它连续通过同样电流所需的时间短得多，使用寿命也远不如银质熔体。可通过采用将铜质熔体置于石英砂中或表面镀银等措施，使上述问题稍加改善。铜的热电常数比银大，不宜作快速熔断器的熔体，宜作精度要求较低且是保护一般电力回路熔断器的熔体。

③ 铝　铝的储量丰富，价格低廉，其导电性能仅次于银和铜，热电常数也比银和铜低，仅为银的一半，而熔断器的载流能力是与材料本身的热电常数成反比的，产品的载流指标将高于用银和铜为熔体的产品。铝的耐氧化性能好，熔断特性较稳定，在某些场合可部分代替纯银作熔断器的熔体，铝熔体与铝触头的焊接问题和铝触头表面的问题也已解决，因此，铝特别适合作快速熔断器的熔体，如RS5系列快速熔断器就是采用铝质熔体。

对于用铝作为一般线路保护用的熔断器熔体，可在熔体的表向覆上一层低熔点的锌，这样可克服熔体表面上的氧化膜所造成熔断器在小过载电流范围内熔断特性不稳定性，但所覆锌的长度不超过熔体轴线方向长度的40%，厚度不小于铝熔体厚度的25%。此外，也可采用静电喷涂的方法在铝质熔体覆上一层质量约为1%～25%的碱金属或碱土金属氢化物。

④ 锌、锡和铅　锌、锡和铅的机械强度较低，热导率小，熔化时间长，使用锌、锡和铅可降低对其他结构组件热稳定的要求，从而使熔断器的成本降低，应当注意这些材料在储存或正常运行中都会迅速老化。锌、锡和铅适宜制作用于保护小型电功机用的熔体，也可焊在银或铜丝上做成二元熔体用于延时熔断器中。

⑤ 金属钾、钠　金属钾和钠在高于其熔点的温度下，其电阻具有相似的非线性的特性，

从技术性能上讲，均可作自复熔断器（永久熔断器）的熔体材料，从操作方面考虑，金属钠比钾更实用些。一些国家均采用金属钠制作自复熔断器的熔体。

⑥ 钨丝、镍铬丝和康铜丝　钨丝、镍铬和康铜丝的电阻率高，几何尺寸精度好，适合作各种小容量熔断器的熔体。

（5）低熔点合金熔体材料

低熔点合金熔体材料的熔点一般为60～200℃，通常由不同成分的铋、镉、锡、铅、锑、铟等组成。

锡、铅、铋和镉等为主要成分的共晶型低熔点合金，它对周围温度的变化反应敏感，适合作保护电热设备用的各种熔断器的熔体，如温度熔断器。用它们制作熔体时往往需借助附加弹簧所产生的机械力作用来提高熔断器的动作灵敏度，同时熔体本身还要考虑应有相应的机械强度。

2.6.2 熔体结构

（1）熔体形状及几何尺寸

根据额定电压、额定电流以及使用类别设计熔体形状及几何尺寸。额定电流在10A及以下的熔体多设计成丝状或等截面矩形狭带状熔体结构，大于10A的则设计成变截面片状熔体结构，而圆孔和V形变截面是两种最常用的结构形式。快速熔断器的熔体已由V形变截面逐步趋向采用圆孔。一般熔体，国内外都是采用圆孔或圆孔与V形变截面组合。熔体厚度推荐采用0.3mm以下。常见熔体结构形状及使用寿命见表2-15。

表2-15　常用熔体结构形状和使用寿命

熔体形状		熔体结构	寿命	说　明
线	均匀圆线 均匀扁线 带缺口变截面线	空心螺旋形	长	因应力集中，带缺口，变截面熔体，无论哪种结构形式，寿命均比均匀截面熔体短。熔体结构细小的变形，就可吸收较大的伸长，是直线形熔体最好的结构形式
		绕在实心管上	中	
		直线形	短	熔体结构需要很大的变形才能吸收伸长
带		波浪形 锯齿形	中	
		绕在实心管上	短	
			最短	此结构形式熔体最易出现疲劳

（2）熔体电流密度的选择及估算

对于有填料结构的铜质熔体，最小变截面处的电流密度宜控制在100～160A/mm²；快速熔断器中的银质熔体可达到500～800A/mm²；铝质熔体可达到35～500A/mm²。熔体厚度一般不超过0.25mm，熔体与熔管的间距应大于3mm。无填料熔断器中，用户可自行更换熔体，用铅锡丝为熔体的电流密度为5～10A/mm²；以变截面锌片为熔体的狭径处电流密度为10～30A/mm²。

熔体的电流密度通常可由下式进行估算：

$$j^2 t = C$$

式中　j——熔体最小截面处的电流密度，A/mm²；

t——熔体所需熔化时间，其大小是设定的，一般设定的熔化时间越短，计算j值越符合实际，s；

C——熔体材料的热电常数，$A^2 \cdot s/mm^4$。

(3) 熔体最小熔化电流与几何尺寸的关系

① 圆形截面的熔体最小熔化电流可由下式确定：

$$I_{min}=\frac{\pi}{2}\sqrt{\frac{\mu}{\rho}}\tau d^{1.5}=K_2 d^{1.5}$$

式中 I_{min}——最小熔化电流，A；

d——圆截面熔体的直径，mm；

K_2——常数（与熔体材料有关）。

a. 当线径为0.02～0.2mm时

$$I_{min}=\frac{d-0.005}{K_1}$$

b. 当线径为0.2mm时

$$I_{min}=K_2 d^{1.5}$$

对于处在空气中的熔体，K_1、K_2 值可由表2-16直接查出。

表2-16 与熔体材料有关的常数（K_1、K_2）

熔体材料	铜	银	铅	铝	锌	锡	铜镍合金3∶2	铅锡合金2∶1
K_1	0.034	0.031	—	—	—	—	—	—
K_2	80.0	68.9	10.8	59.1	14	12.8	44.4	10.8

② 对于熔体埋在石英砂中，线径为0.1～1.5mm的铜熔体有

$$I_{min}=7.8d^{1.2}\text{（熔体上无锡球）}$$

$$I_{min}=5.2d^{1.2}\text{（熔体上有锡球）}$$

式中 d——圆截面熔体的直径，mm。

③ 处于空气中，截面均匀的矩形铜熔体

$$I_{min}=150B\delta d^{0.5}$$

式中 δ——熔体的厚度，mm；

B——熔体的宽度，mm；

④ 对于变截面熔体的最小熔化电流是根据变截面熔体几何尺寸，计算出等效电阻来确定。

(4) 熔体长度

熔体长度及变截面的狭径数，主要由熔断器的额定电压及熔断器的结构形式来确定。额定工作电压越高，要求的断口数越多，使熄弧后平分在各断口上的恢复电压有所减轻，电弧不易充分燃烧，由于断口数的增加势必增大电弧总能量，同时熄弧瞬间过电压也相应增大，因此合理地选择狭径数目就显得非常重要。

① 无填料熔断器的熔体长度可由下式估算：

$$l=1.5+(0.01\sim0.035)U$$

式中 U——熔断器的额定电压，kV。

l——长度，mm。

② 石英砂为填料，截面为圆形的均匀丝状熔体的长度，由下面的经验公式计算：

$$l=1.5+0.05U$$

式中　U——熔断器的额定电压，kV。

l——长度，mm。

③ 石英砂为填料，变截面状熔体的长度，由下式估算：

$$l=20+(12\sim15)n$$

式中　n——熔体的狭径数目；

l——长度，mm。

实践表明，每个能承受的最大电压一般为200～250V。熔体长度只要满足安装线路最大工频恢复电压值的要求，就应尽可能地短，这样可以降低熔断器在开断过程中的过电压，同时对改善传热、散热和缩小熔断器的外形尺寸都很有利。

此外，在熔体沿轴线方向至少有一处制作成波浪形，这样可使得每次的通、断电期间熔体产生的膨胀、收缩而导致的热应力减少，提高熔体耐受过电流能力。

2.7　弹性合金材料

弹性合金（elastic alloy）是精密合金的一类，用于制作精密仪器仪表中弹性敏感元件、储能元件和频率元件等弹性元件。弹性合金除了具有良好的弹性性能外，还具有无磁性、微塑性变形抗力高、硬度高、电阻率低、弹性模量温度系数低和内耗小等性能。

弹性合金材料适用于制作各种膜片、膜盒、波纹管、工作温度低于400℃的各种航空仪表弹簧及其他弹性组件（游丝、张丝、悬丝、簧片等），以及机械滤波器中的振子、频率谐振腔中的音叉、谐振继电器中的簧片等各种频率组件。

对弹性合金材料不但要求有良好的弹性性能，同时还具有导电件、无磁性或一定的导磁性，以及耐热、耐腐蚀、耐磨和高硬度等性能。弹性组件的质量优劣，直接关系到仪器仪表的精度、稳定性和使用寿命。

2.7.1　常用弹性合金材料

常用弹性合金有高弹性合金、高温高弹性合金、恒弹性合金、耐腐蚀性弹性合金和铜基弹性合金等类型。

(1) 高弹性合金材料

高弹性合金材料具有较高的弹性极限和弹性模量，较低的弹性后效，并具有较好的不锈性和耐酸碱腐蚀性等性能，但导电性能差。大部分的高弹性合金材料呈弱碱性，有些可在高温下使用，高弹性合金又分为铁镍铬基、镍铍基和钴铬镍钼基等。

① 铁镍铬基高弹性合金　铁镍铬基高弹性合金在淬火状态下具有良好的塑性，时效硬化后获得高弹性、低弹性后效等良好的综合性能。冷变形后进行时效处理，弹性性能更好，但塑性较差。在软态下，缝焊、点焊、氢弧焊及电子束焊的焊接性能良好，在时效处理后，其缝焊与点焊的焊接性能变差。若进行低温锡、铅焊接，应在焊接表面镀镍处理。铁镍铬基高性弹合金还具有较好的耐磁性和耐酸碱腐蚀性。这类合金的品种、物理性能参数、特点及用途见表2-17，其热处理规范、力学及弹性性能参数见表2-18。

② 镍铍基高弹性合金　镍铍基高弹性合金在淬火状态下具有的良好的塑性，时效处理后获得高导电性、高强度、高的抗疲劳和耐腐蚀性能，并具有磁性。该合金又称为高导电高弹性合金。

表 2-17 铁镍铬基高弹性合金品种、物理性能参数、特点与用途

合金名称 （主要成分/%）	最高工作温度 /℃	线胀系数 α $/10^{-6}℃^{-1}$	密度 d $/g \cdot cm^{-3}$	电阻率 ρ $/\Omega \cdot m$	主要特点与用途
3J1 （Ni36 Cr12 Ti3 Al1 Fe 余量）	200	12～14	7.9	(0.9～1.0) $\times10^{-6}$	耐蚀性、工艺性较好。时效处理后可获得良好的弹性。用于膜片（盒）、波纹管、螺旋弹簧以及压力传感器的传送杆、转子发动机刮片弹簧等
3J2 （Ni36 Cr12 Ti3 Al1 Mo5 Fe 余量）	300	12～14	8.0	(1.0～1.1) $\times10^{-6}$	耐热性较高。从室温至 300℃，强度下降不超过 4%，其余同 3J1
3J3 （Ni36 Cr12 Ti3 Al1 Mo8 Fe 余量）	350	12～14	8.3	(1.0～1.1) $\times10^{-6}$	耐热性更高。从室温至 500℃，强度下降不超过 11%，其余同 3J1

表 2-18 铁镍铬基高弹性合金热处理规范、力学及弹性性能

合金名称	推荐热处理规范及合金状态	抗拉强度 σ_b/MPa	伸长率 δ/%	屈服极限 $\sigma_{0.2}$/MPa	弹性极限 σ_e /MPa	弹性模量 E/MPa	弹性模量温度系数 $\beta_E/10^{-6}℃^{-1}$	硬度 /HV
3J1	软化： 920～980℃ 软时效： 650～720℃， 2～4h 硬时效： 600～650℃， 2～4h	735～784 >1176 >1372	35～40 >8 >5	245～392 833～1078 1274	784① 882①	171500～ 210700 176400～ 215600	100	150～180 340～360 360
3J2	软化： 980～1000℃ 水冷 软时效： 650℃，2～4h 硬时效： 700℃，2～4h	833～882 1225～1372 1372	30～35 8～10 5	490～568 882～1078 1274	833	186200	100	200～215 420～450 450
3J3	软化： 980～1050℃ 水冷 软时效： 650℃，2～4h 硬时效： 700℃，2～4h	882～931 1372～1421 1372	20～25 6～7 5	588～637 1078～1127 1274	931	2058000	100	200～230 485～495 495

① 弯曲弹性极限。

③ 钴铬镍钼基高弹性合金 钴铬镍钼基高弹性合金淬火后需通过大的冷加工变形后再进行时效处理，方能获得高的弹性性能和硬度。这类合金还具有优良的耐热性和耐腐蚀性。

(2) 高温高弹性合金

高温高弹性合金的工作温度通常在 500℃左右，具有良好的耐腐蚀性能。作为耐高温弹性组件，冷变形不宜超过 30%。这类合金可分为镍铬铌基、铁镍铬基等。

（3）恒弹性合金

恒弹性合金淬火以后塑性良好，易于加工成型制作各种弹性组件，时效处理后对磁场敏感，使用温度范围较窄，但具有较高的弹性；对化学成分、热处理参数的变化也都较敏感，因此在使用时要正确选用时效温度。此类合金大部分是时效硬化型铁磁性铁镍基合金。

（4）耐腐蚀弹性合金

耐腐蚀弹性合金具有耐各种强酸、强碱以及化工上的尿素、乙烯、氯离子和硫化氢等腐蚀的性能，可分为时效硬化型和加工硬化型两大类型。

① 时效硬化型耐腐蚀弹性合金淬火后具有良好的塑性，时效处理后可获得较高的强度和弹性。这类合金有镍基、铁镍铬基等。

② 加工硬化型耐腐蚀弹性合金淬火后不能进行时效硬化，主要以冷加工变形提高其强度和弹性，冷加工变形后，再进行低温退火，可进一步提高其弹性。这类合金有镍基、铁镍铬基等。

（5）铜基弹性合金

铜基弹性合金具有很高的导电性，耐大气腐蚀性好。它可用于制作弹性敏感组件和高导电性的弹性组件，如电器中的刷片、弹簧及仪表中的张丝、游丝等。这类合金有时效硬化型和加工硬化型两大类。

① 时效硬化型铜基弹性合金的弹性模量低，时效硬化后可显著提高弹性极限，淬火后塑性好，便于加工成各种复杂形状，同时还具有良好的导电、导热、抗疲劳及低温性能，撞击时不发生火花。

② 加工硬化型铜基合金主要是依靠冷加工变形后获得弹性。冷加工硬化后，可进行低温退火，进一步提高弹性极限以及降低弹性后效。这类合金来源较广，价格也较低廉，但弹性不如铍青铜高，可用来制作各种弹性敏感元件以及弹簧片等。

2.7.2　表征弹性合金材料基本性能的物理量

表征弹性合金基本性能的物理量有弹性极限、弹性模量、切变模量、弹性模量温度系数、弹性后效及疲劳极限等。

（1）弹性极限（σ_τ）

弹性合金材料在弹性限度内可能承受的最大应力，称为弹性极限，用 σ_τ 表示。弹性极限越高，材料与之对应的弹性性能越好。

（2）弹性模量（E）

弹性材料受到拉伸或压缩作用时，在弹性限度内，应力 σ 与应变 ε 的比值称为弹性模量，用 E 表示，即 $E=\sigma/\varepsilon$。弹性模量越大，材料刚度则越大，在一定应力作用下发生的应变（形变）则越小。

（3）切变模量（G）

弹性材料受到扭转力的作用时，在弹性限度内，剪切应力 τ 与应变 γ 的比值称为切变模量，用 G 表示，即 $G=\tau/\gamma$，切变模量也是表征材料刚度的指标，其切变模量越大，在一定应力作用下，材料发生的应变（形变）则越小。

（4）弹性模量或切变模量的温度系数（β_E）

在一定的温度范围内，弹性模量或切变模量随温度变化的相对变化率，称为弹性模量温

度系数或切变模量的温度系数，用 β_E 表示，即

$$\beta_E=\frac{E_2-E_1}{E_1}\times\frac{1}{t_2-t_1}(10^{-6}℃^{-1})$$

温度系数越小，则弹性组件的温度误差就越小。

（5）弹性后效（H_{10}）

弹性材料在受到低于弹性极限的恒定向力作用时，首先产生一符合胡克定律的弹性应变 ε_e，接着是随着应力作用时间的延长，弹性应变逐渐增大，但其应变的速度逐渐减缓，直至达到平衡应变值。通常把应力作用 10min 后缓慢增加的那一部分弹性应变值称为残余应变值 $\Delta\varepsilon_{10}$，而 $\Delta\varepsilon_{10}/\varepsilon_e$ 的比值称为弹性后效值，用 H_{10} 表示。弹性后效越小，则仪器、仪表的精度等级越高。

（6）疲劳极限

弹性材料在重复或交变的应力（拉伸或压缩）作用下，在规定的周期（频率）基数（1～10）内不产生裂断情况下所承受的最低点应力称为疲劳极限。疲劳极限越高，性能越好。疲劳极限的大小直接关系到材料性能的稳定性和使用寿命的优劣及长短。

2.7.3 弹性合金材料的选用及表面清洗

（1）弹性合金材料的选用

弹性合金材料选择时，应考虑到所用以制造的组件类型、工作条件，对照合金材料的性能特点来选定恰当的材料。

① 制作弹性敏感组件（如膜片、波纹管等），要求合金材料具有较高的弹性极限，较低的弹性模量和较低的弹性后效。若制作弹力作用的簧片、接插件中的弹性件、发条等，则选用具有高的弹性极限和足够的弹性模量的合金材料。

② 对工作在有腐蚀性介质中的组件，选用耐相应介质腐蚀的弹性合金材料。

③ 弹性合金因生产加工工艺的不同，材料性能均匀性受到一定限制，丝材均匀性优于带材，带材的头尾与边缘部位的弹性性能低于中间部分。制作小尺寸组件应尽量选取中间部分以避开低性能部分。

④ 对具有方向性的弹性组件如簧片等，在落料时应该注意。

⑤ 弹性合金的力学性能及状态选择，应根据组件简繁情况而定。如簧片类结构简单的组件，可选硬态合金材料。波纹管等较复杂的组件，一般要求软态合金材料。在使用加工硬化型材料制作组件时，软态成型时加工硬度往往不能达到弹性性能要求，可选用有一定加工硬度的合金材料。

（2）最终冷加工度的选择

最终冷加工度的选择包括两个方向：对簧片等简单组件的冲制成型，丝材绕制螺旋弹簧，一般可不认为增加冷加工费；另一方面，对波纹管等较复杂组件，成型时产生较大加工费。其最终加工度是成型前材料的冷加工度（半硬态或硬态，对软态材料的加工度为零）与成型时冷加工度的总和。在确定选择冷加工度时，应对弹性性能和塑性性能综合考虑，如冷加工度过大，弹性极限提高，而塑性则下降，会使加工冲制过程出现裂纹、翘曲等弊端。

① 简单形状组件　平直簧片、平膜片、接插件中弹性件之类简单形状的弹件组件，如冷加工状态的弹性合金材料，可根据要求选用硬态材料，若不符合要求可改变材料状态，如太硬则改为半硬态；不够硬时则改为特硬态材料。

② 复杂形状组件　波纹膜片等形状复杂的组件，大多用软材料成型，然后进行时效处理。若达不到要求可改用一定加工度，如 10%左右原材料。但有时会造成翘曲，可采用其他特殊工艺，如喷丸处理以改善组件平整度和弹性。

(3) 合金材料表面清洗

合金材料因热处理在表而产生了氧化皮，一般可采用酸洗去除氧化皮，而尽可能不使合金的机体受到侵蚀。对某些合金含量较高，氧化膜附着力强的材料，在酸洗前还必须先进行碱洗处理。碱洗主要靠硝酸钠、氢氧化钠强氧化作用，使氧化层中的低价氧化物转变为高价氧化物，形成体积变化、组织疏松，易于合金机体分离，而使酸洗容易。

2.8　电碳材料

2.8.1　电碳材料及其性质

电碳制品是由碳、碳-石墨、天然石墨、电化石墨和金属-石墨质材料等基体材料组成。它具有许多宝贵的特性，有一些是金属导体所不具备的。它的基本特性是：具有优良的导电、导热能力，并且有很大的各向异性和极高的热导率；具有优良的耐高温特性，在无氧化性气体介质的环境中，能在 3000℃的高温下工作、在高温下仍具有良好的机械强度，并且在 2500℃以内随温度的升高，机械强度随之增大；密度小，介于铝与镁之间；温度越过 3500℃时，碳直接升华为气体；自润滑性能好，不与液体金属沾黏；化学稳定性能好，仅与很多的氧化剂作用；热发射电流密度随温度的升高而急剧增大等。

电碳制品主要是用于电机上的电刷、电力机车和无轨电车作为从接触网引入电能的滑动接触件（碳滑板和碳滑块取代金属滑板和金属滑块）、电气控制设备中作为导电的接触件（电器用碳和石墨触头）、弧光照明、碳弧气刨和光谱分析用碳以及石墨电极、碳棒、发电机中的自动电压调整器、电动机转速调整器、连续改变电阻值的各种变阻器和压力调整器等电气设备中的碳电阻片柱和用于制作大功率电子管的阳极、栅极的高纯石墨等电碳制品。

2.8.2　常用电碳制品

2.8.2.1　碳滑板和碳滑块

碳滑板和碳滑块具有导电好、自润滑性好、不与金属沾黏、接触电阻稳定以及切断接触时不易出现气体放电等特点，用于电力机车和无轨电车作为从接触网引入电能的滑动接触件。用碳滑板和碳滑块取代金属滑板和金属滑块，具有如下优点。

① 在接触网导线的磨面滑动摩擦时产生一层碳润滑膜，不用外涂润滑油可减少导线的磨损，延长导线的使用寿命，减轻维护和更换工作。

② 它能在弯曲度大、隧道长、气候恶劣、坡度大的电气化铁道上长期工作。使用碳滑板能大大减少接触电弧，减轻导线和滑板的烧伤，并减少电弧对无线电波的干扰。

2.8.2.2　碳和石墨触头

碳和石墨触头具有导电性、导热性和自润滑性好，耐高温，不与金属沾黏以及化学性能稳定等特点，用于电气控制设备中作为导电的接触件。

2.8.2.3　碳棒

碳在高温下直接升华为气体，同时在燃烧时发出强光，因此，碳棒用作电弧放电的电极，能产生很高的温度和发光强度。按用途和使用特点分，碳棒主要有照明碳棒、碳弧气刨碳棒、光谱碳棒以及电池碳棒等。

(1) 照明碳棒

用照明碳棒作为电极的弧光灯，是照明设备中发光强度最高的一种。弧光灯可使用直流或交流电源，在相同的电流强度下，交流电弧的光通量比直流电弧的小25%～50%，直流电弧更接近于点光源。

照明碳棒按用途的不同有电影放映用碳棒、高温摄影碳棒、紫外线型和阳光型碳棒、照相制版碳棒等。

① 电影放映用碳棒　用于电影放映光源的直流弧光灯，是一种高光强的弧光碳棒。此种碳棒能满足如下的要求：燃烧时稳定性好，有足够的亮度；保持干燥，可在燃烧时不易引起电弧喷闪现象；燃烧速度低。为了增加导电性和降低燃烧速度，外壳镀上一层薄钢。

② 高温摄影碳棒　拍摄电影用于照明的弧光灯，是一种高强度弧光碳棒，这种弧光，光强而色白，其光谱近似于太阳光光谱，且照明射程远，燃烧噪声小，对它的要求与电影放映用碳棒基本相同。

③ 紫外线型和阳光型碳棒　此类型碳棒用于橡胶、塑料、油漆和颜料等进行人工老化试验用的弧光灯，它们的芯料中都含有铈盐。紫外线型碳棒用于封闭式交流弧光灯，弧光呈蓝紫色，含有丰富的紫外线光谱。阳光型碳棒用于非封闭式直流弧光灯，发出近似太阳光的光谱。

④ 照相制版碳棒　此类型碳棒用于照相制版作业晒版用的各种交流弧光灯。点燃工作时，两电极间的球状白炽气体产生强烈的弧光成为点光源，光强而色白，弧光稳定，燃烧速度慢，发光效率高，色温近似太阳光。

(2) 碳弧气刨碳棒

碳弧气刨碳棒应用于碳弧气刨工艺，它可以进行挑焊根、焊缝返修时刨除缺陷，金属部件开坡口，刨除和修整铸件的冒口和铸疤，切割金属，钻孔以及拆除焊接件或铆接件等作业。碳弧气刨工艺具有加工效率高、质量优、操作方便、设备简单等优点。

(3) 光谱碳棒

光谱碳棒用作光谱分析所用摄谱仪的碳电极，具有纯度高、杂质含量低、不影响分析精度、机械强度高、导电性和热稳定性好等特点。其电弧波谱在200～350nm ($1nm=10^{-9}m$) 范围内。

(4) 电池用碳棒

电池用碳棒通常用作电池组的阳极，具有导电性和化学稳定性好的特点。

2.8.2.4　高纯石墨件

高纯石墨是以石油焦和沥青焦为主要原料，经2500℃以上高温处理制成的，石墨所含杂质极微，用于制作大功率电子管的阳极和栅极，真空电炉用电热、隔热和支撑元件，以及电真空器件的石墨件等。高纯石墨的灰分不超过0.1%，经特殊净化的可达0.001%以下，可使因杂质元素蒸发污染使用系统的现象减少到最低。该石墨结构致密，机械强度高，具有较大的支撑能力和抗振性能，在高温下不掉粉、不碎裂，且电子热发射效率高，重量轻，能耐高速电子流的撞击。在高真空中经高温除气处理后性能稳定，能保证设备在高真空状态下正常工作。

2.8.2.5　碳电阻片柱

碳电阻片柱是由许多平整的碳片或碳圈叠合而成的，其电阻阻值随压力负荷变化而在较大范围内改变，并能在除去压力负荷之后，恢复到原来的阻值。对碳电阻片柱的要求是电阻变化的范围大而机械的变形小。碳电阻片柱用于发电机的自动电压调整器、电动机转速调整器、连续改变电阻值的各种变阻器和压力调整器等电气设备中。组成碳电阻片柱的碳片和碳圈是用炭黑和天然石墨的混合料制作而成。

2.8.3 电机用电刷

(1) 电刷制品的类别、型号及特性

电机用电刷用于电机的换向器或集电环上，作为传导电流的滑动接触件。其主要特性有：接触表面有氧化亚铜、石墨和水分等形成的薄膜，接触性能好；对换向器和集电环的磨损小，不易出现对电机有危害的火花；噪声小，电功率损耗小，使用寿命长等。

电机用电刷按其原材料和制造工艺的不同，可分为天然石墨电刷、树脂石墨电刷、电化石墨电刷和金属石墨电刷。其类别、型号、特征和主要应用范围见表 2-19。

表 2-19 电刷制品的类别、型号、特征和应用

类别	型 号	基 本 特 征	主要应用范围
石墨电刷	S-3	硬度较低，润滑性较好	换向正常，负荷均匀，电压为 80～120V 的直流电机
	S-4	以天然石墨为基体，树脂为黏结剂的高阻石墨电刷，硬度和摩擦因数较低	换向困难的电机，如交流整流子电机、高速微型直流电机
	S-6	多孔软质石墨电刷，硬度低	汽轮发电机的集电环，80～230V 的直流电机
电化石墨电刷	D104	硬度较低，润滑性好，换向性能好	一般用于 0.4～200kV 直流电机，充电用直流发电机，轧钢用直流发电机，汽轮发电机，绕线转子异步电动机集电环，电焊直流发电机等
	D172	润滑性好，摩擦因数低，换向性好	大型汽轮发电机的集电环，励磁机，水轮发电机的集电环，换向正常的直流电机
	D202	硬度和机械强度较高，润滑性好，耐冲击振动	电力机车用牵引电动机，电压为 120～4000V 的直流发电机
	D207	硬度和机械强度较高，润滑性好，换向性能好	大型轧钢直流电机，矿用直流电机
	D213	硬度和机械强度较 D214 高	汽车、拖拉机的发电机，具有机械振动的牵引电动机
	D214 D215	硬度和机械强度较高，润滑性好，换向性能好	汽轮发电机的励磁机，换向困难，电压在 200V 以上的带有冲击性负荷的直流电机，如牵引电动机，轧钢电动机
	D252	硬度中等，换向性能好	换向困难，电压为 120～440V 的直流电机，牵引电动机，以及电机扩大机
	D308 D309	质地硬，电阻系数高，换向性能好	换向困难的高速直流电机，角速度较高的小型直流电机，以及电机扩大机
	D373		电力机车用直流牵引电动机
	D374	多孔、电阻系数小，换向性能好	换向困难的高速直流电机，牵引电动机，汽轮发电机的励磁机，轧钢发动机
	D479		换向困难的直流电机
金属石墨电刷	J101 J102 J164	高含铜量，电阻系数小，允许电流密度大	低电压、大电流直流发电机，如电解、电镀、充电用直流发电机，绕线转子异步电动机的集电环
	J104 J104A		低电压、大电流直流发电机、汽车、拖拉机用发电机
	J201	中含铜量，电阻系数较高，中含铜量电刷，允许电流密度大	电压在 60V 以下的低电压、大电流直流发电机，如汽车发电机、直流电焊机、绕线转子异步电动机的集电环
	J204		电压在 40V 以下的低电压、大电流直流发电机，如汽车辅助电动机、绕线转子异步电动机的集电环
	J205		电压在 60V 以下的直流发电机，汽车、拖拉机用直流发电机，绕线转子异步电动机的集电环
	J206		电压为 25～80V 的小型直流电机
	J203 J220	低含铜量，与高、中含铜量电刷相比，电阻系数大，允许电流密度较小	电压在 80V 以下的大电流充电发电机，小型牵引电动机，绕线转子异步电动机的集电环

（2）电刷的接触特性和理化特性

① 电刷的接触持性

a. 瞬间接触电压降。接触电压降是指当电流通过电刷、接触点薄膜、换向器或集电环产生的电压降。如果电刷接触电压超过了极限值，滑动接触点的电损耗将增大，并引起过热，时间过长，会损害电刷。对换向器来说，如果接触电压降值过低，则可能在电刷下出现火花。

b. 摩擦因数。摩擦是选择电刷必须考虑的一个重要因素。摩擦因数过大，会使电刷在运行过程中引起振动，发出噪声，并导致接触不稳定，甚至使电刷碎裂。

电刷的摩擦因数受电刷和换向器（或集电环）的材质、接触面情况及运行条件的影响。在换向器或集电环上，电刷数量越多，摩擦因数越大，电机的转速越大时，则摩擦的损耗也越大。从机械损耗角度来看，用于高速电机的电刷，应选用摩擦因数较小的。

选用电刷时，应综合考虑电机的转速、电流密度、施于电刷的单位压力以及周围介质情况和电刷的材料。对于转速低的电机应选用金属石墨电刷，对于转速高的电机应选用电化石墨电刷和其他石墨电刷。应当注意，在高速情况下，电刷与换向器或集电环之间容易出现空气薄层，并导致接触电压急剧上升，摩擦因数急剧降低，导致电压不稳定，形成气垫现象。尤其是在并联较多电刷时容易在个别电刷下出现这样的现象，从而使通过各个电刷上的电流不均匀。改善的方法是采用刻槽电刷、钻孔电刷或对集电环表面刻螺旋槽。

② 电刷的理化特性

a. 电阻系数　在非金属中，碳是良好的导电材料，但导电性不如金属。电化石墨的最低电阻率约为 $70\times10^{-6}\Omega\cdot m$，与铜相差 4000 倍，但在运行中电刷电阻引起的损耗较接触电阻和摩擦引起的损耗小。一般要求电刷的电阻率波动范围要小，根据其电阻率值以确定它的适用范围，见表 2-20。

表 2-20　电刷电阻率值及适用范围

电阻率/Ω·m	电刷基本类别	适用范围
$>50\times10^{-6}$	树脂石墨、炭黑基和木炭基电化石墨电刷	换向困难的电机
$(30\sim50)\times10^{-6}$	炭黑基和木炭基电化石墨电刷	换向困难的电机
$(20\sim30)\times10^{-6}$	焦炭基电化石墨电刷	一般直流电机
$(10\sim20)\times10^{-6}$	石墨电刷、焦炭基和石墨基电化石墨电刷	一般直流电机
10×10^{-6}以下	含有 25%～50%铜的金属石墨电刷	电压较低的电机
$(0.5\sim1)\times10^{-6}$	含有 60%～75%铜的金属石墨电刷	低压电机
$(0.1\sim0.5)\times10^{-6}$	高含铜量金属石墨电刷	低压大电流电机

b. 硬度　电刷的硬度和它的电阻率，可以综合反映电刷质量和使用性能的一般情况。如果它们中间之一偏离允许的极限值，就可以出现一些缺陷，影响其使用效果。若电阻率数值偏高而硬度值偏低，易产生较高的磨损，若两者都偏高，易导致电压降过高，从而产生机械性火花；若两者都偏低，则使磨损率增大，易出现电气性火花；若电阻率值偏低而硬度值偏高，也会产生机械性火花。

c. 灰分杂质　电刷中含有少量极细微的灰分，能提高电刷的耐磨性能，并对换向器或集电环有磨光的效能。如果在灰分杂质中含有少量的硬质磨料颗粒（碳化铁、碳化硅即金刚砂）时，则会使换向器或集电环被严重磨损，甚至在其表面拉出沟槽，对电机的危害极大，必须严格测定。

（3）电刷的结构和外形

① 电刷的结构　电刷的结构形式如图 2-6 所示。

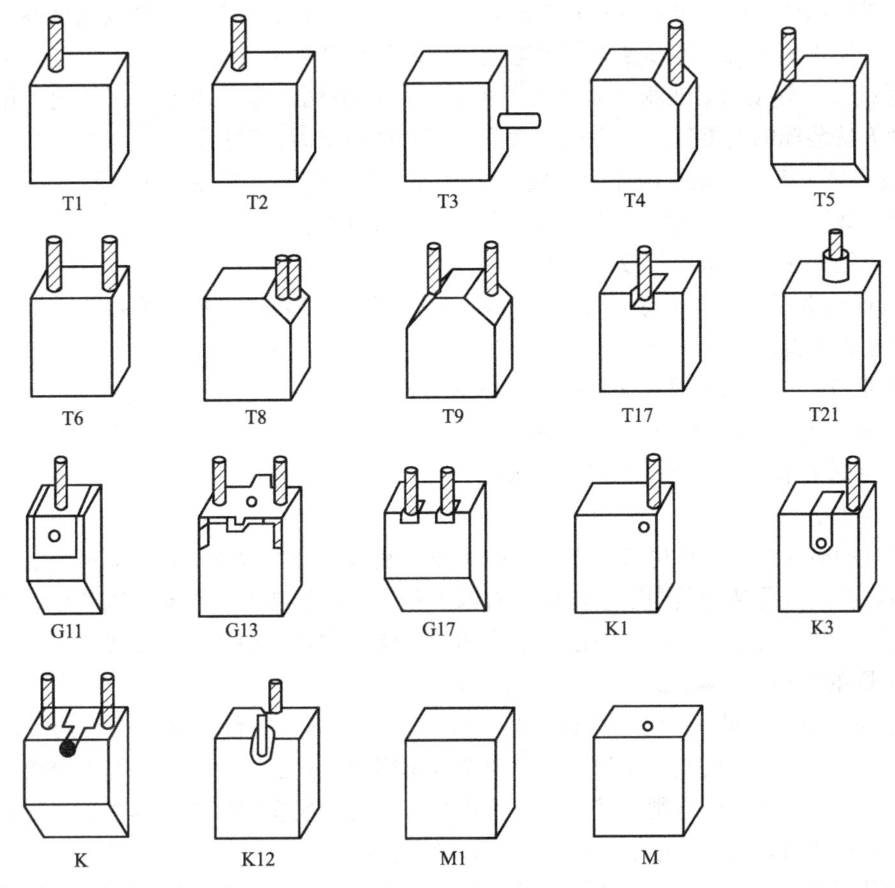

图 2-6　电刷的结构形式

② 电刷的外形　电刷的外形有辐射式、前倾式、后倾式等。

a. 辐射式电刷又称为径向式电刷，常用的有平顶面辐射式和上端面倾斜的辐射式两种。平顶面辐射式电刷适用于单向运转和正反向运转的电机。上端面倾斜的辐射式电刷只用于单向运转的电机，由于电刷与刷握前壁紧靠，能保证稳定运行。

b. 前倾式及后倾式电刷对换向器倾斜有一定角度要求，前倾式的倾斜角约为 30°，倾斜角约为 15°，刷顶可采用平顶面或倾斜面。

c. 分层式电刷有很多形式，常用的有两块电刷拼合和中间黏结并相互绝缘两种。两块电刷拼合的称双子电刷，适用于高速、振动大和换向困难的电机，如电力机车牵引电机。这种电刷易于与换向器保持良好的吻合。中间黏结并相互绝缘（或具有高电阻）的为多层黏合电刷，这类电刷的横向电阻大，对改善换向可以起到良好的作用。

（4）电刷的装配方式

电刷的装配方式主要指电刷引出导线的连接方法，通常有填塞法、扩铆法、焊接法和模压法。

a. 填塞法　填塞法是将导线装入刷体上预先钻好的锥形孔或螺铰孔内，用铜粉或镀银铜粉填塞。此种方法导线与刷体间的接触电阻小，结合牢固，适用于截面较大的电刷。

b. 扩铆法　扩铆法是在刷体上部钻孔、铣槽，将导线穿入刷体的容线槽，并绕在铜管上，将铜管两端扩张，导线即固定在刷体上（黑色电刷及含铜在70%以下的金属石墨电刷，为降低导线与刷体间的电阻，需在容线槽内镀铜）。用此种方法装配，机械强度高，适用于振动条件下使用的电机，但厚度太薄的电刷，不宜采用此装配方式。

c. 焊接法　焊接法是在刷体上钻好焊接孔，孔内镀铜，将导线穿入刷体内，用焊锡焊牢。此种方法装配的电刷适用于小型、微型电刷，结构牢固、耐用。

d. 模压法　模压法是在刷体上端钻孔，穿入导线，在模具中用冲床冲压，或在坯料成型时，将导线直接压入。此种方法适用于含铜量高的电刷。

(5) 电刷的选用、维护及故障处理

① 电刷的选用　正确选择和使用电刷，与电机的正常运行有密切关系。通常电刷在工作时应满足以下要求。

a. 使用寿命长，同时对换向器或集电环的磨损小。

b. 电刷的电功率损耗和机械损耗小。

c. 在电刷下不出现对电机有危害的火花。

d. 噪声小。

选用电刷时要综合考虑电机对电刷的技术要求和电刷的技术持性，在原材料、工艺不变的情况下，控制理化特性是为了使电刷具有某些相应的接触特性，同时可判断电刷本身的质量均匀程度。从电机运行的角度考虑，电刷的接触特性较理化特性更为重要。

② 电刷的维护及故障处理

a. 电刷的安装　同一台电机应选用同一种型号的电刷，并将电刷引出线均匀地紧固在刷杆上，使每块电刷的电流分布均匀，以免个别电刷产生过热和火花现象。对电流大、换向困难的电机，可采用双子电刷，其滑入边配用电流密度大或润滑性能好的电刷，滑出边则配用换向性好的电刷，从而使电机运行状况得以改善。

b. 电刷的更换与磨合　经过长期运行后的电刷刷体、导线和其他金属附件，若出现氧化、腐蚀、刷体磨耗长短不一等现象，应一次全部更新，不能新旧混用，否则会出现电流分布不均的现象。对于中小型电机，在更换电刷前，先将换向器磨光研平，并检查换向器的偏摆度，使之达到要求，然后用细玻璃砂纸（不能用金刚砂纸），沿电机运转的方向研磨电刷。研磨后，先以20%～30%的负荷运转数小时，使电刷与换向器表面磨合，并形成适宜的表面薄膜，再逐步提高电流至额定负荷。对于大型电机，可在不停机的情况下，每次更换20%的电刷，每次间隔1～2周，待磨合后，再依次更换其余电刷，以保证机组正常持续运行。

c. 电刷运行中常见故障与处理方法　见表2-21。

表 2-21　电刷运行中常见故障与处理方法

故障现象	产生故障的原因	处理方法
电刷磨损异常	电刷造型不当；换向器偏摆、偏心；换向片、绝缘云母凸起等	应根据电机的运行条件选配合适的电刷，并排除故障
电刷磨损不均匀	电刷质量不均匀或弹簧压力不均匀	更换电刷或调整弹簧压力
电刷下出现有害火花	①机械原因，如换向器偏摆、偏心；换向片、绝缘云母凸起和振动等 ②电气原因，如负荷变化迅速、电机换向困难、换向极磁场太强或太弱	①排除外部故障 ②选用换向性能好的电刷 ③调整气隙，移动换向极位置等

续表

故障现象	产生故障的原因	处理方法
电刷导线烧坏或变色	①电刷导线装配不良 ②弹簧压力不均匀	①更换电刷 ②调整弹簧压力
电刷导线松脱	①振动大 ②电刷导线装配不良	①排除振源 ②更换电刷
换向器面拉成沟槽	电刷工作表面有研磨性颗粒，包括外部混入杂质；长期轻载、过冷、严重油污、有害气体、损害接触点间表面薄膜的形成	清扫电刷；更换电刷；排除故障
电刷或刷握过热	①弹簧压力太大或不均匀 ②通风不良或电机过载 ③电刷的摩擦因数大 ④电刷型号混用 ⑤电刷安装不当	①降低或调整弹簧压力 ②改善通风或减小电机负荷 ③选用摩擦因数小的电刷 ④换用同一型号的电刷 ⑤正确安装电刷
刷体破损，边缘碎裂	①振动大 ②电刷材质软、脆	①排除振源 ②选用韧性好的电刷 ③采取加缓冲压板等防振措施
电机运行中出现噪声	电刷摩擦因数大；电机及刷握振动大；空气湿度低	选择摩擦因数小的电刷；排除振源；调整湿度
电刷表面“镀铜”	①由于电刷换向器间接触不好产生电镀作用，在电刷表面黏附铜粒 ②由于产生火花，使铜粒脱落，并聚集在电刷面上 ③局部电流密度过高	①排除换向器偏摆、电刷跳动、弹簧压力低而不均匀等故障 ②消除产生火花的原因 ③排除电流密度不均匀的故障
换向器表面膜过厚或过薄	①过厚：电刷品种不合适，温度过高，湿度过高 ②过薄：电刷品种不合适，温度过低，湿度过低	①采用带研磨性的电刷，调整温度与湿度 ②采用易于形成氧化膜电刷，调整温度与湿度

复习思考题

1. 电阻合金材料按用途分有哪些？
2. 简述调节元件用电阻合金品种、特点及性能。
3. 简述精密元件用电阻合金材料的特点。
4. 简述电位器用电阻合金材料的特点。
5. 传感元件用电阻合金材料的参数有哪些？
6. 简述电热合金材料的品种、选用、计算及特点。
7. 简述热电偶材料的工作原理及对热电偶材料性能的要求。
8. 简述常用热电偶材料的特点和用途。
9. 什么是熔体材料？按使用场合和性能要求不同，熔体材料的分类有哪些？
10. 纯金属熔体材料有哪些？相比较而言，哪种纯金属更适合作熔体材料？
11. 熔体结构的计算需考虑哪些因素？
12. 表征弹性合金材料基本性能的物理量有哪些？
13. 常用弹性材料有哪些？弹性合金材料的选用依据是什么？
14. 简述电触头材料的种类、性能、特点和用途。
15. 什么是热双金属片材料？解释其品种与性能、使用要求。
16. 什么是电碳制品？电碳制品有哪些分类及应用？

第3章　半导体材料

半导体材料是构成许多有源元件的基体材料，在光通信设备、信息的储存、处理、加工及显示方面都有重要应用，如半导体激光器、二极管、半导体集成电路、半导体存储器和光电二极管等。它是能源、信息、航空、航天、电子技术必不可少的一种功能材料，在电子信息材料中占有极其重要的地位。当前，半导体材料已成为投资密集、人才密集、技术密集的高技术新兴产业，受到电子科学与材料科学界的极大关注。本章在介绍半导体相关知识的基础上，讲述了半导体材料的分类和应用情况。

3.1　半导体材料的物理基础

3.1.1　能带

电子围绕着原子核运动，在同一轨道上的电子与原子核的距离和能量几乎是相等的。内层电子受原子核束缚最强，能量最小，离核心最近。最外层电子受束缚最弱，能量最高，离核心最远。它们各层之间的能量差是量子化的，只有特定的能量值，不能任意连续变化。电子在原子中运动的量子态称为能级。当两个原子靠近时，原子上的电子会产生相互作用，相同层的电子可以相互转移，电子运动的波函数发生交叠，由于波函数相位差别而分裂成两个能级，这两个能级的间距随原子间距的减小而增加。如果多个原子排列组成晶体时，由于参与原子很多，电子为晶体所共有，分裂的能级很多，并可看作连成一条带，电子只能在允许的特定能量相同的量子态之间转移，各层电子形成各自的能带。能带之间的间隙即为能隙，也叫禁带。

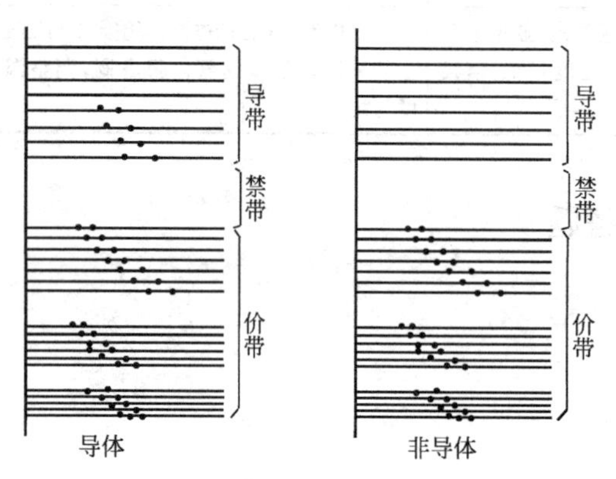

图3-1　导体和非导体的能带模型

导体和非导体的能带模型如图3-1所示。在非导体中，电子恰好填满最低的一系列能带，再高的各带全空，由于价带不产生电流，所以尽管存在很多电子，并不导电。在导体中情况则有所不同，它既有完全充满的一系列能带，又存在只部分填充电子的能带，可起导电的作用，通称导带。

众所周知，半导体具有一定的导电能力，而根据能带理论，半导体和绝缘体都属于上述非导体的类型。半导体的导电性能往往是由于存在一定的杂质，对于能带填充情况有所改变，使导带中有少数电子或价带缺少了少数电子，从而产生一定的导电性。即使半导体中不存在任何杂质，也会由于热激发使少数电子从价带热激发到导带底，产生所谓的本征导电。激发电子的多少与禁带宽度密切相关。半导体和绝缘体的差别就在于半导体禁带较窄，因而具有不同程度的本征导电性，而绝缘体的禁带则较宽，激发电子数目极少，以致没有可察觉的导电性。例如金刚石禁带宽度为－5.4eV，而硅和锗的禁带宽度分别为－1.2eV和

—0.7eV，所以尽管它们具有相同的晶体结构和键型，但导电性质完全不同，金刚石为绝缘体，而一般温度下硅和锗则为半导体，只有在 0K 时，硅和锗才变为绝缘体，因为此时所有的价电子都充满着价带，施加电场也完全不能产生价带内的电子向高能态跃迁。必须指出，价带一旦缺了少数电子就会产生一定导电性。这种“近价带”的情形，在半导体中有着特殊的意义。

综上所述，半导体的基本能带情况是：价带基本填满（0K 时价带为满带），导带基本上全空，两者中间的禁带很窄。这就意味着，其价电子不需太多的热、电、磁或其他形式的能量就能使其激发到导带中去，价带顶随之产生空穴。半导体的导电即是依靠导带底的少量电子或者价带顶的少量空穴实现的。

3.1.2　杂质（或掺杂）半导体

在半导体中，无论是哪种电荷载流子，都可通过引入杂质产生出来。掺入杂质后所产生的额外能级处于禁带中间，并对实际半导体的性能起决定性作用。根据对导电性的影响，杂质态可分为施主杂质和受主杂质，相应地两者所产生的额外能级分别为施主能级和受主能级，并最终引出两种杂质半导体，即 n 型半导体和 p 型半导体。

（1）n 型半导体

当杂质提供带有电子的能级时，如图 3-2(a) 所示，电子由施主能级激发到导带远比由价带激发容易。因此，主要含施主杂质的半导体，导电往往是依靠由施主热激发到导带的电子。这种主要依靠电子导电的半导体，称为 n 型半导体。

（2）p 型半导体

当杂质提供禁带中空的能级时，如图 3-2(b) 所示，电子由价带激发到受主能级比激发到导带容易得多。因此，主要含受主杂质的半导体，由于价带中有些电子激发到受主能级而产生许多空穴，这种主要依靠空穴导电的半导体，称为 p 型半导体。

杂质或缺陷为什么能够形成施主能级或受主能级，以及它们如何束缚电子，其情况是很复杂的，不同材料、不同杂质产生束缚态的具体原因各不相同，这里不再赘述。

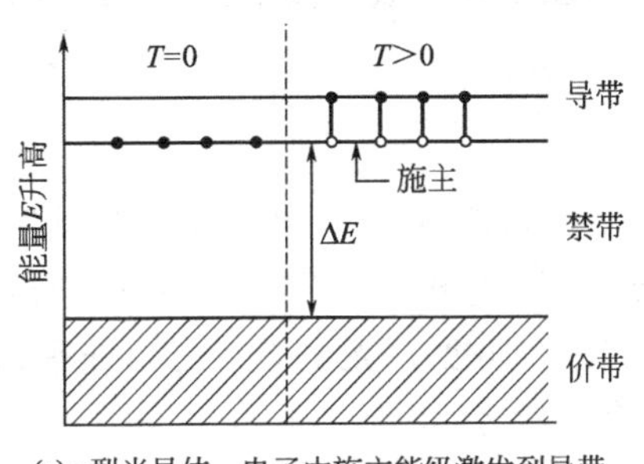

(a) n型半导体，电子由施主能级激发到导带

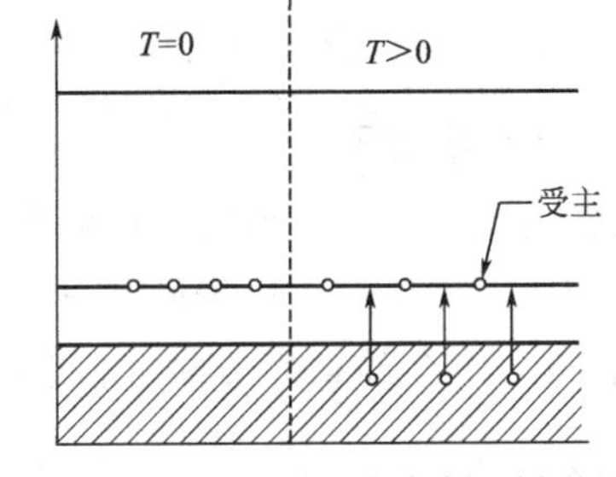

(b) p型半导体，电子由价带激发到受主能级，从而在价带中产生空穴

图 3-2　n 型半导体与 p 型半导体的能带模型

3.1.3　光电导

光电导是指半导体受到光照而使其电导率发生变化的现象。图 3-3 表示光电导和照射波长关系（光电导光谱特性）的典型关系曲线，纵轴是光照之下电导的变化与原电导之比。不同材料、不同样品所得到的具体曲线形状会有很大差别，但是共同点是存在一定的长波边界（或称“红限”）λ_0。超过 λ_0，光电导很快下降。

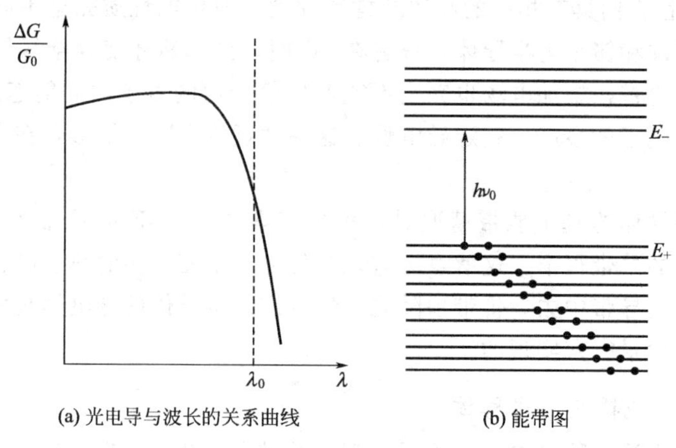

(a) 光电导与波长的关系曲线　(b) 能带图

图 3-3　光电导与波长的关系曲线和能带图

从图 3-3 可以看出，当光照到半导体上，价带上的电子接收能量，使电子脱离共价键。当光的能量达到禁带宽度的能量值时，价带的电子跃迁到导带，在晶体中产生一个自由电子和一个空穴，这两种载流子都参与导电，由光产生的附加电导称为光电导。光电导光谱特性的测量，已成为确定半导体禁带宽度的有效方法，即

$$E_g = E_- - E_+ = h\nu_0 \tag{3-1}$$

式中　E_g——禁带宽度（又称能带隙）；

E_-——施主杂质能级（导带底能级）；

E_+——受主杂质能级（价带顶能级）；

h——普朗克常数；

ν_0——光电导急剧增加时的光频。

从图 3-3(b) 的能带图可知，只有能量大于 $h\nu_0$ 的光子，才能激发价带电子到导带，产生电子和空穴，引起光电导现象——本征光电导。此外，还可利用激发杂质上的电子（或空穴）引起光电导现象——杂质光电导，它可用于探测十几至数十微米波长的红外光，因此具有特殊意义。

3.1.4　非平衡载流子

在无光照的情况下，热平衡时单位体积有一定数目的电子 n_0 和一定数目的空穴 p_0，它们由热平衡决定。在光照下由价带激发电子至导带而产生电子空穴对，使电子密度增加 Δn，空穴密度增加 Δp，多余的载流子称为非平衡载流子。可见，光电导就是由非平衡载流子所引起的。

非平衡载流子会自发地产生复合，即导带电子落回价带，使电子和空穴消失，这是一种由非平衡恢复到平衡的自发过程，有

$$\eta = \Delta n/\tau \tag{3-2}$$

式中　η——复合率（单位时间、单位体积复合的数目）；

Δn——单位体积内复合的数目；

τ——复合时间。

若在恒定光照下保持一定的非平衡载流子 $\Delta n = \Delta p$，在光照撤去后，它们将按下列方程逐渐消失：

$$\frac{\mathrm{d}\Delta n}{\mathrm{d}t}=\frac{\Delta n}{\tau} \tag{3-3}$$

将上式求解得到

$$\Delta n=\Delta n_0\exp\left(-\frac{1}{\tau}\right) \tag{3-4}$$

此式表明，当光照撤去后，非平衡载流子是随时间呈指数形式衰减。τ 描述了非平衡载流子平均存在时间，通常称为非平衡载流子寿命。对于光电导现象，τ 决定着变化光强下，光电导反应的快慢。

实验证明，非平衡载流子寿命 τ 与材料所含杂质有关。同一材料，制备方法不同，τ 值可相差很大。这是由于电子从导带落回价带往往主要通过杂质能级，电子先落入一个空杂质能级，然后再由杂质能级落入价带中的空穴。有些杂质在促进复合上特别有效，成为主要决定非平衡载流子寿命的杂质，被称为复合中心。

3.1.5　费米能级（E_F）和载流子密度

半导体中的电子遵循费米分布的一般规律。图 3-4 的分布函数曲线和能带的位置对比，说明了半导体中电子和空穴基本上按玻耳兹曼统计分布，导带能级和价带能级都远离费米能级 E_F，所以导带接近于空的，价带接近于充满（空穴很少）。

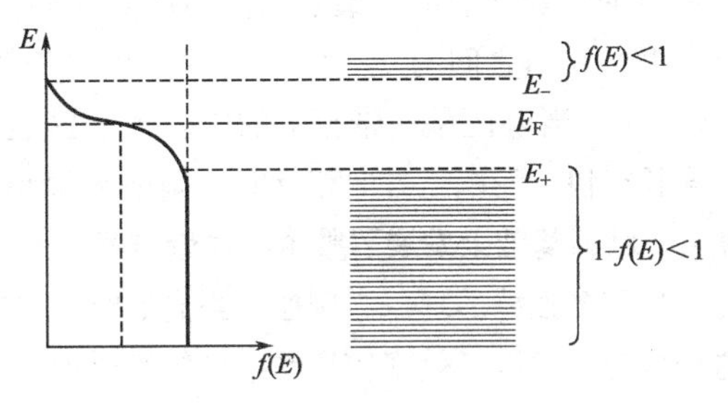

图 3-4　费米分布函数

当Ⅲ族或Ⅴ族元素掺入Ⅳ族元素半导体中，在一定温度下，部分电子获得能量，杂质离化成自由电子或自由空穴。

导带中的电子密度 n 可用下式表示：

$$n=N_-\exp[-(E_--E_F)/(kT)] \tag{3-5}$$

$$N_-=2S_-(2\pi m_-^*kT)^{3/2}/h^3$$

式中　N_-——导带有效能级密度；

E_-——施主杂质能级（导带底能级）

E_F——费米能级；

S_-——导带底对应对称点的数目；

m_-^*——统一的电子有效质量；

k——玻耳兹曼常数；

h——普朗克常数；

T——热力学温度。

式(3-5) 说明，导带电子密度就如同在导带底 E_- 处的 N_- 个能级所应含有的电子数。

同理，价带顶空穴密度 p 为

$$p=N_+\exp[-(E_F-E_+)/(kT)] \tag{3-6}$$

$$N_+=2S_+(2\pi m_+^*kT)^{3/2}/h^3$$

式中　N_+——价带有效能级密度；

E_+——受主杂质能级（价带顶能级）；

S_+——价带顶对应对称点的数目；

m_+^*——统一的空穴有效质量。

从式(3-5) 和式(3-6) 两式可知，电子和空穴的密度分别决定于费米能级与导带底、费米能级与价带顶的距离。对于n型半导体，在杂质激发的范围，电子的数目远多于空穴，因此费米能级 E_F 应在禁带的上半部，接近导带。而在p型半导体，空穴的数目远多于电子，E_F 将在禁带下部，接近于价带。

把导带中电子密度 n 与价带中的空穴密度 p 相乘，消去 E_F，得

$$np=N_-N_+\exp[-(E_--E_+)/(kT)]=N_-N_+\exp[-E_g/(kT)] \tag{3-7}$$

式中，E_g 为禁带宽度。

因为每一种材料都有它确定的禁带宽度，所以电子和空穴密度的乘积只是温度的函数。

式(3-7) 表明，半导体中导带电子越多，则空穴越少；在n型半导体中，施主越多，电子越多，则空穴越少。

3.1.6 p-n结及其应用

由于杂质对半导体性能有决定性作用，因此可以在很大范围内改变半导体材料的性质，使半导体现象特别多样化。半导体材料既能依靠空穴导电，又具有电子导电的特点，所以它有某些特有的性能和效应。最引人注目的是在同一半导体样品中，可以部分区域是n型，部分区域是p型，它们之间的交界区域通常称为"p-n"结。典型的通过p-n结的电流和电压的关系如图3-5所示。当电压是使带正电的空穴由p区至n区、带负电的电子由n区到P区时，电流随电压增长很快；而电压方向相反时，则电流很小。利用这种现象，发展了高效率的半导体整流器，在p-n结的基础上发展了整个晶体管技术。p-n结处存在一个很窄的强电场区域，由于它的存在，可产生许多独特的现象。例如，当光照时，可在n区与p区之间产生电势差-光电伏特效应，利用这种效应，发展了效率较高的半导体光电池，提供了一条把光能直接转换为电能的有效途径。

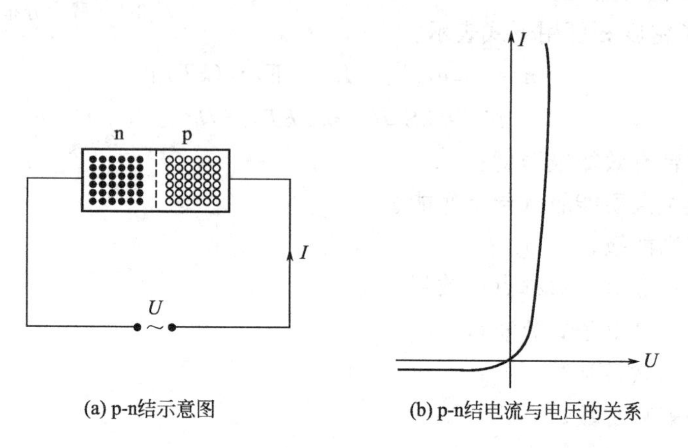

图 3-5 p-n结及其电流与电压的关系

3.2 半导体材料的分类

半导体材料种类多，可分为有机半导体、无机半导体，而无机半导体又分为元素、化合物型；从晶态上可分为多晶、单晶、非晶等。下面仅对无机半导体材料予以介绍。

3.2.1 元素半导体材料

虽然已确定元素周期表中有许多元素具有半导体的性质（其中包括硅、锗、硼、硒、

碲、金刚石及石墨、碘 7 种元素以及磷、砷、锑、锡、硫的某种同素异形体)，但迄今为止，已获得应用的只有 Si、Ge、Se 三种，而硅在整个半导体材料占压倒优势。目前，90%以上的半导体器件和电路都是用硅来制作的。

硅晶体是最重要的微电子材料，为了改善性能，人们总是力图提高其纯度，现在的纯度可以达到杂质含量小于 10^{-9} 的程度。为了提高利用率，降低成本，单晶硅的直径也越做越大，现在直径为 200～250mm 的硅单晶已成为集成电路最主要的材料，而直径为 300mm 的硅单晶片也已开始小批量生产，并已掌握了直径 350mm 硅单晶的制造技术。另外一种非常重要的硅半导体材料是多晶硅，它与单晶硅具有几乎相同的市场规模，目前，直径为 300mm 的多晶硅晶片已开始小批量生产。

根据半导体材料的纯度和是否有掺杂元素分为本征半导体和杂质半导体。

(1) 本征半导体

非常纯且缺陷极少的半导体为本征半导体。本征半导体中导电的电子-空穴对是由共价键破裂产生的。在 0K 时，本征半导体的价带被电子全部充满，而导带又全空，此时不存在任何自由载流子，故绝缘。一旦温度升高，由于热激发便会使价带中的电子越过禁带进入导带，产生一定导电性。可见，本征半导体中导电也是由热激活产生的，所以它也与空位密度和温度有关。实际上，本征半导体的导电性对温度非常敏感，在较低温度下，纯净的硅和锗表现为绝缘体，一旦温度升高，电导率则迅速增高。实践中利用半导体对温度的敏感性而制作出热敏感电阻。

(2) 杂质半导体

绝对没有杂质的“本征”情况实际上是不存在的。对具体半导体器件而言，本征情况仅是一种参考标准，用以说明器件使用时的某些限制。

掺入高一价的元素，如 Si、Ge 中加入 P、Sb、Bi、As 等，造成半导体的载流子是电子，这样的半导体是 n 型半导体。以 Si 为例，当其中掺入少量的 P 时，Si 中的 3s 和 3p 轨道中有 4 个电子，P 中的 3s 和 3p 轨道上有 5 个电子；当 P 代替了 Si 原子时，P 原子与 Si 原子的 4 个电子组成稳定的共价键，多余的 1 个电子可以成为自由电子。但是，由于失去电子的 P 原子为一个正电中心，可以束缚 1 个电子在它周围运动，形成一个量子态，由于 Si 的介电常数为 11.8，这一对正负电荷吸引的库仑力较小，束缚力较弱，电子比较容易摆脱束缚，成为自由电子。因此，Si 中掺 P 为 n 型硅材料，即 n 型半导体。

掺入少一价电子的元素，如 Si、Ge 中加入 B、Al、In、Ga 等，造成半导体的载流子是空穴，这样的半导体是 p 型半导体。

3.2.2 化合物半导体材料

化合物半导体的种类繁多，性质各异，因此可以满足不同要求，有广阔的应用前景。特别是当它们具备了 Si、Ge 所没有的特性时，就显得更为突出。Ⅲ-Ⅴ族、Ⅱ-Ⅵ族、Ⅳ-Ⅳ族和氧化物半导体材料得到了优先发展。因为上述材料是以共价键结合为主，其各项半导体性能参数比Ⅳ族元素半导体有更大的选择余地。如要选用禁带宽度较大的材料，可用 BN、BP、ZnS 和 GaP 等；如要选择迁移率较大的材料，可用 InAs、InSb 和 GaAs 等。在发光、激光方面，一些Ⅲ-Ⅴ族的化合物已经得到了重要应用。表 3-1 列举了一些化合物半导体的情况。

(1) Ⅲ-Ⅴ族化合物半导体

这是由第Ⅲ族和第Ⅴ族元素形成的金属间化合物半导体，其中大部分属于闪锌矿结构。

它们的禁带宽度和载流子迁移率有较大的选择范围。最重要的化合物是由 Al、Ga、In、P、As、Sb 等几种组合而成。

表 3-1　化合物半导体材料的分类

<table>
<tr><th colspan="3">半导体类型</th><th>化学式</th><th>材料举例</th><th>备　注</th></tr>
<tr><td colspan="3">元素半导体</td><td></td><td>硅、锗</td><td>硅、锗已大量应用</td></tr>
<tr><td rowspan="14">化合物半导体</td><td rowspan="9">二元化合物</td><td>Ⅲ-Ⅴ族</td><td>A^3B^5</td><td>砷化镓、磷化硼</td><td>GaAs,GaP 已批量生产;InP、InSb 小批量生产</td></tr>
<tr><td>Ⅱ-Ⅵ族</td><td>A^2B^6</td><td>硫化镉</td><td>CdS、CdSe、CdTe 少量应用</td></tr>
<tr><td>Ⅳ-Ⅳ族</td><td>A^4B^4</td><td>碳化硅</td><td>仅此一种,尚未大量应用</td></tr>
<tr><td>Ⅳ-Ⅵ族</td><td>A^4B^6</td><td>碲化铅</td><td>PbTe、PbS 少量应用</td></tr>
<tr><td>Ⅴ-Ⅵ族</td><td>$A_2^5B_3^6$</td><td>碲化铋</td><td>在热电制冷方面大量应用</td></tr>
<tr><td>Ⅲ-Ⅵ族</td><td>A^3B^6</td><td>碲化镓</td><td>尚未应用</td></tr>
<tr><td>Ⅰ-Ⅶ族</td><td>A^1B^7</td><td>碘化铜</td><td>尚未应用</td></tr>
<tr><td>Ⅰ-Ⅵ族</td><td>$A_2^1B^6$</td><td>氧化亚铜</td><td>已在工业上获得应用</td></tr>
<tr><td>Ⅱ-Ⅳ族</td><td>$A_2^2B^4$</td><td>硅化镁</td><td>尚未应用</td></tr>
<tr><td colspan="2">二元化合物固溶体</td><td>$A_{1-x}A_2^1B$
$AB_{1-x}B_x^1$
$A_{1-x}A_x^1BB_{1-y}B$</td><td>$Ga_{1-x}Al_xAs$
$GaAs_{1-x}P_x$
$In_{1-x}Ga_xAs_{1-y}P_y$</td><td>镓铝砷碲镉汞已获重要应用
磷砷化镓已应用
铟镓砷磷已获应用</td></tr>
<tr><td rowspan="3">三元化合物</td><td>Ⅰ-Ⅲ-Ⅵ族</td><td>$A^1B^1C_2^6$</td><td>$CuInSe_2$</td><td>$CuInSe_2$ 已成为太阳能电池材料</td></tr>
<tr><td>Ⅱ-Ⅳ-Ⅴ族</td><td>$A^2B^4C_2^5$</td><td>$CuSnAs_2$</td><td>研究不多</td></tr>
<tr><td>Ⅰ-Ⅷ-Ⅵ族</td><td>$A^1B^8C_2^6$</td><td>$CuFeS_2$</td><td>研究不多</td></tr>
<tr><td colspan="2">多元化合物</td><td></td><td>$Cu_2FeSnSe_4$</td><td>研究不多</td></tr>
</table>

Ⅲ-Ⅴ族化合物半导体具有如下特点。

① Ⅲ-Ⅴ族化合物的禁带宽度比硅大，因此，它具有优异的高温动作性能、优良的热稳定性和耐辐射性。

② 大多数Ⅲ-Ⅴ族化合物的电子迁移率比硅大，故具有适用于高频、高速开关的优点。如 GaAs 的迁移率比硅大 4～5 倍，用它制作集成电路时，工作效率比硅更高。

载流子迁移率的大小决定器件工作速率的高低，迁移率越大，工作速率越高。

③ 在Ⅲ-Ⅴ族化合物中，各种化合物间可形成固溶体，因而可制成禁带宽度、点阵常数、迁移率等连续变化的半导体材料。

化合物半导体最大的优点是，可按任意比例组合两种以上的化合物半导体，从而获得混合晶体化合物半导体，它的性能处于原来两种半导体材料之间。因此，材料选择的自由度显著增大，为材料的设计带来便利。

在这类化合物中（GaAs、AlSb、GaSb、InAs），曾发现有明显的光电效应，因此在太阳能电池及光电器件中获得使用。如 GaAs 和 InAs 主要应用在太阳能电池中；InAs 还是一种光电导、光电磁或 p-n 结伏特效应的近红外探测器的良好材料；InSb 的禁带宽度较小，是制造红外线探测器和滤波器的良好材料。

专家们预测，进入 21 世纪，在新型半导体材料中，Ⅲ-Ⅴ族化合物有取代硅的趋势。

(2) Ⅱ-Ⅵ族

Ⅱ-Ⅵ族化合物是由Ⅱ族元素（Zn、Cd、Hg）和Ⅵ族元素（O、S、Se、Te）相互作用而成的。与前者类似，该类半导体材料具有直接跃迁型能带结构，禁带范围较宽，发光色彩比较丰富。另外，它们的电导率变化范围也很广，而且随温度升高可以使禁带宽度变小，从而使电子从价带升到导带。除热能外，电磁能也能起到同样的作用。因此，此类化合物半导体材料在激光器、发光二极管、荧光管和场致发光器件等方面有广阔的应用前景。例如用可见光照射 CdS 可以激励光电导特性；又如 CdTe 薄膜能产生高达 100V 的光电压，是一种良好的太阳能电池用半导体材料。

（3）Ⅳ-Ⅳ族化合物半导体

其中的代表是 SiC 和 Ge-Si 合金。

SiC 是一种很重要的宽带半导体，它的晶体结构很复杂，有许多晶型，通常只说 α-SiC 和 β-SiC。α-SiC 在室温下禁带宽度为 2.86eV，β-SiC 是立方结构，禁带宽度为 1.9eV。SiC 可以制成 p-n 结，并可制成在 500℃下工作的面接触型整流器，也可制成高温下工作的场效应管。由于它的禁带很宽，可制作蓝色和其他颜色的发光二极管。

硅和锗能形成连续性系列固溶体，原子在金刚石晶格位置上杂乱排列。晶格常数随组分的变化符合 Vegand 定律，从纯 Ge 的 0.5658nm 线性地变到 Si 的 0.543nm。Ge-Si 固溶体的晶格常数随 Si 含量的变化如图 3-6 所示，禁带宽度也随组分而变化，变化情况如图 3-7 所示，在含 Si 量约为 15%时出现转折。

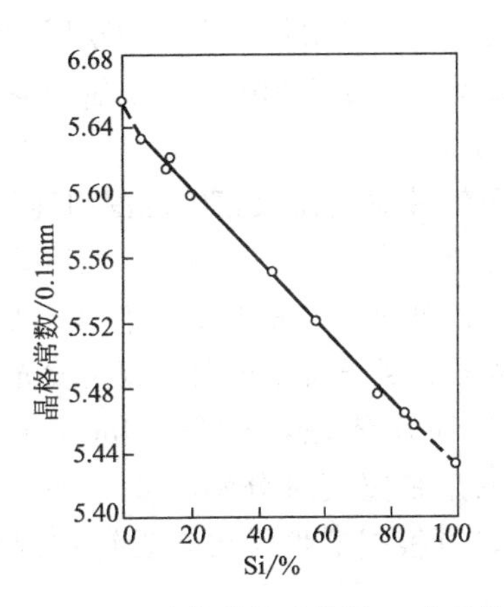

图 3-6　Ge-Si 固溶体晶格常数随 Si 含量的变化

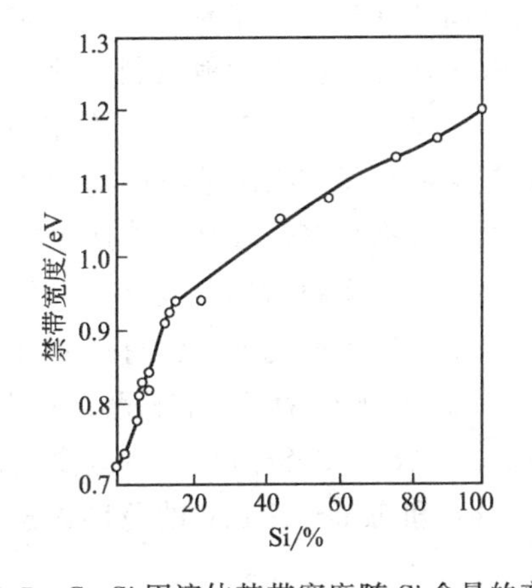

图 3-7　Ge-Si 固溶体禁带宽度随 Si 含量的变化

Ge 或 Si 加入某些杂质都会形成杂质能级，有些杂质如 Cu、Au 可形成多个能级。但这些确定的能级又限制了它的应用范围，而现在可以用锗硅合金调整禁带宽度、晶格常数及介电常数，杂质离子化也会随之而改变，因而扩大了它的应用范围。按照需要来设计特定的杂质激活能，可用于特殊要求的探测器等方面。

（4）多元化合物半导体

大多数多元化合物半导体为固溶体，故也称半导体固溶体。按照金属固溶体称为合金，非金属固溶体称为混晶的习惯，多元化合物半导体有时也被称作混晶半导体。考虑到半导体中有些并不形成连续固溶体，故把两种元素以上的化合物半导体统称为多元化合物半导体。

大多数多元化合物半导体是置换式的。在这种固溶体中各种组元的原子排列成点阵，从微观上看，不同原子随机地占据晶格的格点。但从宏观上看，它们的组元的比例是确定的，而且分布均匀。现在研究最多的半导体是具有相同原子价组元的组合，例如（GaAl）As 三元化合物半导体 Ga 和 Al 的原子总数等于 As 的原子数，Ga 和 Al 的原子价相同。这种情况下也可以把它看成是 GaAs 和 AlAs 两种化合物的组合。同样地（InGa)(AsP）四元化合物也可看作是 GaAs 和 InP 或看作是 GaP 和 InAs 的组合，当然也可看作 GaAs、InAs、GaP 和 InP 四种化合物的组合。而事实上为获得一定比例的原子数值，常用几种化合物来配制。由于 GaAsInP、InAs 和 GaP 都是闪锌矿结构，所以多元化合物半导体可看成两个闪锌矿结构的二元化合物沿立方对角线错开 1/4 排列的结构。

多数Ⅲ-Ⅴ族或Ⅱ-Ⅵ族化合物之间均可形成连续固溶体。通常在晶格结构不同的化合物之间不能形成连续固溶体，例如 N 可以溶于 GaP，但 N 的浓度不能太大，因为 GaP 为闪锌矿结构，而 GaN 为纤锌矿结构，它们之间不能形成连续固溶体。原子的电负性、原子半径等条件对固溶体的形成也有影响。

(5) 薄膜半导体

由于很多半导体器件可以在几微米的厚度内做出，于是开辟了薄膜半导体的广阔前景。薄膜半导体并不属于新的材料类别，而只是微观结构独特，故单独列出予以介绍。下面主要介绍超晶格薄膜和非晶态薄膜半导体材料。

① 超晶格薄膜半导体　超晶格材料是两种不同掺杂的半导体薄膜或不同成分的薄膜交替生长而成的周期性多层结构材料，可以做成调制掺杂超晶格和组分超晶格晶体。这类周期性多层结构的晶体给半导体材料和半导体物理学开拓了一个新天地。

这种周期性是按照需要可以任意改变的。在原子周期势上又附加了人为的新周期势，因此电子波函数可以被人为地控制。超晶格材料的制备技术已可控制到一个原子层的厚度，超晶格材料可以是单质元素、Ⅲ-Ⅴ族和Ⅱ-Ⅵ族元素所组成。

超晶格材料具有很多独特的物理特性，晶格常数和禁带宽度在很宽的范围内连续可调，载流子的迁移率和寿命较高，能产生隧道效应和独特的光学特性等。这些物理性质既与材料性质有关，也与薄膜结构参数有很大关系，因此可设计出各种各样的适合器件需要的材料，制作出新型器件，如光电器件有平面型掺杂势垒光探测器、量子阱激光器、调制发光管；电子器件有高电子迁移率晶体管、超晶格雪崩二极管和双势垒器件等。InGaAs/GaAs、CdTe/HgCdTe 和 ZnSe/ZnTe 系应变超晶格薄膜材料的禁带宽度可分别在 0.36～1.43eV、0～1.44eV 和 1.9～2.4eV 的范围内连续可调。目前，可根据器件需要来设计和制备各种材料。

② 非晶态薄膜半导体　非晶态物质是原子排列上的长程无序短程有序的一种状态。也正是因为非晶态半导体的短程有序才可能在非晶态半导体中测量到光吸收、激活电导率等一些半导体的特性。非晶态半导体对杂质的掺入具有不敏感性。如无论以蒸发态或其他方法制备的 Ge、Si 或Ⅲ-Ⅴ族化合物等非晶态薄膜，蒸发源是与这些薄膜相对应的晶体材料，这些薄膜的电导率与原始材料的掺杂程度无关。同样，对于硫系玻璃态材料来说，也不受溶体中掺杂元素的影响。

非晶态半导体的非结构敏感性主要来源于掺入杂质的正常化合价都被饱和，即全部价电子都处于键合状态。例如非晶 Ge 或非晶 Si 中的 B 都是三重配位的，因此它在电学上表现为非激活状态。掺杂无效就是说费米能级不随掺入杂质而移动。非晶态硫属氧化物的原子结合是多种多样配位和取向的络合网络，并且认为杂质原子以替代方式进入网络中，在薄膜生长时，多余的键大多数被结合于网络之中，或认为非晶态硅中存在很多的悬挂键，掺入的少量杂质与悬挂键相结合。因此几乎所有的非晶态半导体都具有本征半导体性质。然而，非晶态半导体由于组成元素种类及含量可在很大范围内调制，所以也可相应地改变其物理和机械特性。

正是由于非晶态薄膜半导体与晶态半导体材料结构和形式上的差异，使其在电导率、温差电动势、霍尔效应、光学性质和内部能量存储等方面显示突出特性，如 Ge、As_2Se_3 和 $As_{40}Se_{15}$、$S_{35}Ge_{10}$ 系非晶态薄膜在光学特性上均表现出独特之处。

3.3 半导体材料的应用

半导体材料在电子信息、能源和机械等诸多工业上，都具有非常重要的应用，尤其是在新兴电子信息产业上，半导体材料的应用更加广泛，包罗了信息发送与接收、信息处理与加工、信息储存和显示等各个环节，成为电子信息产业的重要物质基础。例如，由 GaAs 半导体材料可制成绝大部分微波器件；半导体二极管和半导体激光器可作为光通信信号源，雪崩二极管是光纤通信用的接收器（通常为红外探测器）；计算机的心脏 CPU（中央处理单元）是由集成电路与分立元件组合或者由单片集成电路来制造的；而计算机中的关键元器件——RAM（随机存取存储器），则是大规模集成电路（LSI）、超大规模集成电路（VLSI）和特大规模集成电路（ULSI）的主要产品形式；发光二极管（LED）则是半导体材料在信息显示领域应用最为广泛的器件。下面主要介绍一下半导体材料在集成电路、光电子器件、微波器件、电声耦合器及传感器等器件上的应用情况。

3.3.1 半导体材料在集成电路上的应用

（1）锗单晶

Ge 是开发较早的半导体材料，如采用锗单晶制造二极管和三极管的历史很悠久，但是锗器件的热稳定性不如硅，所以逐渐被单晶硅所取代。

然而值得提出的是，锗具有较高的迁移率，适合制作高频器件和低噪声器件；同时锗又是非常好的红外材料和光导材料，目前在激光和红外技术领域中得到广泛应用。

（2）硅单晶

Si 是目前应用于半导体工业的主要材料，它资源丰富，禁带较宽，使用温度较高。其中，具有高、中阻值的硅单晶主要用来制造整流二极管和晶闸管整流器，只有中阻值的 p 型单晶硅主要用于集成电路。为了提高集成电路生产效率、成品率、对硅的利用率和降低成本，硅单晶直径越来越大，国外已有直径 400～450mm 的硅单晶生产技术，硅的外延片则是制作各种晶体管的主要材料。

（3）砷化镓单晶

GaAs 是目前应用最广泛的化合物半导体材料。其禁带宽度比硅的禁带宽度更大，电子迁移率也较高，适于制作高速集成电路、微波集成电路和光集成电路，在光电器件、固体微波器件、发光二极管及电子计算机中得到广泛应用。

GaAs 可制作半绝缘材料，便于集成电路中的隔离。此外，GaAs 器件抗辐射性能优良。GaAs 集成电路发展势头迅猛，虽然其价格高于硅，目前，集成电路的 1/3 以上采用 GaAs 制作。但要求 GaAs 晶体缺陷密度小，半绝缘性能稳定。目前，GaAs 晶体中的位错密度较高（$10^{-4}cm^{-2}$），减小位错密度的措施为：以极小的温度梯度进行 GaAs 晶体生长，或在 GaAs 中渗入等价电子杂质（In）来提高晶体的滑移临界屈服应力，阻止位错产生和增殖，从而制备位错密度为零的 GaAs 单晶。现在，GaAs 单晶的直径已达 100mm，并正向

150mm 片过渡，设计线宽向 0.5μm 推进。

3.3.2 半导体材料在光电子器件中的应用

信息显示也是半导体材料的一个重要应用方面。在这一领域应用最广泛的就是发光二极管（LED）。不但仪器仪表上的红、黄、绿指示灯可以由半导体发光管完成，甚至儿童玩具都用 LED。所用的半导体材料有 GaAs、GaP、GaAlAs、GaAsP 等。例如 GaP 半导体，其禁带较宽，在掺入适当发光中心材料后，则可激发出红、绿、橙、黄四种颜色的光，所以目前在发光二极管及数字显示器件中是一种不可缺少的基础材料。在国外，发光管的亮度可以达到很高，其亮度足以用作汽车尾灯和交通信号灯。下面介绍半导体在不同场合的应用情况。

（1）半导体太阳能电池材料

硅是重要的半导体太阳能电池材料，除此之外，其他许多半导体材料均可制作太阳能电池，但由于它们的禁带宽度不同，吸收太阳光的能量也有所差异。图 3-8 为各种半导体太阳能电池的转换效率。

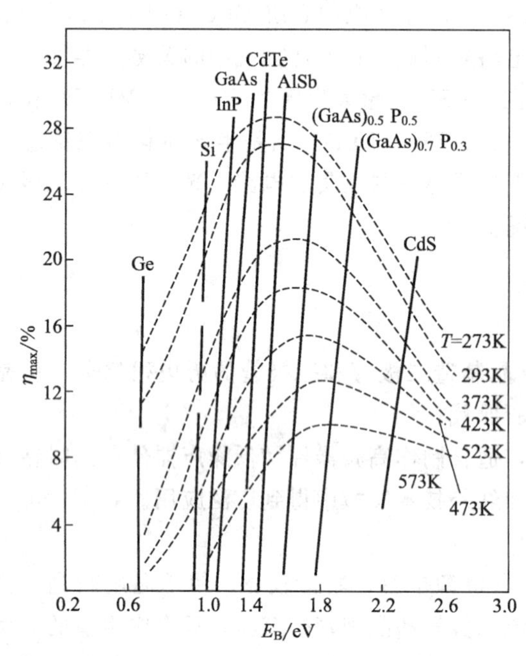

图 3-8 各种半导体太阳能电池的转换效率

可见，GaAs、AlSb、CdTe 制作的太阳能电池都可达到较高的转换效率，均达到28%以上。但是 AlSb 在潮湿的空气中很容易潮解成粉末；而 CdTe 晶体不易生长，难以制成大晶体；GaAs 以及它的固溶体是较理想的。虽然硅太阳能电他的转化效率略低[比如多晶硅为 17.7%，非晶硅为 12.7%（理论上为 24%）、单晶硅为 23.1%]，但因其材料价廉物美，其他半导体材料仍然无法与之抗衡。

（2）导体光电阴极材料

光照到半导体表面时，若光子能量较大，半导体表面的电子受到激发就可能逸出体外，这种现象称为光电子发射，利用这个原理做成的阴极称为光电阴极。有光电子发射的阴极，通过电场加速并配以荧光成像，即可制成光转换器、微光管、光电倍增器、高灵敏电视摄像管、图像增加器等，现已进入实用化阶段，它们所采用的半导体材料多为 $Ga_{1-x}In_xAs$，$InP_{1-x}As_x$，$Ga_{1-x}In_xAs_{1-y}P_y$。

（3）半导体激光器材料

制作半导体激光器的材料很多，有短波也有长波，激发方式可以是电注式，也有电子束激励及光激励等，但它们必须具有直接跃迁型的能带结构。

现在大部分半导体激光器都具有双异质结结构。这种新型结构可减小阈值电流密度，因而可在室温下连续工作。图 3-9 以 GaAs-AlGaAs 系为例示出双异质结结构激光器原理。从图 3-9(a) 可见，在这种结构中，活化层（GaAs）夹在带隙较宽的 n 型 AlGaAs 与 p 型 AlGaAs之中，从 n 型和 p 型区注入的电子和空穴，由于带隙差产生的势垒而被封闭在活化区内。

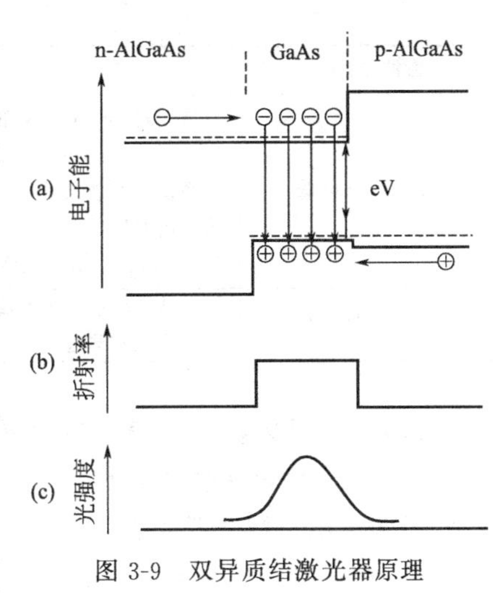

图 3-9　双异质结激光器原理

活化区的折射率比包着它的 n 型、p 型材料（包层）的折射率还大［图 3-9(b)］，因此，以较高效率将光封闭在活化层内。图 3-9(c) 示出定向光的强度分布。利用这种载流子与光的两种封闭反应，双异质结激光器的阀值电流密度值可低至数千伏每平方厘米。

综上所述，双异质结激光器的 p-n 结是用带隙和折射率不同的两种材料在适当的基片上外延生长的，这是优质激光器材料的必要条件。一般来说，不同种类材料所形成的结（异质结），由于点阵常数不同而易于产生晶体缺陷。晶体缺陷作为注入载流子非反光中心而使光效率降低，器件寿命缩短。因此。作为双异质结激光器材料，要求采用点阵常数相近的两种材料进行组合，且外延层与基片点阵常数匹配要好。在室温下，GaAs 和 AlAs 的点阵常数分别为 0.5653nm 和 0.566nm，两者仅差 0.14%，所以 GaAs-AlAs-GaAs 系是双异质结激光器的理想材料。凡满足下列条件的材料可用作双异质结半导体激光器材料：①活化层的能带结构为直接迁移型；②活化层与包层的点阵匹配；③活化层带隙比包层带隙窄，而活化层的折射率比包层的大；④点阵匹配所用的二元系材料作为基片而存在。

(4) 半导体调制器材料

用于调制解调器的化合物半导体有 GaAs、$Ga_{1-x}Al_xAs$、GaP、ZnS、CdTe 等。

3.3.3　半导体材料在微波器件上的应用

任何通信系统均可划分为信息的发送与接收两部分。目前半导体器件的工作频率已完全覆盖了中波、短波、厘米波、毫米波无线电频段。作为接收装置上的器件已可完全实现固体化，即由半导体分立器件或集成电路来完成。它已广泛应用于雷达、广播、通信、卫星通信等方面。

硅材料受其自身性能限制，不可能制成很高频率的器件，而Ⅲ-Ⅴ族化合物半导体，特别是 GaAs，具有电子迁移率大、介电常数小、禁带宽度大等特点，因而其频率特性和耐压特性都有利于制作微波器件。所以，微波器件大部分用 GaAs 制成。目前在微波通信中应用前景最明朗的是 GaAs 金属-半导体-场效应晶体管（MESFET），这一器件既可以做成变频器等小功率器件，也可以用作功放等大功率器件。

微波通信技术中常用的半导体微波器件主要有场效应晶体管、体效应晶体管（GaAs）、硅雪崩二极管、电调变容二极管、PIN 二极管、GaAs 变容管等。表 3-2 列出了半导体材料在微波器件上的应用。

表 3-2　半导体材料在微波器件上的应用

微波器件	选用的半导体材料及其特点
微波肖特基二极管和晶体管	GaAs 是比较理想的材料，$InAs_{1-x}P_x$(x=0.45)也较好
体效应器件(转移电子微波器件)	应用 GaAs 最为普遍，但亦可用 InP，其特点为：①InP 比 GaAs 有更高的转换效率；②InP 适于制作连续微波器件；③InP 工作频率比 GaAs 高，工作区也较长；④InP 的电子扩散速率与迁移率之比值比 GaAs 低，故器件噪声低

续表

微波器件	选用的半导体材料及其特点
微波场效应晶体管	常用材料为 GaAs、InP、InAsP、InGaAs，其中以 GaAs 最理想。GaAs 制作的双栅MESFET已广泛应用于民用电器，如 UHF 电视调谐器、录像机的前端装置、卫星通信、雷达和电子对抗系统中的放大器、振荡器等。GaAs 在微波器件方面正向更高频率、更大功率以及单片集成方向发展。 InP 的界面缺陷激活能低，故成为 MOS 或 MIS 的优良材料，并适于制作大功率器件
微波用双极晶体管	GaAs 是适于在室温下工作的优良材料；亦可选用 GaSb、Ge。在低温下工作选用 InSb、InAs则比较理想

3.3.4 半导体材料在声电耦合器上的应用

由于 GaAs 的电子迁移率高，压电耦合系数较小，使它有较大的增益与动态范围，因此，它是制作电声耦合器的优良材料。

GaAs 电声耦合器是利用压电声波和漂移载流子之间的相互作用，当漂移载流子的饱和速度大于声学波时，就可通过压电效应使声学波放大。它可用来作微波延迟线、滤波器、放大器等。由于它增益大，可做得很高，即使电声转换效率有些损失，仍然可以获得净增益。

3.3.5 半导体材料在传感器中的应用

传感器是利用某种变换功能，将被测物理量变换为可测定量的器件。对制作传感器用的材料有如下几点要求：变换功能（效果）大；感应范围要广；灵敏度和精度要高；稳定性和再现性好；体积小、结构简单、使用寿命长。

半导体材料是制造各类传感器的重要物质基础，它的应用为仪器的微型化、数字化、高精度化开辟了广阔的前景。表 3-3 为常用传感器所用的半导体材料及其特点。

表 3-3 半导体材料在传感器上的应用

传感器	变化功能	半导体材料及其特点
力敏传感器	应变电阻效应	Si、GaAs、CdS 等灵敏度高，半导体的应变计灵敏系数比金属电阻应变计大数十倍，随材料导电类型改变，可得到正、负应变系数，且应变计形状和阻值变化范围大，具有体积小、结构简单、耗能小、机械滞后小等特点，故适用于微小变形量的测量，高频、超高频应变测量，冲击波的分析以及惯性导航等方面
	p-n 结伏安特性的压力效应-压电效应	在半导体 p-n 结上施加压力时，p-n 结的伏安特性曲线将发生变化，利用这种现象的二极管就是压敏二极管，如 p-n 结二极管、齐纳二极管、隧道二极管、金属-半导体势垒二极管等。利用三极管的发射极和基极之间的 p-n 结的逆效应，在 p-n 结上施加局部压力时，三极管的诸特性均发生变化，利用此特性可制成压敏三极管。具有灵敏度高、稳定性好、体积小等优点，但不能承受过大压力。常用半导体材料为 Si、GaAs、GaSb、InAs、GaP、CdS 等
磁敏传感器	霍尔效应	适用材料 InSb、InAs、GaAs、Ge、Si 以及多元化合物半导体。由于 Ge、Si 等材料的霍尔电压高，适于制作电压型霍尔器件。InSb、InAs 的霍尔系数虽小，但其迁移率很大，适于制作功率型霍尔器件。用 InSb 制作厚度为 $1\mu m$ 高灵敏霍尔器件，可用于磁头和检测磁泡探头。用 GaAs 制备霍尔元件，温度特性好
	磁阻效应	在通电的半导体加磁场，其电阻将发生变化，此现象称为磁阻效应。InSb、InAs等适于制作磁阻器件，其迁移率高
光敏器件	光电动势效应	InSb、InGaAsP、GaAs、Ge、Si、CdS、CdSe 等，其中 CdS、CdSe 是制作光电导器件的重要材料，灵敏度很高
	光导效应	GaAs、Ge、Si、CdS、PbSe、HgGeTe、PbSnTe 等
	光电子发射效应	GaAs、Si 等
	光子牵制效应	Ge

续表

传感器	变化功能	半导体材料及其特点
热敏器件	p-n 结温度特性	Si(热敏电阻)、Ge(测量极低温度)
	半导体温差发电	500℃以下，ZnSb 是优良的温差发电材料，其转换效率约为 3%～4%。500℃左右使用 PbTe、GeTi、$AgSbTe_2$、SnTe 或其他合金材料，转换效率约为 5%；在 1000℃使用 $FeSi_2$ 和 GeSi 合金
	半导体制冷	p 型 Bi_2Te_3、n 型 Bi_2Te_3、$Bi_2(Te,Se)_3$、$(Bi、Sb)_2Te_3$、PbTe、InSb、BiSb 等

复习思考题

1. 用能带理论阐述半导体材料的半导特性。
2. 何谓光电导？其有何意义？
3. 何谓 p-n 结？它有何应用意义？
4. 什么是本征半导体？什么是掺杂半导体？说明其导电机理。
5. 举例说明半导体材料的种类、特征及应用情况。
6. 薄膜半导体材料相对于单晶半导体材料有何优势？
7. 举例说明 GaAs 半导体的应用情况。

第4章　绝缘材料

4.1　概　述

绝缘材料又称电介质，一般在研究它的基本性能时称为电介质，而在实际工作中则称为绝缘材料)。由于其电阻率大于 $10^7\Omega\cdot m$，因此在外加电压作用下，仅有极微小的电流通过，一般认为是不导电的。绝缘材料是电气工程中用途最广、用量最大、品种最多的一类电工材料。

4.1.1　绝缘材料的功用和分类

绝缘材料的主要作用是用来隔断不同电位的导体或导体与地之间的电流，使电流仅沿导体流通。它在不同的电工产品中还起着不同的作用。例如，散热冷却、机械支撑和固定、储能、灭弧、改善电场分布、防潮、防霉以及保护导体等。

随着电工技术的发展，电力设备容量和电压等级的不断提高，工作和环境条件日益改善，要求绝缘材料不但能承受电、热和各种机械应力的作用，而且还要根据需要具有承受高温、高能辐射、深冷等外界因素作用的能力。因此，促进了绝缘材料所品种的不断发展。

绝缘材料在电工产品中占有极其重要的地位，由于其涉及面广、品种多，为了便于掌握和使用，通常根据其不同特征进行分类。

按材料的物理状态可分为气体绝缘材料、液体绝缘材料、固体绝缘材料、弹性绝缘材料等。按材料的化学成分可分为无机绝缘材料、有机绝缘材料。按材料的用途可分为高压工程材料、低压工程材料。按材料的来源可分为天然绝缘材、人工合成的绝缘材料。

4.1.2　电介质的基本理论

电介质在使用过程中会发生电导、极化、损耗、老化、击穿等过程，这些都是电介质的基本特性。

4.1.2.1　电介质的电导

(1) 电介质电导的基本概念

我们知道金属导体中，外层的电子受原子核的束缚力很弱，在常温下大量的外层电子能够挣脱原子核的束缚成为自由电子。在外电场作用下，这些自由电子受电场力的作用，做定向运动形成电流。而在电介质中电子受原子束缚力很强，很难成为自由电子，但在外界因素作用下或者绝缘内部存在杂质（水分、酸、碱及其他），就可能在绝缘材料内发生分子的分解现象，形成少量的带电离子，使电介质具有一定的电导。表征电导大小的物理量是电导率（γ）。电导率的倒数即电介质的电阻率（ρ）。因此，所有电介质在施加电压时都有微小的电流通过，这一电流称为“泄漏电流”，这一现象称为电介质的电导。

(2) 气体电介质的电导

气体电介质在外界因素（热、光、放射性等）作用下会发生游离现象，使中性分子变成带负电的电子和带正电的正离子，因此，气体电介质都有一定的电导。气体的导电现象称为气体放电。根据放电的不同特征，气体放电可分为微光放电、辉光放电、电晕放电、电弧放电等多种形式。

(3) 液体和固体电介质的电导

液体和固体电介质的电导主要是外来杂质离解引起的。固体电介质的电导分为体积电导和表面电导。体积电导是指电流由电介质内部流通的，而表面电导是指电流沿电介质表面流通的。固体介质表面越脏，吸收水分越多，表面电导就越大。

(4) 影响绝缘材料电导的因素

绝缘材料的电导率都很小，但电导率受外界影响很大。影响电导率的因素如下。

① 杂质　绝缘材料本身大多含有杂质，而在制造过程中又会带进新的杂质。因为液体和固体的电导是由杂质离解引起的，因此，杂质越多，电导率就越大，尤其是酸、碱、盐等杂质与水分同时存在的情况下，由于溶解电离，电导将明显地增加。

② 温度　一般绝缘材料的电导率与温度的关系同金属导电材料的电导率与温度关系相反。金属导电材料的电导率与温度的关系是电导率随温度的上升而减小，而绝缘材料的电导率却随温度的上升而增加。这是因为当绝缘材料的温度升高时，分子热运动加剧，分子动能增加，绝缘材料本身及绝缘材料内所含杂质以及酸、碱、盐的溶解程度增加，都使带电粒子增多。因此，绝缘材料的电导率随温度升高而增加。

③ 湿度　环境湿度越大，绝缘材料吸收水分越多，酸、碱、盐等杂质溶解水中而产生的正、负离子就越多，因此，绝缘材料的电导率随环境湿度的增大而增大。

(5) 绝缘电阻在工程应用上的意义

① 绝缘材料受潮后，绝缘电阻会显著降低，工程上常以绝缘电阻值的大小，来判别电机、电器、变压器等电气设备是否受潮和受潮程度。绝缘电阻值是判别电气设备受潮程度和决定能否运行的指标之一。

② 电气设备的绝缘表面受潮后，绝缘电阻会下降，不但能引起过大的泄漏电流，增大能量损托，而且由于杂质的分布不均匀，使电场的分布也不均匀。在电场较强处可能发生局部放电，由于局部放电的进一步扩展，可能引起设备绝缘系统的破坏。为此，要定期对绝缘材料表面进行清扫或进行适当的表面处理。

③ 具有不同电阻率的多层组合绝缘材料，在直流电压作用下，层间承受电压按其电阻率成正比分配。如果组合绝缘中，各种材料的体积电阻率相差很大，则各层绝缘上的电压分布将很不均匀，这对材料的合理利用不利。故直流电气设备的绝缘在设计时，要充分注意所用绝缘材料的电阻率，尽量使材料得到合理的利用。

4.1.2.2 电介质的极化

(1) 极化现象

电介质在没有外电场作用时不呈现电的极性，而在外电场作用下，电介质的两端出现了等量的异性电荷，呈现了电的极性，这种现象称为电介质的极化。

(2) 极化的种类

① 电子式极化　图 4-1(a) 为没有外电场作用时的中性原子。原子核所带正电荷的作用中心与旋转电子所带负电荷的作用中心重合，因此对外不呈现电性。图 4-1(b) 是在外电场作用下的原子。原子核因带正电荷在电场作用下沿电场方向发生位移，而电子在电场作用下向着反电场方向发生位移。正负电荷的作用中心不再重合，对外呈现电的极性。这种极化称为电子式极化。电子式极化是一种弹性极化，在外电场去掉后，极化现象立即消失，而且没

有能量损耗。

② 离子式极化　有些离子式结构的电介质（如云母、陶瓷、玻璃等），在没有外电场作用时，由于正负离子的中心重合，不呈现电的极性。如图 4-2(a) 所示。

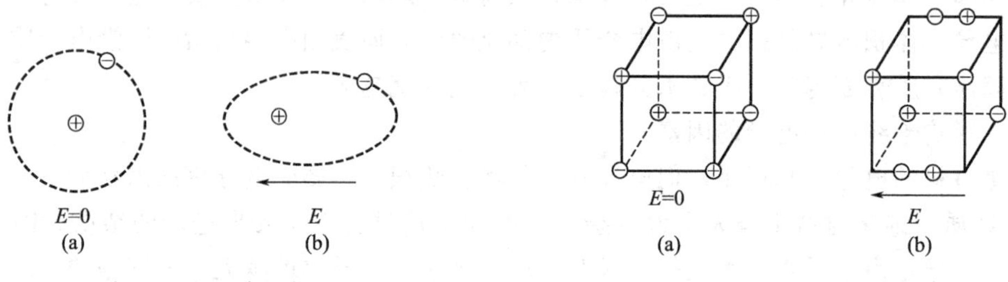

图 4-1　电子式极化　　　　图 4-2　离子式极化

当有外电场作用时，正负离子受电场力作用而发生弹性位移引起极化，如图 4-2(b) 所示。离子式极化也是一种弹性极化，故而不引起损耗。

③ 偶极式极化　有些电介质是由偶极分子所组成（如橡胶、胶木、纤维、松香等），如图 4-3 所示。所谓偶极分子，是由大小相等、符号相反、彼此相距为 d 的两电荷（q^+、q^-）所组成的粒子，称为偶极子。具有偶极子的电介质为极性电介质。

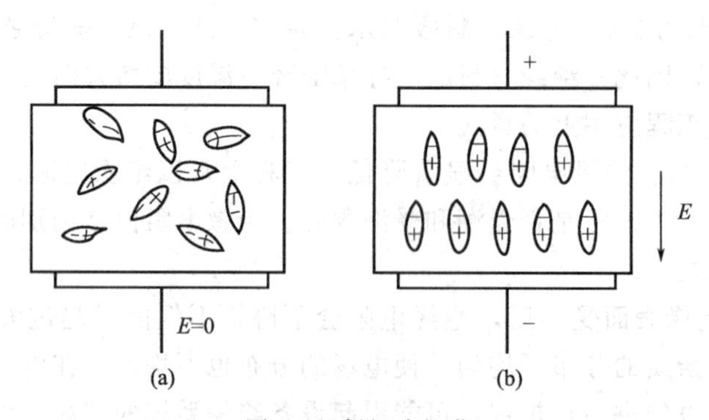

图 4-3　偶极式极化

图 4-3(a) 为没有外电场作用时的极性电介质中的偶极子，由于它不停的热运动，偶极子排列混乱，对外不显示极性。

图 4-3(b) 为在外电场作用时的极性介质中的偶极子，由于它受电场力的作用，偶极子发生了转向，并顺着电场方向做有规则的排列。电场越强，偶极子排列越规则，对外显示出电的极性。这种极化叫偶极式极化。

极化时，极性分子在转向过程中要克服分子间的吸引力和摩擦力，所以偶极式极化是属于非弹性极化，极化时消耗的电场能量，在复原时不能全部收回，因此，偶极式极化是有能量损耗的。

④ 自持式极化　有些强极性电介质（如钛酸钡晶体等），本身具有许多独立的极化区域——“电畴”。在外电场作用下，“电畴”沿电场方向转向而产生强度很大的极化，相对介电系数可达 1000 以上。这种极化过程有能量损耗。

⑤ 夹层极化（又称空间电荷极化）　在有两种或两种以上不同相对介电系数及电阻率的绝缘材料组成的不均匀绝缘结构中，由于介质内或多或少地存在着带电质点（离子或电子），加上电场后，带电质点沿电场方向移动，积累在材料层间的交界面上产生空间电荷，从而缓

慢地形成极化。

夹层极化的极化过程缓慢，而且有能量损耗。

(3) 相对介电系数及其在工程应用中的意义

① 相对介电系数　设电容器的电极间为真空时，其电容量为 C_0，而电极间填充某种电介质时，其电容量为 C，且 C 总比 C_0 大。具有电介质的电容 C 与真空时的电容 C_0 的比值叫做相对介电系数，用 ε_γ 表示$\left(\text{即 } \varepsilon_\gamma = \dfrac{C}{C_0}\right)$。相对介电系数 ε_γ 总是大于1，这是由于介质极化所造成的。电介质不同，相对介电系数也不同。如空气的 $\varepsilon_\gamma = 1.00059$，变压器油的 $\varepsilon_\gamma = 2.2 \sim 2.5$，石蜡的 $\varepsilon_\gamma = 2.0 \sim 2.5$，电瓷的 $\varepsilon_\gamma = 5.5 \sim 6.5$，胶木的 $\varepsilon_\gamma = 4.5$，水的 $\varepsilon_\gamma = 81$。

② 介电系数在工程应用中的意义

1) 由于气体的相对介电系数都很小且约为1，因而固体介质中存在气泡是有害的。这是因为在电场中气泡的电场强度和固体介质的电场强度按介电系数成反比分布。设含有气泡的固体介质在电场作用下，气泡的电场强度为 E_1，介电系数为 ε_1（取 $\varepsilon_1 = 1$），固体介质的介电系数为 ε_2，电场强度为 E_2，根据电工原理得出：

$$\varepsilon_1 E_1 = \varepsilon_2 E_2$$

则

$$E_1 = \frac{\varepsilon_2 E_2}{\varepsilon_1} = \frac{\varepsilon_2 E_2}{1} = \varepsilon_2 E_2$$

所以气泡中的电场强度是固体介质电场强度的 ε_2 倍。当固体介质介电系数 ε_2 较大时，气泡中的电场强度就可能相当强，引起气泡局部放电（游离放电），并导致局部放电老化，缘材料和绝缘结构中极为严重的现象。

2) 在电机、电器的结构中，由于不同绝缘材料的混合使用，会影响绝缘系统电场强度分布的不均匀性，使介电系数小的材料承受较大的电场强度，而介电系数大的材料承受较小的电场强度，从而降低了系统的绝缘能力。因此，在电气工程设计中应注意各种材料 ε_γ 值的配合，以使电场强度均匀分布。

例如高压电缆的绝缘结构，如果采用一种绝缘材料，其电场强度沿电缆绝缘厚度方向分布是不均匀的，内层电场强度大于外层。而若采用具有不同介电系数的绝缘材料作为电缆绝缘，就可以使电场强度沿厚度方向均匀分布。即高压电缆利用 ε_γ 不等的材料组成分阶绝缘结构形式。分阶绝缘结构中的电压分布与各层的电容成反比。即：

$$\frac{u_2}{u_1} = \frac{C_1}{C_2} \propto \frac{\varepsilon_1}{\varepsilon_2}$$

假设分阶绝缘结构为两层时，取 ε_1（内层）大于 ε_2（外层），则内层分布电压小于外层，内层电场强度减小，外层电场强度增大，以达到内外层心场强度分布均匀之目的。

3) 电容器是储存电场能量的，ε 大的材料做电容器介质，电容器单位容量的体积和重量都可以减小。用于电机绝缘和电线绝缘的材料，则仅从 ε 的角度来看应愈小愈好。这样，可防止过大的充电电流以及减小因极化引起的发热损耗。

4) 电气设备受潮后，因水的介电系数很大，致使绝缘材料的介电系数也要大大增加。通过测定电气设备受潮前后的介电系数的变化，可以判断材料受潮程度，以决定电气设备是否需要进行干燥处理。

4.1.2.3　电介质的损耗

电介质的损耗是在电场作用下电介质中的能量损耗。

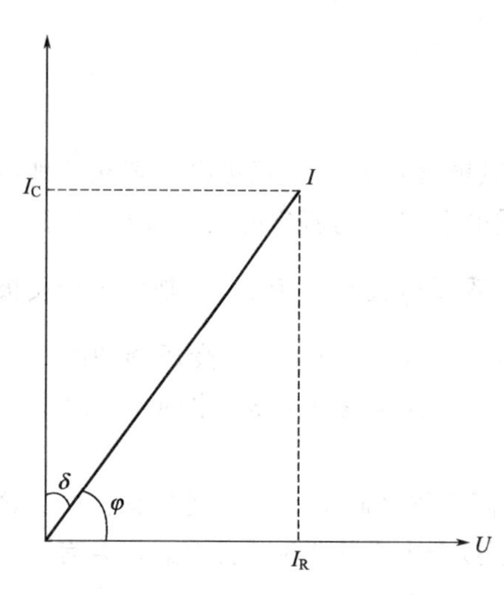

图 4-4 介质中电流电压矢量图

电介质在直流电场作用下，只有由电导电流引起的电导损耗，而在交变电场作用下，除电导损耗外，还有因介质周期性极化而引起的极化损耗。

介质损耗的大小，可以用单位容积内损耗的功率大小来表示。但是在电工中常用电流与电压相位差 φ 的余角 δ 或 δ 的正切 $\tan\delta$ 来表示。前者称为介质损耗角，后者称为介质损耗角正切。如图 4-4 所示，当介质加上交流电压 U 时，就有电流 I 通过电介质，绝缘材料的介质损耗为：

$$P=UI\cos\varphi=UI\tan\delta$$

由上式可知，损耗与 δ 或 $\tan\delta$ 成正比，所以电气工程上可用 δ 或 $\tan\delta$ 来表示介质损耗的大小。

在电气设备的绝缘预防性试验中，对某些设备的 $\tan\delta$ 试验是主要的测试项目之一，当绝缘受潮或恶化时，$\tan\delta$ 增加。另外当绝缘材料有气泡时，在试验电压升高的过程中，由于气泡游离使损耗突然增加，$\tan\delta$ 随电压升高而突然加大，因此，可以根据 $\tan\delta$ 值的大小或 $\tan\delta$ 随电压变化情况，来判断绝缘是否受潮或有气泡存在。

作为绝缘材料，总希望介质损耗越小越好。介质损耗大，介质发热严重，它是导致电介质发生热击穿的根源。

4.1.2.4 电介质的击穿

任何电介质，当外加电压超过某一临界值时，通过电介质的电流剧增，从而完全失去绝缘性能，这种现象称为电介质的击穿。使电介质发生击穿的最低电压称为击穿电压。击穿时的电场强度是单位厚度上所承受的击穿电压。击穿电压用符号 U_f 表示，击穿场强用 E_f 表示。

(1) 气体电介质的击穿

气体电介质是一种绝缘材料。气体在外施电压作用下的导电现象称为气体放电。当电压升高到某一数值时，通过气体的电流突然剧增，从而使气体完全丧失绝缘性能时，称为气体的击穿。气体击穿时除电导突增外，还常常伴随着发光及发声现象。要使气体发生击穿，必须使气体介质中出现大量的带电粒子。气体带电粒子来源有两个方面，一是给电极表面的自由电子以足够大的能量，使自由电子从电极表面发射出来，另一方面是给中性的气体分子的外层电子足够的能量，使电子克服原于核的束缚而变为自由电子。这种由中性气体分子变为带负电的电子和带正电的正离子的过程称为游离。

当加在气体电介质上的电压逐渐增高，气体中的电场强度逐渐增加，气体中由于各种原因而存在的自由电子（如由于放射性射线照射使气体分子游离）受电场力作用而加速，动能增加。若电场强度足够大，且电子自由行程较大时，自由电子在电场中获得的能量足够大，它和气体分子相碰时，可能使气体分子发生碰撞游离而形成正离子和电子。新形成的电子，又在电场中积聚能量而碰撞其它分子，产生新的碰撞游离，这是连锁反应过程。每一个电子，因不断碰撞产生一些新电子，产生的新电子又继续碰撞，从而产生越来越多的电子，这一过程称为“电子崩”。电子崩向阳极扩展，最后形成一条具有高电导的通道，导致气体击穿。电场分布越不均匀，击穿电压就越低。

气体击穿后，若去掉外加电压，气体中的正负带电质点又可交换电荷而变为中性分子（称为复合），气体又可以恢复它的绝缘性能。

（2）液体电介质的击穿

纯净的液体电介质击穿和气体的击穿机理相似，亦是由电子引起碰撞游离，最后导致击穿。但由于液体的密度比气体大得多，电子的自由行程很短，不易积聚能量，因此，液体的击穿强度比气体高。可是工程上应用的液体绝缘材料，不可避免地含有气泡、水分、纤维等杂质，这些杂质在电场作用下，可以在电极间形成导电性能较好的“小桥”。当电流通过“小桥”时，由于电导电流引起发热，使液体电介质气化，最后形成气体导电通道而被击穿。

为了提高液体电介质的电场强度，要尽量减少杂质或采用固体绝缘（绝缘板、绝缘筒）放置在电极间，以隔断导电“小桥”的通路。

（3）固体电介质的击穿

固体电介质的击穿主要有电击穿和热击穿两种形式。

电击穿是在强电场作用下，电介质内部的带电质点剧烈运动，发生碰撞电离，破坏了子结构，增加电导所造成的最后击穿。

热击穿是在强电场作用下的固体电介质，由于其内部结构不均匀，各处电导大小不一所造成的击穿。大家知道，电介质损耗会产生热量，电导较大部位，因电流大会产生热量，如果产生的热量来不及散发出去，就会使电介质温度升高，而温度升高反过来又使介质的电导增加，如此恶性循环，最后导致固体介质熔化或烧毁而引起击穿。

为了提高设备绝缘强度，必须避免绝缘材料中存在气泡和受潮。

（4）沿面放电

电气设备的带电部分总要用固体绝缘材料来支撑或悬挂，这些固体绝缘材料的表面在很多情况下都处于空气中，如绝缘套管等。当带电体的电压超过一定限度时，常常在固体绝缘表面与空气的交界面上出现放电现象，这种沿固体绝缘表面所发生的放电现象称为沿面放电。

当沿面放电扩展到固体介质整个表面空气层被击穿时称为沿面击穿或沿面闪络，简称闪络。沿面闪络电压比相同条件下的纯气体介质击穿电压低得多。这是因为固体介质的表面粗糙、脏污或受潮而使电场变得不均匀，在电场较强处首先发生气体游离，最后导致沿固体介质表面气体的击穿。

为了提高沿面闪络电压，必须保持固体绝缘表面的清洁和干燥。

4.1.2.5 电介质的老化

电介质在使用过程中，受各种因素的长期作用，会产生一系列缓慢的不可逆的物理、化学变化，从而导致其电气性能和力学性能的恶化，最后丧失绝缘性能。这一不可逆的变化称为电介质的老化。

影响老化的因素很多，如光、电、热、氧、辐射、微生物等，但主要的因素是过热和局部放电。在低压电气设备中促使介质老化的主要因素是过热，而在高压设备中促使介质老化的主要因素是局部放电。为了保证电介质的使用寿命，针对介质老化的各种形式，需采取不同的防老化措施。

4.1.3 绝缘材料的基本性能

4.1.3.1 电气性能

绝缘材料在电场作用下会发生电导、极化、损耗、击穿等现象，这是绝缘材料的基本特性，通常分别以电导率 γ（或电阻率 ρ）、相对介电系数 ε_{γ}、介质损耗角正切 $\tan\delta$、击穿强度 E_{f} 四个参数来表示。

在长期使用条件下，绝缘材料还会发生老化。这些都是绝缘材料的基本电性能。

4.1.3.2 耐热性能和耐热等级

(1) 耐热性

表示绝缘材料在高温作用下，不改变介电、机械、理化等特性的能力。

绝缘材料的耐热性对电工产品的容量、体积、成本都有影响。采用耐热性能高的绝缘材料，可使电机、电器在规定的容量范围内，缩小产品外形尺寸、减轻重量和降低成本。

(2) 马丁氏耐热性

对于层压制品、塑料等固体绝缘材料，是用马丁法测定其耐热性能的。用这种方法测定出的耐热性，叫马丁氏耐热性。

利用马丁法测量时，材料的标准试样，在马丁氏耐热试验器中，承受 490N/cm² 的弯曲负荷，并以 50℃/h 的速度升高温度，当达到弯曲变形（危险变形）时的温度值，即为该材料的耐热指标，称为马丁氏耐热性。

(3) 热稳定性

是指材料在温度反复变化的情况下，不改变其理化、机械、介电性能并保持正常状态的能力。这个性能与材料本身的膨胀系数有很大的关系。热膨胀系数大的材料，因材料膨胀和收缩会使材料开裂破碎，所以热稳定性对室外工作的设备和受温度频繁变化影响的设备的绝缘有着重要意义。

绝缘涂层所具有的热稳定性能，是指在规定温度和持续时间下不改变外观色泽、无脱层、不剥落和裂纹的性能。

(4) 热弹性

表示绝缘材料在高温作用下，能长期保持其柔韧状态的性能。

热弹性和热稳定性的区别是：热弹性表示材料动态下的寿命，以抗弯强度来确定；热稳定性表示材料在静态下对变化的热作用的稳定性，以质量损失的大小来表示。

(5) 导热性

表示绝缘材料的传热能力。导热性能的好坏，以热导率的大小来表示。

热导率表示长度为 1cm、横截面为 1cm² 的材料，在温差为 1K、时间为 1s 内轴向所传导的热量，单位是 W/(m·K)。

(6) 最高允许工作温度

就是绝缘材料能长期（15～20 年）保持所必需的理化、机械和介电性能而不起显著劣变的温度。最高允许工作温度取决于绝缘材料的耐热性。

(7) 耐热等级

为了便于电工产品的设计、创造和维修时合理选用材料，将绝缘材料按其正常运行条件下的最高允许工作温度进行统一的耐热分级，称为耐热等级。中国将绝缘材料分为 Y、A、E、B、F、H、C 七个耐热等级，它们的最高允许工作温度分别为 90、105、120、130、155、180、180℃以上。

绝缘材料的使用温度，如果超过该等级的最高允许工作温度，则绝缘老化加快，寿命大大缩短。因此，选用绝缘树料时，必须根据设备的最高允许温度，选用相应等级的绝缘材料。

4.1.3.3　理化性能

为使各种电工产品能在不同的工业部门、不同场所中安全运行，其绝缘材料除具有规定的介电性能和力学性能外，还应有一定的或特定的理化性能。

(1) 熔点、软化点

熔点是材料由固体状态转变为液体状态的温度值。

无定形结构的材料没有显著的熔化温度，它是由固体状态逐渐转变为液体状态的，因此，无法测出它们的熔点，就把它们开始变软的温度称为软化点。

在电工选用绝缘材料时，一般要求绝缘材料具有较高的熔点或软化点，以保证绝缘结构的强度和硬度。

(2) 黏度

黏度是液体绝缘材料和各种绝缘漆、胶类材料的重要性质之一，它表示液体内分子存在状况及其应变体积。在绝缘漆、胶类材料中，黏度还用来表示其适用性及工艺特性。

由于材料不同，表示黏度和计量的方法也有所不同，常采用以下几种。

① 相对黏度　相对黏度是指某种液体在相同温度下与水黏度的比较值。

② 条件黏度　条件黏度是在规定的条件下，测定出某液体在标准容器内流经规定孔眼所需的时间（秒），来表示黏度的大小。绝缘漆、胶类材料的黏度多用这种表示方法。

③ 绝对黏度　绝对黏度又叫动力黏度，由测定液体内分子间的摩擦力来确定，单位是Pa·s。

④ 运动黏度　运动黏度是指液体的绝对黏度与其密度之比。单位是m^2/s。

(3) 固体含量

固体含量表示树脂溶液、绝缘漆、涂料中的溶剂或稀释剂挥发后遗留下来的物质重量。固体含量还代表漆基的实际重量。

(4) 灰分

灰分表示绝缘材料内所含不燃物的数量。

(5) 吸湿性（吸潮性）

绝缘材料在潮湿空气中或多或少都有吸湿现象。由于水分子尺寸和黏度都很小，对绝缘材料几乎是无孔不入，能透入各种绝缘材料的裂缝、毛细孔和针孔，溶解于各种绝缘油、绝缘漆中，所以吸湿现象是非常普遍的。

材料的吸湿性，是表示材料在温度20℃和相对湿度为97%～100%的空气中的吸湿程度。实际工作中，则以材料放在底部有水的严密封闭、相对湿度接近100%、温度为20℃的容器中，24h后所增加重量的百分数，作为吸湿性指标。

(6) 吸水性（吸水率）

吸水性（吸水率）表示材料在20℃的水中浸没24h后材料重量增加的百分数。

(7) 透湿率（透湿性）

透湿率表示水汽透过绝缘材料的能力。透湿性对于电机、电器的覆盖层、电缆软套、塑料、漆膜等作为保护层的材料有着实际意义。对于在水中工作或直接与蒸馏水接触的电工产品，应采用不吸水、不透水的绝缘材料作为绝缘保护层。

(8) 溶解度

溶解度表示在一定温度和压力下，物质在一定量的溶剂中所溶解的最大量。固体或液体溶质的溶解度，常用在100g溶剂中所溶解的溶质克数表示。气体的溶解度，常用每毫升溶剂中所溶解的气体毫升数表示。

（9）耐油性

耐油性表示绝缘材料耐受变压器油或其他矿物油侵蚀的能力。

（10）化学稳定性

化学稳定性表示材料抵抗和它接触的物质（如氧、臭氧及酸、碱、盐溶液等）的侵蚀能力。也就是材料在这些介质中，其表面颜色、重量和原有特性不发生或只有极微小变化的性能。

4.1.3.4 力学性能

力学性能主要包括硬度和强度。

（1）硬度

表示材料表面受压后不变形的能力。对于涂层和漆膜，是让标准重锤从规定的高度落到材料的涂层或漆膜上，用重锤回弹的高度来表示硬度的大小。对于柔韧和可塑材料（如沥青），以针入度的多少作为硬度指标。针入度就是对标准针施加一定的压力，使它在规定时间内刺入材料，刺入深度称为针入度。

对于层压制品等材料，一般用布氏法测定硬度。试验时预先将材料表面磨光，然后在30s内压入钢制、淬过火的、直径为5mm的小球，求得小球压入后留下痕迹的面积，再按下式计算布氏硬度：

$$HB=\frac{P}{S}$$

式中 HB——布氏硬度，Pa；

P——压入力，N；

S——小球留在材料表面痕迹的面积，m^2。

（2）抗拉、抗压、抗弯强度

抗拉、抗压、抗弯强度分别表示在静态下单位面积的固体绝缘材料承受逐步增大的拉力、压力、弯力直到破坏时的最大负荷。单位是：Pa。

（3）抗劈强度

抗劈强度表示层压制品材料层间粘合的牢固程度。抗劈强度高的材料不易开裂、起层，可加工性能好。抗劈强度的单位是N。

（4）抗冲击强度

表示材料承受动负荷的能力。以材料单位截面积受冲击破坏时所承受的能量来表示。抗冲击强度大的材料称为韧性材料，抗冲击强度小的材料称为脆性材料。单位是J/m^2。

（5）塑性及其衡量指标

塑性是材料的性能之一，表现为引起材料发生变形的应力消除后变形不能完全消失，即发生塑性变形现象。

材料在断裂前发生塑性变形的能力叫塑性。衡量材料塑性好坏的指标是伸长率和断面收缩率。

① 伸长率　表示材料受力后开始断裂时的最大伸长与原长之比的百分数。

② 断面收缩率　表示材料受力发生塑性变形，引起断裂处的横截面积与原始横截面积

之比的百分数，叫断面收缩率。

金属材料的伸长率和断面收缩率数值越大，表示材料的塑性越好。这样的金属可以在大量塑性变形的情况下而不被破坏，便于通过塑性变形加工成复杂形状的零件。

塑性好的材料，当受力过高时，由于能产生塑性变形而不致发生突然断裂，因此相对而言比较安全。

4.1.4　绝缘材料型号编制方法

绝缘材料产品的型号一般以 4 位数字表示，必要时用 5 位和附加数字或附加字母，其表示如图 4-5。

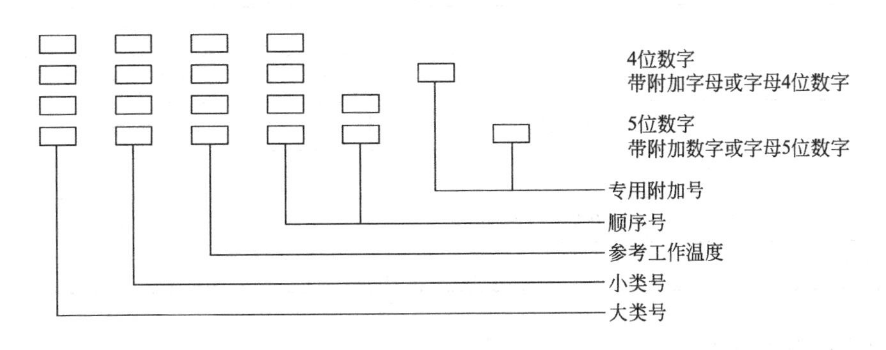

图 4-5　绝缘产品类型符号

4.2　气体电介质

在电气设备中，经常使用未发生游离放电的干燥气体作绝缘材料。在一些场合，气体绝缘材料具有灭弧、冷却和保护作用。气体由于密度低，所以具有不同于液体和固体绝缘材料的特性。例如，相对介电常数很小，接近于 1；绝缘电阻率很高；介质损耗很小，损耗角正切接近零，且击穿后能自行恢复绝缘性和不存在老化。作为绝缘用的气体，应满足以下要求。

① 较高的击穿强度。

② 惰性大，化学稳定性好，不燃不爆，不易老化，不易因放电而分解。

③ 不与共存材料发生反应，无毒。

④ 热稳定性好，导热性好。

⑤ 沸点低，可在较低温度下正常工作。

⑥ 易于制取，价格便宜。

常用的气体绝缘材料有空气、六氟化硫和氟利昂等，已广泛应用于真空电容器、电子管、高压电容器、套管、电线和开关等电气装置中。

4.2.1　空气

空气是存在于自然界的混合物，按体积计算各种成分的含量分别为：氮 78.09%，氧 20.95%，氩 0.93%，二氧化碳 0.03%及少量稀有气体。空气的液化温度低，击穿后能自动恢复绝缘性，电气和物理性能稳定，在电气开关中广泛应用空气作为绝缘介质。空气的物理性能与电气性能见表 4-1。

表 4-1 空气的物理性能与电气性能参数

名称		数值
密度(20℃)/g·L^{-1}		1.166
黏度/Pa·s		1.81×10^{-5}
热膨胀系数(0～100℃)/$℃^{-1}$		3.76×10^{-3}
热导率(30℃)/W·m^{-1}·K^{-1}		2.14×10^{-2}
比热容(25℃,1个大气压)/J·kg^{-1}·K^{-1}		1.77×10^{3}
绝热指数		1.4
电阻率/Ω·cm		10^{18}
介质损耗角正切		10^{-4}～10^{-6}
相对介电常数	1个大气压	1.00058
	20个大气压	1.01108
	40个大气压	1.0218
直流击穿强度/kV·cm^{-1}		33

4.2.2 六氟化硫气体

六氟化硫（SF_6）是一种无色、无臭、不燃烧、不爆炸、电负性很强的惰性气体，一般由硫和氟直接燃烧合成，经净化干燥处理后使用。它具有较高的热稳定性和化学稳定性，在1500℃时，不与水、酸、碱、卤素、氧、氢、碳、银、铜和绝缘材料等作用，500℃时仍不分解；还具有良好的绝缘性能和灭弧性能，在匀强电场中，其击穿强度为空气和氮的2.3倍，在非匀强电场中约为3倍，在3～4个大气压下，其击穿强度与1个大气压下的变压器油相似，在单断口的灭弧室中，其灭弧能力约为空气的100倍，也远比压缩空气强。六氟化硫气体可用于全封闭组合电器、电力变压器、电缆、电容器、避雷器和高压套管等；也可与氢或二氧化碳混合用作绝缘介质，以降低成本；采用高压力的六氟化硫气体或它的混合气体绝缘，由于其击穿场强增大，可有效地缩小设备的体积，降低造价，延长检修周期，特别适用于地下变电站等特殊条件下使用的电气设备。六氟化硫气体的物理性能见表4-2。

表 4-2 六氟化硫气体的物理性能参数

性能名称		数值
密度(20℃)/g·L^{-1}	1个大气压	6.25
	2个大气压	12.3
	6个大气压	38.2
	11个大气压	75.6
	16个大气压	119
临界状态	温度/℃	45.55
	压力/MPa	3.83
	密度/g·cm^{-3}	0.730

续表

性能名称		数　值
黏度(30℃,一个大气压)/Pa·s		1.54×10^{-3}
热导率(30℃)/W·m^{-1}·K^{-1}		1.4×10^{-2}
绝缘指数		1.07
比定压热容(25℃,1个大气压)/J·kg^{-1}·K^{-1}		665.87
蒸发热/J·g^{-1}	−40℃	17976
	0℃	12600
	40℃	4200
在油中的可溶性/cm^3·cm^{-3}		0.297
在水中的可溶性/cm^3·cm^{-3}		0.001
相对介电常数(25℃,1个大气压)		1.002

纯 SF_6 是无毒的，但若在合成过程中净化不彻底，有可能混有有毒杂质。另外，在使用过程中，由于火花和电弧的高温作用，也会分解出氟原子和某些有毒的低氟化合物，有些低氟化合物被潮气水解，会产生氟化氢等有强腐蚀性的剧毒物。还有，氟原子在电弧区域内能与金属蒸气作用，生成氟化铜、氟化钨、氟化铅等粉末，在有水分的情况下，这些粉末易与硅、钙和碳等作用，影响这些材料的性能和使用寿命。因此，在应用 SF_6 时，要严格控制含水量，并对接触 SF_6 的各个部件、容器等采取除潮和防潮措施，从而保证 SF_6 气体在运行中含水量不超过 150mL/m^3。同时，还要采用适当的吸附剂，以清除在使用过程中产生的低氟化合物及水分。应当注意，充有 SF_6 气体的设备若安装在地沟内，在没有通风的条件下，工作人员在没有防护设备的情况下不能进入，以防窒息，需要接触 SF_6 气体的人员应采取有效的劳动保护措施。

4.2.3　氟利昂

氟利昂的种类较多，常用的几种氟利昂气体的性能参数见表 4-3。

表 4-3　各种氟利昂的性能参数

名称	分子式	击穿电压比(对 N_2 气)	沸点/℃	临界温度/℃	临界压力/Pa
F12	CCl_2F_2	2.4～2.5	−29.8	112.0	5346.1
F14	CF_4	1.1～1.25	−128.8	−47.3	4492.8
F113	$CCl_2F—CClF_2$	2.6	47.6	214.1	4332.9
F116	C_2F_6	1.8	−78.3	24.3	4332.9
F218	C_3F_8	2.0～2.2	−37.8	70.5	3532.9
FC318	C_4F_8	2.3～2.8	−6.04	115.3	3559.6

F12 在常温下无毒、无臭、不燃、不爆。在常态下，它是惰性气体，但在电弧放电的作用下会生成有毒的腐蚀性分解物，会侵蚀金属和绝缘材料。F12 的击穿强度与绝缘油相当，用作电气绝缘介质和冷冻机的制冷媒质。

F218、F14、F116、FC318 相类似，其击穿强度和沸点随分子量增大而升高。其中 F218 是无毒、不燃、热稳定性比六氟化硫好的气体，可用于工作温度较高的电器中作绝缘介质，其击穿强度和六氟化硫基本相同，但受到电弧放电作用时会产生分解物，侵蚀金属绝缘材料。

F113 的沸点高，在常温下为液体，不燃，所以可用它与发热体直接接触而汽化，用作某些电工设备的冷却兼绝缘用的沸腾冷却剂。气态 F113 的击穿强度和六氟化硫基本相同，一般用作电解和电气化铁道用的镇流器。

4.2.4 选用气体电介质的注意事项

（1）关于气体电介质的纯度与杂质的问题

气体的纯度对其电气性能和化学性能有很大影响，必须严格控制。为保证充入电气设备中气体的纯度，在充气前要对气体和待充气设备进行仔细干燥净化处理；充气后要对绝缘气体中的水分和杂质含量进行控制和定期检测。例如，在断路器中，普遍采用降压干燥法来控制空气的含水量，使其低于 0℃饱和含量。在 SF_6 断路器中，则常采用干燥剂，用分子筛和氧化锅等吸附剂。吸附剂安定期更换和再生处理，通常延五年更换一次。

（2）关于气体电介质的可燃性和可爆性问题

在绝缘气体中，空气中含有氧，有助燃作用。氢气是易燃易爆的气体，在空气中，其爆炸极限以体积计，为 4%～74%，因此使用时要采取安全措施。

虽然多数绝缘气体本身是不燃不爆的，但它们通常是以高压气体或液化状态装在钢瓶中或在高压环境下使用，如储运或使用不当，也会发生爆炸事故。所以在储运和使用时，必须严格按照有关气瓶安全规程进行操作。

（3）关于气体电介质的液化问题

在设备运行过程中，若绝缘气体发生液化或凝露，这不仅使气体的密度下降，达不到规定的耐电强度，而且在电极表面凝结时，还会改变间隙的电场分布。工程上可通过加热器的方法来防止绝缘气体的液化。

4.3 液体电介质

液体电介质是用以隔绝不同电位导电体的液体。它主要取代气体，填充固体材料内部或极间的空隙，以提高其介电性能，改进设备的散热能力。例如，在油浸纸绝缘电力电缆中，它不仅显著地提高了绝缘性能，还能增大单位体积储能量；在开关中除绝缘作用外，更主要的是起灭弧作用。液体电介质可分为矿物油、合成油和植物油三大类。它们共同的特点是：电气性能好、闪点高、凝固点低；在氧、高温、强电场作用下性能稳定；无毒，对结构材料不腐蚀：除变压器油外，其他设备用油的黏度小；电容器油的相对介电常数较大。

4.3.1 液体电介质的主要性能

（1）密度

密度反映绝缘油分子的结构和组成。不同类型的绝缘油，由于其分子的结构和组成不同，密度也不同。同一类型的绝缘油，由于馏分的控制和精制深度的差异，对油的密度也有影响。因此，绝缘油对密度有一定的要求。

（2）黏度

黏度是反映绝缘油液体分子运动内摩擦力的指标，是绝缘油运行的重要指标之一，黏度小则流动性大，散热和灭弧效果佳。在一般高压电气设备中，应考虑使用黏度小一些的绝缘油。

黏度是温度的函数，温度升高，黏度下降，反之则上升，这种性能称为黏-温特性。若油的黏度受温度的影响较小，则黏-温性能好，表明油品可在较宽的温度条件下使用，这是电气设备所希望的。

(3) 闪点

油品的闪点是油加热时所产生的蒸气与空气的混合物接近火焰时发生短暂闪火的最低温度。为了保证安全运行，要求闪点尽可能高。闪点按其测试方法分为闭口杯法和开口杯法，闭口杯法又简称为 PM 法，开口杯法又简称为 COC 法。开口杯闪点比闭口杯闪点一般高10℃以上。

(4) 凝点

油品在规定的试验条件下失去流动性的最高温度称为凝点，同义词还有倾点和流动点。倾点反映了油品的低温性能，是绝缘油的重要性能之一。绝缘油的凝固是不允许的，尤其是变压器油、开关油和高压电缆油等，这类油都规定了较低的凝点指标。

(5) 酸值

中和 1g 油品所需要的 KOH 毫克数称为酸值或中和值，酸值反映油品中酸性物质的含量。油品在使用过程中，不可避免地会发生氧化，生成有机酸，所以酸值又是检查绝缘油在运行中的氧化程度及是否可继续使用的重要依据之一。

(6) 水含量

含有水分的绝缘油，无论是矿物油还是合成油，其电气性能会显著下降。绝缘油中的水分主要来自大气或绝缘材料的劣化。芳烃的吸水性比烷烃大，大多数合成油中芳烃含量比矿物油大，因而吸水性也比矿物油大，另外，温度上升，油溶解水分的能力也相应增强。

(7) 氧化安定性

绝缘油的氧化安定性也称为氧化稳定性，是衡量绝缘油抗氧化的能力。绝缘油的氧化产物主要是酸和水，对绝缘不利。为了延缓其氧化，常在精制后的油品中加入抗氧剂，同时控制电气设备的使用温度或采取隔绝空气的保护措施。我国规定了变压器油的氧化安定性试验方法，试验结果以生成的沉淀物含量和酸值来衡量。

(8) 损耗因数

绝缘油的损耗因数（损耗角正切）能在很大程度上反映油品质的优劣，并决定油品是否可以继续使用。油中的固体颗粒、水分及其他极性物质都会造成较大的损耗因数。在油的制备和使用前，尽量去除杂质和水分，并进行脱气、脱水处理，从而达到较小损耗因数的指标要求。

(9) 击穿强度

液体电介质应有尽可能高的击穿强度。一般而言，极性较小的绝缘油击穿强度较大，而极性较大的则击穿强度较小。若在分子中引入芳环或烃含量大的油，其击穿强度会相应增大。在实际运行中，温度、杂质、水分对油的击穿强度也都有影响。

(10) 电场稳定性

绝缘油的电场稳定性是指它在电场中承受电压和电离作用的能力，这可以通过析气性、比色散、油浸纸析气试验、浮动电极法和可视气体发生电压等试验来评价。这里简要介绍析气性试验和比色散试验。

析气性试验：绝缘液体在承受足以引起通气液交界中的气体先放电的电场强度作用时，

由该液体放出气体或析出X蜡的现象称为析气性。绝缘油放出气体和析出X蜡对电气设备极其有害，易导致设备局部过热甚至膨胀爆炸。为了安全运行，一般要选择析气性好的油或对析气性差的油进行改性，根据使用要求，在调配时加入浓缩液芳烃或在使用时加入合成油来改善其析气性。

比色散试验：绝缘油的色散与其同温度时密度之比称为比色散。比色散与油品中的芳烃含量有关，芳烃含量越大，比色散也越大。由于芳烃含有苯环结构，能够吸氧，且析出X蜡很少，就是说芳烃的析气性要优于烷烃，所以绝缘油的比色散较大，表明油中的芳烃含量高，析气性好。一般来说，当油的比色散值大于115时，芳烃的吸氢过程将大于烷烃的放气过程，油呈吸气状态，析气性好。

4.3.2 绝缘油

4.3.2.1 合成绝缘油

合成绝缘油是指用化学合成方法制造的一类液体绝缘介质，其组成一般比较单一，性能稳定，精制处理工艺简单，一般芳烃含量高，电场稳定性好，且来源广泛、种类多，使用温度范围宽，主要有烷基苯、苯基二甲苯基乙烷、烷基萘、异丙基联苯、苯甲基硅油和聚丁烯等。合成绝缘油的主要性能参数见表4-4。

表4-4 合成绝缘油的主要性能参数

性能项目		烷基苯(DDB)	苯基二甲苯基乙烷(PXE)	烷基萘	异丙基联苯(MIPB)	苯甲基硅油	聚丁烯
运动黏度/$10^{-6}m^2\cdot s^{-1}$	20℃	6.5～8.5	—	3.2(30℃)	5.3(40℃)	100～200	—
	50℃	3～4	—			(25℃)	—
闪点(闭口杯法)/℃ ≥		125	148	154	142	280(开口杯法)	165(开口杯法)
凝点/℃ ≤		−65	—	—	−48	−40	−10
体积电阻率/Ω·cm		—	2.5×10^{14}(80℃)	2.5×10^{14}(80℃)	3.7×10^{14}(100℃)	$\geqslant10^{14}$(100℃)	$\geqslant10^{14}$(100℃)
介质损耗角正切(50Hz)	20℃	—	0.03(80℃)	0.03	—	≤0.02	≤0.05
	100℃	0.03～0.04		(80℃)	0.04	(80℃)	(80℃)
酸值/$mgKOH\cdot g^{-1}$ ≤		0.008	—	—	—	—	0.3
相对介电常数(20℃,50Hz)		2.2	2.5	2.5	2.5～2.6	2.6～2.8	2.1～2.3
击穿强度(20℃)/$kV\cdot cm^{-1}$		≥240	370	—	≥240	350～400	350～500

4.3.2.2 植物绝缘油

植物绝缘油是用植物的种子压榨提炼的，如棉籽油、菜籽油、蓖麻籽油等，由于其产量有限、性能欠佳，实用性较小。目前使用的植物油有蓖麻籽油和菜籽油。蓖麻籽油的相对介电常数较大，无毒，不易燃，耐电弧，击穿时无炭粒，但锡对蓖麻籽油的热老化有明显的催化作用，它的相对介电常数和介质损耗角正切值随频率的变化很大，且黏度大，难于精制。电容器用蓖麻籽油的性能参数见表4-5。

表 4-5　电容器用蓖麻籽油的性能参数

性能项目		数值
相对密度		0.950～0.970
折射率 n_D^{20}		1.4770～1.4780
恩氏黏度(50℃)		17.0～17.5
凝固点/℃		－17～－15
酸值/mgKOH·g^{-1}		1.5
皂化值/mgKOH·g^{-1}		176～186
电阻率/Ω·cm	20℃	10^{13}
	50℃	10^{11}～10^{12}
磷值		82～88
介质损耗角正切(50Hz)	20℃	5×10^{-3}
	50℃	5×10^{-2}
相对介电常数	20℃	4.2
	100℃	3.5
击穿强度(50Hz)/kV·cm^{-1}		200

4.3.3　电气设备对绝缘油的使用要求

(1) 变压器对绝缘油的要求

变压器油用于变压器的绕组浸渍和绕组与绕组之间、绕组与外壳之间的绝缘，同时又作为冷却介质，是电力和配电变压器中大量应用的电介质，因而受到特别注意。变压器对油的要求如下。

① 良好的电性能，如击穿强度高，损耗因数小。

② 黏度小，散热快，冷却效果好。

③ 抗氧化性好，使用寿命长。

④ 凝点低，有较好的低温流动性。

⑤ 闪点高，着火危险性小。

⑥ 不含腐蚀性物质，与接触材料相容性好。

(2) 断路器对绝缘油的要求

断路器油是断路器的重要灭弧材料，用于充填断路器，使断电时产生的电弧尽快熄灭，断路器触点产生的热迅速得以释放。断路器对油的要求如下。

① 触点断开时能有效地灭弧。

② 化学性质稳定，在电弧作用下生成的炭粒少，沉降快。

③ 在保证闪点要求的情况下，黏度越低越好，这有利于减小触点分离时的阻尼作用，有利于油中粒子的迅速沉降。

④ 凝点低。

(3) 电容器对绝缘油的要求

① 击穿强度高，损耗因数小。

② 相对介电常数大。

③ 在电场作用下稳定性好。

④ 黏度低。

⑤ 凝点低。

⑥ 闪点高。

(4) 电缆对绝缘油的要求

不同的电缆对绝缘油的要求不同。根据电缆结构的要求，电缆油（又称为浸渍剂）可分为：黏性电缆油，其黏度大，在电缆工作温度范围内不流动或基本不流动，常用于35kV以下的浸渍剂；黏度低、用作充油电缆的浸渍剂，其中自容式充油电缆用油黏度最低，可以增强散热和补给能力；钢管充油电缆用油黏度较高，其黏度介于上述两类之间，主要是避免电缆拖入钢管时油流失太多。

4.3.4 矿物绝缘油的维护及净化

矿物油是天然石油炼制而成的，其性质在很大程度上依赖于石油的组成。低凝点的环烷基石油能炼制优质的绝缘油；高凝点的石蜡基石油经过脱蜡等复杂的工艺和合适的添加剂调配，也能够生产出质量较好的绝缘油。

(1) 矿物绝缘油的维护

绝缘油在储存、运输和运行过程中，会被污染和老化，必须随时进行监测与维护，并采取防止老化的措施，以保证电工设备的安全运行，延长检修周期。

预防绝缘油老化一般可采取加强散热以降低油温、用氮或薄膜使油与空气隔绝、添加抗氧化剂和采用热虹吸过滤器，使油再生等措施。必须经常对绝缘油的性能进行检查与测定，运行中一旦发现绝缘油不符合标准时，则需对其净化和再生。运行中变压器油的质量标准见表4-6。

表4-6 运行中变压器油的质量标准

项　　目	技术指标
水溶性酸pH值	≥4.2
酸值 $mgKOH \cdot g^{-1}$	≤0.1
闪点/℃	①比新油标准不低于5℃ ②比前一次测量值不低于5℃
击穿强度/$kV \cdot cm^{-1}$	≥20(15kV以下的变压器) ≥30(20～35kV的变压器)
介质损耗角正切(70℃)	≤0.02
羧基/$mg \cdot g^{-1}$	≤0.28
界面张力/$N \cdot cm^{-1}$	$\geqslant 1.5 \times 10^{-5}$

注：1. 户外开关绝缘油使用变压器油时，应增加凝固点试验，其凝固点不可高于当地最低温度。
2. 发现变压器油的闪点下降时，应分析油气组成，查明原因。

(2) 矿物绝缘油常用净化方法

① 压力过滤法　用框式过滤机过滤，除去油中水分和机械杂质。

② 真空喷雾法　对于运行中的油，采用移动式真空净化系统，可以有效地清除油中水分、杂质以及低分子酸、油泥和不稳定的饱和烃类，使油恢复到新油水平。

③ 电净化法　将污油流经强直流电场（电压为10～40kV或50kV以上），使油中的水分、纤维、树脂、油泥等物质被强行电离，并被静电场所吸附，从而达到净化的目的。也可用高压交流电场净化，对除去油中水分和盐类物质效果较好。

④ 白土再生法　当绝缘油老化不太严重时，利用白土的优良吸附性能，除去油中杂质和水分，能取得较好的再生效果。此外，硫酸-白土再生法适用范围较广，无论油的老化程度如何，其效果都是好的。还有，硫酸-白土-水洗再生法适用于绝缘油老化程度较严重且油中游离酸和氢氧化钠较多的情况，在水洗后再用白土处理一次，以清除残余水分。

⑤ 硅胶-活性氧化铝再生法　当绝缘油轻微老化时，用它的吸附原理对油进行再生，油老化程度较严重，可将硅胶和活性氧化铝与硫酸配合使用。

4.4　纤维制品

绝缘纤维制品常用的纤维有棉纤维、无碱玻璃纤维和合成纤维。棉纤维制品极易吸潮，耐热性差，使用时通常需要经过一定的浸渍处理，以提高电气、抗老化和耐潮性能以及导热能力。无碱玻璃纤维具有耐热及耐腐蚀性好、吸潮湿性小、拉伸强度高等优点，但同时有较脆、密度大、伸长率小，对皮肤还有刺激，易吸附水分、柔性差等缺点。用合成纤维制成的制品兼有棉纤维和玻璃纤维的优点。

4.4.1　绝缘纤维制品

4.4.1.1　棉纤维制品

单股棉纱用于纱包线及电线电缆的绝缘和护层，合股棉纱用于电线电缆的编织护层。棉布带由棉纱以平纹或斜纹编织而成，未浸漆的斜织布和细布带用于线圈整形成浸胶过程中的临时包扎。

使用中，棉纤维由于耐热性差、易吸潮，已逐步被玻璃纤维和合成纤维制品所取代。棉布带规格及技术数据见表 4-7。

表 4-7　棉布带规格及技术数据

名称	标称宽度(公差)/mm	额定厚度/mm	密度/根数		抗张力/N	断裂伸长率/%≥
			经(带宽度内)	纬(每厘米内)		
斜纹布带	10、12　(±0.5)	0.45±0.02	26～32	16	140～170	9
	15　(±1.0)	0.45±0.02	40	16	210	9
	20、25、30(±1.5)	0.45±0.02	52～78	16	260～370	9
	35、40、45(±2.0)	0.45±0.02	92～130	43～58	430～580	9
平纹白布带	10、12　(±0.5)	0.25±0.02	28～34	19	90～110	8
	15　(±1.0)	0.25±0.02	42	19	130	8
	20、25、30(±1.5)	0.25±0.02	54～78	19	160～210	8
	35、40、50(±2.0)	0.25±0.02	90～130	19	230～320	9
平纹细布带	12　(±0.5)	0.22±0.02	40	23	120	5
	16　(±1.0)	0.22±0.02	52	23	160	5
	20、25、30(±1.5)	0.22±0.02	64～90	23	190～270	5
	35　(±2.0)	0.22±0.02	106	23	310	5
平纹薄布带	12　(±0.5)	0.18±0.02	44	30	80	5
	16　(±1.0)	0.18±0.02	60	30	110	5
	20　(±1.5)	0.18±0.02	70	30	130	5

4.4.1.2 玻璃纤维制品

玻璃纤维是一种由玻璃制成的无机纤维。其主要成分为二氧化硅、氧化铝、氧化硼、氧化镁、氧化钠等，根据玻璃中碱含量的多少，可分为无碱玻璃纤维（氧化钠0%～2%的铝硼硅酸盐玻璃纤维）、中碱玻璃纤维（氧化钠8%～12%的钠钙硅酸盐玻璃纤维）和高碱玻璃纤维（氧化钠13%以上的钠钙硅酸盐玻璃纤维）。玻璃纤维与有机纤维相比，耐温高、不燃、耐腐，隔热、隔音性好，抗拉强度高，电绝缘性好。

无碱玻璃纤维用于玻璃纤维包线和安装的绝缘。中碱玻璃纤维用于X射线电缆和电线电缆的编织护层。

玻璃纤维带由玻璃纤维编织而成，有预浸漆和不浸漆两种，用于绕包绝缘。玻璃纤维套管由无碱玻璃纤维编织，经高温脱蜡定纹，并浸渍有机硅氧烷而成。它的弹性好，剪口不散，在－60～150℃范围内不硬化，可用作绝缘护套，其内径有1mm、1.5mm、2mm、2.5mm、3mm、3.5mm、4mm、5mm、6mm、7mm、8mm、9mm，壁厚有0.25mm、0.30mm、0.40mm。

4.4.1.3 合成纤维制品

合成纤维制品有合成纤维丝、合成纤维带和合成纤维绳。

（1）合成纤维丝

聚酰胺6（又称尼龙6，或称锦纶）的拉伸强度尚可，弹性好，耐磨、耐腐蚀、耐霉变，防虫蛀，着色性好，但耐光、耐热性较差，容易变形。该合成纤维丝主要用于电线的绕包及编织绝缘，其技术数据见表4-8。

表4-8 锦纶纤维丝技术数据

性能项目		NO.200(12孔)	NO.64(39孔)
公制支数		195～205	62～66
支数偏差率/%	≤	±3	±3
断裂长度/km	≥	45	50
伸长率/%		22～28	19～25
伸长不均率/%	≤	8.5	10
捻度/捻·m^{-1}		200±2	200±2

聚酯（又称涤纶）纤维丝的耐光性和耐热性优于聚酰胺，且耐霉变、耐腐蚀（不耐浓碱），防虫蛀，但拉伸强度比聚酰胺稍低，密度大，用于电线电缆的绝缘，其技术数据见表4-9。

表4-9 涤纶纤维丝技术数据

性能参数		NO.64	NO.73	NO.120
支数		64	73	120
支数偏差率/%	≤	±3	±2	±5
扯断力/N	≥	0.065	0.50	0.585
伸长率/%	≤	10	14	8

（2）合成纤维带、合成纤维绳

合成纤维带有聚酯纤维和聚酯纤维（经向）与玻璃纤维（纬向）交织带两种。这两种带的耐热性比棉布带高，伸长率比玻璃布带大，用于电机线圈的绑扎。聚酯纤维与玻璃纤维交织带的厚度为 0.15mm，宽度为 25mm，抗张力为 34N，伸长率为 3.5%。

合成纤维绳（涤纶护套玻璃丝绳，简称涤玻绳）的耐热性好，强度高，可用于 B 级绝缘电机线圈端部绑扎，从而简化工艺，提高工作可靠性。涤玻绳技术数据见表 4-10。

表 4-10 涤玻绳的技术数据

外套直径 /mm	面层		芯线		每米质量 /g·m^{-1}	断裂强度(绳芯)/N	伸长率 /%
	涤纶纱规格	锭×根	无蜡纱规格(支×根)	根			
10	20 支	40×8	10×50	4	25.8	2120～3000	35～41
12	20 支	52×10	10×50	8	41.3	2800～3980	40～45
16	20 支	52×15	10×50	8	56.6	2400～4000	37～60
22	20 支	52×20	10×50	8	164.7	18300～24000	37～43

4.4.2 浸渍纤维制品

浸渍纤维制品是以绝缘纤维制品为底材浸以绝缘漆制成的，有漆布（或漆绸）、漆管和绑扎带三类。

用作底材的有棉布、棉纤维管、薄绸、玻璃纤维、玻璃布、玻璃纤维管以及玻璃纤维与纤维交织物等。虽然布和绸等天然制品具有一定的机械强度、较好的柔性，但极易吸潮，且耐热性能差，所以除在某些必需的场合仍然采用它们作为底材外，已逐步被玻璃纤维和合成纤维的织物所取代。玻璃纤维抗张力高，耐热性好，吸湿性小，但柔性差，而合成纤维具有良好的柔性，故常与合成纤维交织以改善其柔性。

浸渍纤维制品常用的绝缘漆主要有油性漆、醇酸漆、聚氨酯漆、环氧树脂漆、有机硅漆以及聚酰亚胺漆等。

（1）绝缘漆布

根据不同的底材，绝缘漆布可分为棉漆布、漆绸、玻璃布以及玻璃纤维与合成纤维交织漆布，它们分别用相应的底材浸以不同的绝缘漆，经烘干、切带而成。常用绝缘漆布的品种、组成及用途见表 4-11。

表 4-11 常用绝缘漆布的品种、组成及用途

名称	型号	组成		耐热等级	特性和用途
		底材	绝缘漆		
油性漆布(黄漆布)	2010 2012	白细布	油性漆	A	2010 型柔性好,但不耐油。可用于一般电机、电器的衬垫或线圈绝缘。2012 型耐油性好,可用于有变压器油或汽油气浸蚀的环境中工作的电机、电器的衬垫或线圈绝缘
油性漆稠(黄漆稠)	2210 2212	无碱玻璃布	油性漆	A	2210 型适用于电机薄层衬垫或线圈绝缘。2212 型耐油性好,适用于有变压器油或汽油气浸蚀的环境中工作的电机、电器的衬垫或线圈绝缘。以上两种都具有较好的电气性能和良好的柔性

续表

名称	型号	组成		耐热等级	特性和用途
		底材	绝缘漆		
油性玻璃漆布(黄玻璃漆布)	2412	无碱玻璃布	油性漆	E	耐热性较2010、2012型漆布好。用于一般电机、电器的衬垫或线圈绝缘,以及工作在油中的变压器、电器的线圈绝缘
沥青醇酸玻璃漆布	2430	无碱玻璃布	沥青醇酸漆	B	耐苯和耐变压器油性差,但耐潮性较好。用于一般电机、电器的衬垫或线圈绝缘
醇酸玻璃漆布	2432	无碱玻璃布	醇酸三聚氰胺漆	B	耐油性好,具有一定的防霉性。用于油浸变压器、油断路器等线圈绝缘
醇酸玻璃聚酯交织漆布	2432-1	玻璃纤维聚酯纤维交织布			
醇酸薄玻璃漆布	—	无碱玻璃布	醇酸三聚氰胺漆	B	具有良好的弹性和韧性,较高的力学性能、电气性能和耐热性,并具有一定的防霉性和耐油性。可替代漆稠用于电器线圈绝缘
醇酸薄玻璃聚酯交织漆布	—	玻璃纤维聚酯纤维交织布			
环氧玻璃漆布	2433	无碱玻璃布	环氧酯漆	B	具有良好的耐湿热性和电气性能以及较高的力学性能,良好的耐化学药品腐蚀性。用于化工电机、电器槽绝缘、衬垫和线圈绝缘
环氧玻璃聚酯交织漆布	2433-1	玻璃纤维聚酯纤维交织布			
有机硅玻璃漆布	2450	无碱玻璃布	有机硅漆	H	具有良好的柔软性及耐霉、耐油和耐寒性,且具有较高的耐热性,用于H级电机、电器的衬垫和线圈绝缘
有机硅薄玻璃漆布	—	无碱玻璃布	有机硅漆	H	具有良好的柔软性及耐霉、耐油和耐寒性,且具有较高的耐热性,用于H级特种电器线圈绝缘
硅橡胶玻璃漆布	2550	无碱玻璃布	甲基硅橡胶瓷漆	H	具有良好的柔软性和耐寒性,且具有较高的耐热性。用于特种用途的低压电机端部绝缘和导线绝缘
聚酰亚胺玻璃漆布	2560	无碱玻璃布	聚酰亚胺漆	C	具有良好电气性能和很高的耐热性,且耐溶剂和耐辐照性好,但较脆。用于工作在高于200℃的电机槽绝缘和端部衬垫绝缘,以及电器线圈和衬垫绝缘
有机硅防电晕玻璃漆布	2650	无碱玻璃布	有机硅防电晕瓷漆	H	耐热性好,且具有稳定的低电阻率。用作高电压电机定子绕组防电晕材料

经纬线垂直编织的绝缘漆布，可按平行经线或者与经线成45°±2°的角度切成带子使用。平行剪切的，伸长率较小，适宜用于包绕截面相同与形状规则的线棒、线圈。斜切的伸长率较大，工艺上包绕时可紧贴被包物，可减少形成折皱和气囊，但不宜用力太大，以免损伤漆膜。

玻璃漆布一般均按45°±2°的角度斜切，以增加其伸长率。使用玻璃漆布时要严格防止180°的折叠，对已包绕好的绝缘零部件不能敲击，否则会造成机械损伤。

由漆布包绕的电机、电器绝缘结构，一般都要进行浸渍处理。因此，在设计绝缘结构以及确定浸渍工艺时，应当注意漆布和浸渍漆的相容性问题。如果浸渍漆选择得不合适，在浸渍处理过程中，漆布的表面漆膜会出现膨胀成者脱落现象。

(2) 绝缘绑扎带

绝缘绑扎带又称无纬带，是以经过硅烷处理的长玻璃纤维，经过整纱并浸以热固性树脂制成的半固化带状材料，按所用树脂种类的不同，分为聚酯型、环氧型等几类。绝缘绑扎带主要用来绑扎变压器铁芯和代替无磁性合金钢丝、钢带等材料绑扎电机转子。由于绝缘绑扎带在使用时承受较大的张力，因此要求其环张强度高。绑扎工件时，其工件应预热至一定的温度，才能保证在绑扎时树脂充分熔融而不至于固化。

4.5　绝缘漆、胶和熔敷绝缘粉末

绝缘漆、胶和熔敷绝缘粉末都是以高分子聚合物为基础，能在一定条件下固化为绝缘膜或绝缘整体的重要绝缘材料。

随着高分子合成技术的迅速发展，原料丰富的、制造方便的合成树脂，具有优良的电气性能、力学性能和耐热性能，并且已逐步取代天然树脂、植物油等，已成为制造绝缘漆的最主要原料。熔敷绝缘粉末也是在这个基础上发展起来的。合成树脂主要有酚醛树脂、聚酯树脂、环氧树脂、有机硅树脂以及聚酰亚胺树脂等。天然树脂主要有虫胶、松香及沥青等。

4.5.1　绝缘漆的种类及特性

绝缘漆主要是以合成树脂或天然树脂等为漆基（成膜物质），与某些辅助材料，如溶剂、稀释剂、填料和颜料等混合而成。漆基在常温下黏度很大或是固体。辅材溶剂和稀释剂用来溶解漆基，调节漆的黏度和固体含量，它们在漆的成膜和固化过程中均逐渐挥发。带有活性基团的活性稀释剂则不同，它能参与成膜的反应，所以实际上是漆基的组成部分。辅材填料、颜料以及催化剂的用量少，但对漆的性能有较大影响。

绝缘漆按用途可分为浸渍漆、漆包线漆、覆盖漆、硅钢片漆和防电晕漆等几类。

（1）浸渍漆

浸渍漆主要用于浸渍处理电机、电器的线团和绝缘零件，以填充绝缘结构的间隙和微空，固化后在被浸渍物体的表面形成连续平整的漆薄膜，将线圈黏结成为整体，从而提高绝缘结构的耐潮、导热、击穿强度和机械强度等性能。浸渍漆的基本特点是；黏度低，固体含量高，便于浸透；固化快，干燥性好，黏结力强，有热弹性，固化后能承受电机运转时的离心力；具有较高的电气性能，较好的耐潮性、耐热性、耐油性和化学稳定性，对导体和其他材料相容性好。

浸渍漆按其基本组成中有无挥发性情性溶剂，分为有溶剂漆和无溶剂漆两大类。

有溶剂浸渍漆使用较早，目前仍在大量使用，它具有渗透性好、储存期长、使用方便、价格低廉等优点，但浸渍和烘焙时间长、固化慢，溶剂挥发会造成浪费与环境污染。它的品种很多，以环氧类漆和醇酸类漆应用广泛。

在工艺上，有溶剂浸渍的漆采用多次浸渍、烘焙并逐步升温，这样可以防止出现由于溶剂挥发过快而形成漆膜针孔或气泡，影响产品的性能和寿命。烘焙温度控制在与漆的工作温度相同或高出 20℃左右。还可以用真空压力浸渍，能缩短烘焙时间和提高绝缘结构性能。

溶剂的选择，要考虑其溶解能力、挥发速度、污染程度以及材料的相容性。稀释剂由于其溶解能力差，常与溶剂混合使用，可降低成本和减小挥发物对环境的污染。常用溶剂的物理参数及用途见表 4-12。

表 4-12 常用溶剂的物理参数及用途

名称	相对分子质量	沸点/℃	闪点(闭口杯法)/℃	应用范围
溶剂汽油	—	120～200	33	沥青漆、油性漆、醇酸漆
煤油	—	160～285	71～73	
松节油	136	150～170	30	
苯	78.05	80.1	－11	沥青漆、聚酯漆、聚氨酯漆、醇酸漆、环氧树脂漆以及有机硅漆
甲苯	92.13	110.6	4	
二甲苯	106.08	135～145	29.5	
丙酮	58.05	56.2	9	醇酸漆、环氧树脂漆
环己酮	98	156.7	47	
乙醇	46.07	78.3	14	环氧树脂漆、酚醛漆
丁醇	74.12	117.8	35	聚酯漆、聚氨酯漆、环氧树脂漆、有机硅漆
甲酚	108	190～210	—	聚酯漆、聚氨酯漆
糠醛	96.08	161.8	60(开口杯法)	聚乙烯醇缩醛漆
乙二醇乙醚	90.12	135.1	40	聚酰亚胺漆
二甲基甲酰胺	73	154～156	—	
二甲基乙酰胺	87	164～167	—	

无溶剂浸渍漆又称无溶剂树脂，它是由合成树脂、固化剂和活性稀释剂等组成的。其特点是固化快，绝缘整体性好，在浸渍过程中挥发少，减少了对环境的污染，黏度随温度变化大，流动性和浸透性好。由于挥发少，绝缘层内无气隙，内层干燥性好，可提高导线之间的黏结强度和导热性。

常用的无溶剂浸渍漆主要有环氧型、聚酯型或环氧聚酯型。其品种、组成、特性及用途见表 4-13。

无溶剂浸渍漆工艺可采用沉浸、整浸和滴浸。不同的浸渍工艺对无溶剂漆的特性要求侧重不同。沉浸法要求漆的储存期长且固化快，从而减少漆在滴干和烘焙过程中的浪费。整浸法是将嵌好绕组的整个电机定子进行真空压力浸渍和旋转烘焙、固化，从而减少绕组在嵌线时受损，此法多用于中型高压电机整个浸渍，绝缘整体好，可提高绝缘结构的导热、耐潮和电气性能。整浸法要求漆的储存期长，挥发物少，电气性能好，尤其是介质损耗角正切值要小。滴浸法适用于批量生产的小型或微型电机绕组浸渍，浸渍处理的周期短，漆的浪费少，填充能力强，绝缘整体好。滴浸法要求漆的固化快，挥发物少。

表 4-13 常用无溶剂浸渍漆的品种、组成、特性及用途

名称	组成	耐热等级	特性及用途
聚丁二烯环氧聚酯无溶剂漆	聚丁二烯环氧聚酯，甲基丙烯酸聚酯，不饱和聚酯，邻苯二甲酸二丙烯酯，过氧化二苯甲酰，萘酸钴，对苯二酚	B	固化快，挥发物少，黏度低，耐热性较高，储存稳定性好。用于沉浸小型低压电机、电器线圈
环氧聚酯酚醛无溶剂漆 5152-2	6101 环氧树脂，丁醇改性甲酚甲醛树脂，不饱和聚酯，桐油酸酐，过氧化二苯甲酰，苯乙烯，对苯二酚	B	黏度低，击穿强度高，储存稳定性好。用于浸渍小型低压电机、电器线圈

续表

名称		组成	耐热等级	特性及用途
环氧无溶剂漆	110	6101环氧树脂，桐油酸酐，松节油酸酐，苯乙烯	B	黏度低，击穿强度高，储存稳定性好。用于浸渍小型低压电机、电器线圈
	672-1	672环氧树脂，桐油酸酐，苄基二甲胺	B	挥发物少，体电阻高，固化快。用于滴浸小型电机、电器线圈
	9102	618或6101环氧树脂，桐油酸酐，70酸酐，903或901固化剂，环氧丙烷丁基醚	B	挥发物少，体电阻高。用于滴浸小型电机、电器线圈
	111	6101环氧树脂，桐油酸酐，松节油酸酐，苯乙烯，二甲基咪唑乙酸盐	B	黏度低，击穿强度高，固化快。用于浸渍小型低压电机、电器线圈
	H30-5	苯基苯酚环氧树脂，桐油酸酐，二甲咪唑	B	同111
	594	618环氧树脂，594固化剂，环氧丙烷丁基醚	B	黏度低，体电阻高，储存稳定性好。用于浸渍中型高压电机、电器线圈
	9101	618环氧树脂，901固化剂，环氧丙烷丁基醚	B	黏度低，固化较快，体电阻高，储存稳定性好。用于浸渍中型高压电机、电器线圈
环氧聚酯无溶剂漆EIU		不饱和聚酯亚胺树脂，618和6101环氧树脂，桐油酸酐，过氧化二苯甲酰，苯乙烯，对苯二酚	F	挥发物少，黏度低，击穿强度高，储存稳定性好。用于沉浸小型F级电机、电器线圈
不饱和聚酯无溶剂漆319-2		二甲苯树脂，改性间苯二甲酸，不饱和聚酯，苯乙烯，过氧化二异丙苯	F	黏度较低，电气性能较好，储存稳定性好。用于沉浸小型F级电机、电器线圈

活性稀释剂是指黏度低且分子中含有活性基团的化合物，常用的苯乙烯、单环氧化合物和低黏度多环氧化合物等。其中，低黏度多环氧化合物的稀释能力强，挥发性少，使用范围较广。常用的环氧活性稀释剂品种、特性见表4-14。

表4-14　常用环氧活性稀释剂品种、特性

名称	型号	环氧值(每100g当量)	特性
环氧丙烷苯基酸	690	≥0.5	耐热性较好，易引起过敏
环氧丙烷丁基醚	501	0.5～0.65	弹性好，黏度低
环氧丙烷糠基醚	502	0.45～0.55	力学强度高
环氧丙烷异辛基醚	503	0.3～0.4	耐水性、耐腐蚀性好
乙二醇双缩水甘油醚	6508	>0.7	黏度低，挥发性小，柔韧性好
二缩水甘油醚	600	1.15～1.3	耐热性好
一缩乙二醇双缩水甘油醚	6509	>0.6	黏度低，挥发性小，柔韧性好
二氧化二戊烯	269	0.9～1	黏度低，沸点高，耐热性好

(2) 漆包线漆

漆包线漆是用于浸渍、涂覆金属导线的一种绝缘漆，用作电机、电器绕组电磁线的涂覆绝缘。由于电磁线在电机、电器线圈的制造和浸渍、烘焙过程中受到各种机械应力、热和化学的作用，要求漆包线漆具有附着力强、柔韧性好，有一定耐磨性和弹性，漆膜的电气性能好，耐溶剂性好，对导体无腐蚀作用。工艺上，漆包线是在高温下连续涂制的，所以要求漆包线漆固体含量高，黏度低，流平性好，固化成膜快，能适应涂线工艺的要求，同时还要求储存期长等。常用的漆包线漆有油性漆、缩醛漆、聚氨酯漆、聚酯漆、环氧漆、聚酯亚胺漆、聚酰胺酰亚胺漆、聚酰亚胺漆和特种漆包线漆等。各种漆包线漆品种、特性及用途见表 4-15。

表 4-15　各种漆包线漆品种、特性及用途

名　称	组　成	耐热等级	特性及用途
油性漆	甲酚或二甲酚树脂、干性植物油、松脂酸盐	A	耐潮性好、涂线工艺性好，高频下介质损耗小，耐溶性、耐刮性和耐热性差。用于涂制在潮湿环境下使用的中、高频电器、仪表或通信仪器的漆包线
缩醛漆	聚乙烯醇缩甲(乙)醛树脂、甲酚甲醛树脂、三聚氰胺树脂、二异氰酸酯	E	漆膜耐水性、耐油性、耐冲击性、耐刮性好。用于涂制高强度漆包线
耐制冷剂漆	聚乙烯醇缩甲(乙)醛树脂、甲酚甲醛树脂、三聚氰胺树脂、二异氰酸酯	A	耐制冷剂。用于涂制封闭式冷冻机的电机漆包线
自粘性漆	漆包线内层为聚酯树脂、缩醛树脂或环氧树脂，外层为聚乙烯醇缩丁醛树脂	E～B	这一类漆包线嵌线后经热烘即能黏合为一整体，不需浸漆。用于涂制中小型电机、电器、仪表的漆包线以及无支撑线圈用漆包线
自粘直焊漆	聚氨基甲酸酯树脂、聚酯树脂、二异氰胺酯	E	有直焊性，这一类漆包线嵌线后经热烘即能黏合为一整体，无需浸漆，但耐过负载能力差。用于涂制微型电机、仪表、无线电元件以及无支撑线圈用漆包线
无磁性漆	同自粘直焊漆	E	铁含量低，磁场对其影响极微。用于涂制精密仪表以及精密电器用漆包线
聚氨酯漆	同自粘直焊漆	E	着色性好，有直焊性，高频下介质损耗小，但过载性差。用于涂制要求 Q 值稳定的中高频小型线圈和仪表、电视用漆包线
环氧漆	环氧树脂、脲醛树脂	E	漆膜耐油、耐潮、耐碱、耐腐蚀性、耐水解性好，但耐刮性、弹性差。用于涂制油浸变压器、化工电器和潮湿环境下工作的电机漆包线
水溶性聚酯电泳漆	含水基团的聚酯树脂，用水作溶剂	B	可一次涂制成所需厚度漆膜，漆性能、用途与聚酯漆相同，用于涂制异型线材
聚酯漆	对苯二甲酸多元醇聚酯树脂	B	漆膜耐热、耐刮、耐溶剂性较好，耐电压和耐软化击穿性好，但耐碱、耐热冲击性较差，与含氯高聚物(如聚氯乙烯、聚丁橡胶)不相容。用于涂制中小型电机、电器、仪表、干式变压器等用漆包线
水散体聚酯漆	同水溶性聚酯电泳漆	B	同水溶性聚酯电泳漆
聚酯亚胺漆	聚酯亚胺树脂	F	耐热冲击性优于聚酯漆，其他性能与聚酯漆相同。用于涂制 F 级电机、制冷装置电机、电器、仪表、干式变压器等用漆包线
水乳性聚酯亚胺电泳漆	含亲水基团的聚酯亚胺	F	工艺性和水溶性与聚酯电泳漆相同

续表

名　　称	组　　成	耐热等级	特性及用途
聚酰胺酰亚胺漆	聚酰胺酰亚胺树脂	H～C	漆膜耐热、耐热冲击、耐软化击穿性好，且耐刮和耐化学药品腐蚀性好。与含氯高聚物不相容。用于涂制高温、重负荷电机、密封式电机、制冷设备电机、电器仪表、干式变压器用漆包线
聚酰亚胺漆	聚酰亚胺树脂	H～C	漆膜耐热、耐热冲击、耐软化击穿性好，可承受短期过载负荷，且耐辐射、耐溶剂及耐化学药品腐蚀性好。在含水的密闭系统中容易水解，漆膜受卷挠应力易产生裂纹，且耐碱性差。用于涂制耐高温电机、干式变压器、密闭继电器及电子元件用漆包线

(3) 覆盖漆

覆盖漆用于涂覆经浸漆处理的线圈和绝缘零部件，在其表面形成漆膜，作为绝缘保护层，防止机械损伤和受大气、润滑油、化学药品等的侵蚀，提高表面绝缘强度。覆盖漆分为瓷漆和清漆两种，含有颜料和填料的漆称为瓷漆，不含颜料和填料的漆称为清漆。按树脂分类，可分为醇酸漆、环氧漆和有机硅漆。环氧漆与醇酸漆相比，具有更好的耐潮性、耐霉性、内干性，附着力强，漆膜硬度高，广泛应用于工作在湿热地区的电机、电器零部件的表面覆盖。有机硅漆耐热性高，用作H级绝缘电机、电器的覆盖漆。瓷漆多用于线圈和金属表面涂覆。同一树脂的瓷漆比清漆的漆膜硬度大，导热、耐热和抗电弧性好，但其他性能稍差。覆盖漆的干燥方式有烘干和晾干。同一树脂的烘干漆优于晾干漆的性能。储存相对稳定，适宜烘焙部件的覆盖。

(4) 硅钢片漆

用硅钢片漆涂覆硅钢片的表面，可降低电机、电器等铁芯的涡流损耗，增强防锈和耐腐蚀等能力，涂覆后的硅钢片需经高温短时烘干。硅钢片漆覆盖的特点是涂层薄，附着力强，漆膜硬度高，光滑、厚度均匀，并且有良好的耐油性、耐潮性和电气性能。

(5) 防电晕漆

防电晕漆是由绝缘清漆和金属粉末（如石墨、炭黑、碳化硅等）经一定工艺混合而成的，有时还加有填料，它主要用作高压线圈防电晕的涂层。其电阻率稳定，附着力强、耐磨性好、干燥速度快、储存稳定性好。防电晕漆可分为高电阻率漆和低电阻率漆两类，高电阻率防电晕漆用于大型高压电机线圈的端部，低电阻率防电晕漆用于大型高压电机端部。防电晕漆可单独涂在线圈表面，也可涂在石棉带、玻璃布带上，再包扎在线圈外层与主绝缘一起成型。

4.5.2　绝缘胶及应用

绝缘胶是一种无溶剂可聚合液体树脂体系。它以液体（或可流动的糊状物）的形态施用于电气部件上，经适当方法固化后，可对该电器部件提供电气、机械和环境的保护作用。这类材料可由一种或几种化学活性成分构成。其组成中可以含有较多的填料，也可以不含填料。其在使用前的状态可以是液体，也可以是半固体或固体。但在使用时必须是具有较好的流动性的液体或糊状物，在加热或室温下固化成坚实的固体绝缘物。绝缘胶广泛应用于浇注20kV及以下电流互感器、10kV及以下电压互感器、某些干式变压器、电缆终端和连接盒、密封电子元件和零部件等。它的特点是适形性和整体性好，能提高产品耐潮、导热和电气性能。绝缘胶可分为电器浇注胶和电缆浇注胶。

（1）电器浇注胶

电器浇注胶的配制配方和固化工艺，应根据结构、外形几何尺寸、技术条件和使用环境而定。浇注一般户内或工作温度不高的电器，可用双酚 A 型环氧树脂或聚酯树脂。浇注户外或在高温下工作的电器，可用酯环族环氧树脂或用几种环氧树脂混合配胶，同时采用酸酐或芳香族固化剂固化。

配制电器浇注胶常用的添加剂包括常用增塑剂和填充剂。适量的增塑剂可降低脆性，提高抗弯和冲击强度，常用增塑剂为聚酯树脂，一般用量为 15%～20%。填充剂的加入能减少固化物的收缩率，提高热导率、注形稳定性、耐腐蚀性和机械强度，降低成本。石英粉是比较理想的填充剂。

要掌握浇注的工艺要点，配制浇注胶时应充分搅拌均匀并尽可能消除气泡；模具在浇注前要预热，浇注过程中要注意排气并及时补满胶料；固化成型可采用分阶段升温，减少胶的流失，同时可避免因固化不均匀产生应力导致开裂；固化以及脱模时间应依浇注产品的大小、几何形状复杂程度的不同而定。

（2）电缆浇注胶

电缆浇注胶有环氧树脂型、沥青型、松香酯型三类。其组成、性能及用途见表 4-16。

表 4-16 电缆浇注胶的组成、性能及用途

名称	主要成分	软化点/℃	收缩率(150℃→20℃)/%	击穿电压/kV·(2.5mm)$^{-1}$	性能及用途
环氧电缆胶	环氧树脂、石英粉、聚酰胺树脂	—	—	>82	密封性好，电气、力学性能高。用于浇注户内 10kV 及以下电缆终端，且体积小，结构简单
黑电缆胶	石油沥青、机油	65～75 或 85～95	≤9	>35	耐潮湿性好。用于浇注 10kV 及以下电缆连接盒和终端
黄电缆胶	松香或松香甘油酯、机油	40～50	≤8	>45	抗冻裂性好，电气性能较好。用于浇注 10kV 及以上的电缆连接盒和终端

4.5.3 熔敷绝缘粉末及应用

熔敷绝缘粉末是由环氧树脂、不饱和聚酯树脂、聚氨酯树脂等为基料与固化剂、填料、增塑剂、颜料等配制而成的一种粉末状绝缘材料。熔敷粉末树脂用流化床涂敷或用静电涂敷工艺涂敷各种零部件，涂敷工艺简便，效率高，易于实现机械化生产，其特点是，在高于树脂熔点的温度下，它能均匀地涂敷在零部件表面，烘干后能形成厚度均匀、光滑平整、黏合紧密的绝缘涂层。为了使树脂完全固化，涂敷零部件需进行后固化处理，完全固化后的绝缘涂层导热性好，具有耐潮、耐腐蚀，并可进行切削加工的特性。可用作低电压电机的槽绝缘、绕组线圈端部绝缘以及零部件的防腐涂敷材料。

在使用熔敷绝缘粉末时应注意，零部件在熔敷前要清洗干净，除去毛刺，这是保证质量的关键。熔敷好的零部件烘焙时要避免碰撞，若发现碰伤要立即修补。在进行耐电压试验有击穿时，也可用熔敷绝缘粉末修补，然后按工艺要求进行烘焙。熔敷绝缘粉末不使用时应密封保存，可在容器中放入干燥剂，防止粉末受潮结块。

4.6 云　　母

在绝缘材料中，云母及其制品被广泛应用。云母的品种有天然云母、合成云母、粉云母、云母箔、云母玻璃等。

4.6.1 天然云母

天然云母是属于铝代硅酸盐类的一种天然矿物，它的种类很多，在绝缘材料中，占有重要地位的仅白云母和金云母两种。白云母具有剥离光泽，一般无色透明。金云母近于金属或半金属，常见的有金黄色、棕色或浅绿色等，透明度稍差。

白云母和金云母具有良好的电气性能和力学性能，耐热性好，化学稳定性和耐电晕性能好。两者相比，白云母的电气性能比金云母好，但金云母更柔软一些，耐热性能也比白云母好。

按用途，云母一般又可分为云母薄片（或称薄片云母）、电容器用云母片和电子管用云母片几类。云母薄片的级别和用途、面积、厚度组别分别见表4-17～表4-19。电容器及电子管用云母片的面积、厚度、规格见表4-20。

表4-17　云母薄片的级别和用途

级别	磁铁矿、褐铁矿斑点所占面积的比例/%	用　　途
特级	无	用于高压、大型电机主绝缘和标准电容器、电子管绝缘
甲级	10	用于电压不高的中型电机主绝缘和一般电器绝缘
乙级	25	用于低压电机、电器绝缘
丙级	50	

表4-18　云母薄片的面积规格

规格编号	最大矩形面积/cm²	规格编号	最大矩形面积/cm²
#3	>65	#6	15～20
#4	50～65	#6 $\frac{1}{2}$	10～15
#4 $\frac{1}{2}$	40～50	#7	6～10
#5	30～40	#8	4～6
#5 $\frac{1}{2}$	20～30		

表4-19　云母薄片的厚度组别

规 格 编 号	组　　别	厚度/μm
#3#4#4 $\frac{1}{2}$ #5#5 $\frac{1}{2}$ #6#6 $\frac{1}{2}$ #7	Ⅰ	10～20
#3#4#4 $\frac{1}{2}$ #5#5 $\frac{1}{2}$ #6#6 $\frac{1}{2}$ #7	Ⅱ	20～30
#8	Ⅲ	5～35

表 4-20 电容器及电子管用云母片的面积、厚度、规格

规格编号	电容器用云母片		电子管用云母片	
	面积[1]/cm^2	厚度[2]/μm	直径[3]/mm	厚度/mm(以上)
#1	>155	①20～25 ②26～35 ③36～45 ④46 以上	18	0.2
#2	90～155		20	0.2
#3	65～90		25	0.25
#4	40～65		30	0.25
#5	20～40		50	0.3
#6	10～20		70	0.3
#7	6～10		80	0.3
#8			100	0.3
#9			119	0.3

① 云母的最大矩形面积。
② #1～#9 每一规格编号的云母片，均有四种厚度规格。
③ 在云母片上的有效面积内可冲剪出零件的直径。

4.6.2 合成云母和粉云母

(1) 合成云母

目前制造的合成云母主要是氟金云母，它是天然云母的拟似物，由于氟金云母无结晶水，纯净度高，其耐热性、抗热冲击性和介电性能均优于天然云母。合成云母与天然云母的性能比较见表 4-21。

表 4-21 合成云母与天然云母的性能比较

性能参数		白云母	金云母	合成云母(氟金云母)
密度/$g \cdot cm^{-3}$		2.65～2.7	2.3～2.8	2.6～2.8
耐热性/℃		600～700	800～900	1100
吸潮性/%		0.02～0.65	0.1～0.77	0～0.16
线胀系数(200～500℃)/$10^{-6}℃^{-1}$		19.8	18.3	19.9
相对介电常数	20℃,50Hz	5.4～8.7	—	6.5
	20℃,10^6Hz	5.4～8.7	5.6～6.3	6.5
介质损耗角正切	20℃,50Hz	0.0025	—	0.002～0.004
	20℃,10^6Hz	0.0001～0.0004	0.0003～0.0007	0.0001～0.0003
体积电阻率/$\Omega \cdot cm$		10^{14}～10^{16}	10^{13}～10^{15}	10^{16}～10^{17}
击穿电压/kV	20μm	4	3	4.5
	50μm	5	4	7.5
化学稳定性		除氢氟酸外,可耐大多数化学物品	耐酸能力弱,碱的作用很小	较天然云母好,具有高度的耐油、耐高压和耐温水性能

(2) 粉云母

粉云母也称粉云母纸，有 501、502、503 和 504 四个型号。其中，501 型、503 型的渗透性好，适用于制作云母带和柔软云母板；502 型、504 型含有微量白明胶，渗透性稍差，但机械强度高，适用于制作硬质云母板。此外，还有一种大鳞片粉云母纸，这种粉云母纸的鳞片较大，力学性能和抗切通性高于一般粉云母纸，它适宜制作硬质粉云母板和少胶、中胶

粉云母纸。合成云母也可制造粉云母纸。

国际电工委员会（ICE）规定了粉云母纸的类型如下：MPM1，煅烧白云母纸，化学处理；MPM2，煅烧白云母纸，机械处理；MPM3，非煅烧白云母纸。

4.6.3　云母制品及应用

云母制品由云母或粉云母、胶黏剂和补强材料组成。胶黏剂主要有沥青漆、虫胶漆、醇酸漆、环氧树脂漆、有机硅漆和磷酸胺水溶液等。补强材料主要有云母带纸、电话纸、绸和无碱玻璃布。

云母制品主要有云母带、云母板、云母箔、云母管和云母玻璃。

（1）云母带

云母带是由胶黏剂黏合云母薄片或粉云母纸与补强材料，经烘干、分切制成的带状绝缘材料。云母带在室温下具有柔软性和可绕性，在冷热态下力学性能与电气性能好，耐电晕性好，可连续包绕电机线圈，另外还可以作为耐火电缆的绝缘。

粉云母带厚度均匀、柔软，电气、力学性能良好。使用粉云母带时，应根据不同胶黏剂的胶化时间不同，确定其成型工艺。当胶黏剂的胶化温度在 200℃±2℃的情况下，时间为 1～3min 时，成型温度为 160～170℃，模压时间为 3～6h，液压时间为 7～10h。增加绝缘厚度，成型时间适当延长。云母带及粉云母带的品种、性能及用途见表 4-22。

表 4-22　云母带和粉云母带的品种、性能及用途

名称 （型号）	耐热等级	厚度 /mm	云母含量 /%	胶含量 /%	击穿强度 /$\text{kV}\cdot\text{mm}^{-1}$	抗拉力 /N	特性及用途
沥青绸云母带 （5032）	A～E	0.13 0.16	—	—	16～25	50～60	柔软性、防潮性和介电性能好，储存期较长，但绝缘厚度偏差大，耐热性差，用于高压电机主绝缘
沥青玻璃云母带 （5034）	E	0.13 0.16	—	—	16～25	50～100	
醇酸纸云母带 （5430）	B	0.10,0.13 0.16	—	—	16～25	30～60	耐热性较好，防潮性较差。用于直流电机电枢线圈和低压电机线圈的绕包绝缘
醇酸绸云母带 （5432）	B	0.13 0.16	—	—	16～25	50～100	
醇酸玻璃云母带 （5343）	B	0.10,0.13 0.16	≥45	15～30	16～25	80～137	
环氧聚酯玻璃粉云母带 （5437-1）	B	0.14 0.17	—	—	16～25	70～140	热弹性较好，储存期较长，但介质损耗较大，不宜作高压电机主绝缘
环氧玻璃粉云母带（5438-1）	B	0.10,0.14 0.17,0.20	—	—	35～45	100～190	电气性能、力学性能较好，用于高压电机主绝缘
硼铵环氧玻璃粉云母带（9438-1）	B	0.11 0.13	≥37	28～40	24～45	98～190	电气性能、力学性能较好，用于高压电机主绝缘
钛改性环氧玻璃粉云母带（9541）	B	0.14 0.17	—	—	24～45	100～200	柔软性好，固化时间长，用于液压成型的高压电机线圈主绝缘

续表

名称（型号）	耐热等级	厚度/mm	云母含量/%	胶含量/%	击穿强度/$kV \cdot mm^{-1}$	抗拉力/N	特性及用途
有机硅玻璃粉云母带(5450)(5450-1)(5450-2)	H	0.10,0.13 0.16	≥40	≥15	16～25	80～166	耐热性好，用于耐高温电机绝缘
	H	0.14,0.17	≥37	≥20	16～30	80～166	
	H	0.10,0.13 0.16	≥40	15～35	16～20	68～166	

（2）云母板

云母板是由胶黏剂黏合云母片或粉云母片与补强材料，经烘干或烘焙热压而成。根据使用要求，选用不同的材料组成，可以制成满足不同要求的云母板。

柔性云母板在室温下柔软，可弯曲。塑性云母板在室温下坚硬，加热后变软，可塑制成绝缘件。换向器云母板含胶量低，在室温下坚硬，压缩性小，厚度均匀。衬垫云母板的性能及特性与换向器云母板相近。

（3）云母箔和云母管

云母箔是用热固性胶黏剂黏合云母或粉云母纸与补强材料，在低温低压下经烘焙或烘焙压制成的弹性板材。同云母板比较，厚度较薄，在室温下具有一定的弹性和柔软性，在一定的温度下具有可塑性。用于电机、电器卷烘绝缘和模压成型（磁极）绝缘。

云母管一般长度为300～500mm，直径为6～300mm，主要用作电机、电器的引出线绝缘和电极绝缘套管。

（4）云母玻璃

云母玻璃是由云母粉与低熔点硼铅玻璃粉混合后，经热熔模压成型的硬质板材。云母玻璃的耐热性和耐电弧性好，主要用作高压电器的耐弧、耐高温绝缘材料。其质地坚硬，加工时要采用高速钢或砂轮刀具。

4.7 其他绝缘制品

4.7.1 绝缘纸品及分类

绝缘纸品和其他绝缘材料相比，其特点是价格低廉，物理性能、化学性能、耐老化等综合性能良好。电工用绝缘纸和纸成型绝缘件是电缆、变压器、电力电容器等产品的关键材料，也是层压制品、复合制品、云母制品等绝缘材料的基材和补强材料。通常把标重在$225g/m^2$以下的称为绝缘纸，把标重在$225g/m^2$以上的称为绝缘纸板。绝缘纸主要有植物纤维纸和合成纤维纸。

4.7.1.1 植物纤维纸

植物纤维纸是以木材、棉花等为原料，经制浆造纸而成。电缆纸、电容器纸和电话纸都属此类。

（1）电缆纸

电缆纸是生产油—纸绝缘的关键材料，它是由本色硫酸盐木浆制成的。电缆纸的力学、电气性能好，纵向拉伸强度大，击穿强度可达60kV/mm，损耗角正切小，耐油性好，油纸绝缘耐热温度为95℃。电缆纸有高压电缆纸、低压电缆纸两大类。

（2）电容器纸

电容器纸是制造电力电容器的绝缘介质材料，其特点是厚度薄而均匀，紧度大，在油浸状态时击穿强度高，损耗因数小，相对介电常数大，一般情况下，相对介电常数在 2～4 之间。电容器纸厚度规格多，高压电力电容器常选用 10～100μm 厚的电容器纸。制造时，通常是多层卷包，以承受额定工作电压。

（3）电话纸、卷绕纸

电话纸和卷绕纸一般是由硫酸盐木浆制造的。电话纸主要用于通信电缆的绝缘，也可作为云母箔的补强材料用于电机绝缘。卷绕纸主要用于电力变压器油纸绝缘，制造绝缘管、绝缘筒，也用于包缠电器、无线电零部件。

（4）合成纤维纸及选用要求

合成纤维纸是以合成纤维的短切纤维与沉析纤维为原料，经混合制浆、拉纸而成。短切纤维是用合成树脂加热喷丝，在凝固液中定型，经过冷、热拉伸后，剪切成短切纤维。沉析纤维是用合成树脂与沉析剂、溶剂和水，在沉析机中剪切成具有植物纤维特性的纤维材料。合成纤维纸经热压定型后，力学强度高，厚度均匀性好，未经热压定型的合成纤维纸比较软，吸收性好。

合成纤维纸有聚芳酰胺纤维纸、聚芳砜酰胺纤维纸、聚噁二唑纤维纸、聚酯纤维纸。合成纤维纸的性能数据见表 4-23。

表 4-23　合成纤维纸性能参数

性能项目		聚芳酰胺纤维纸	聚芳砜酰胺纤维纸	聚噁二唑纤维纸	聚酯纤维纸
厚度/mm		0.08～0.09	0.15±0.015	0.16±0.01	0.08～0.09
密度/g·cm^{-3}		0.9±0.02	0.92	1.03	
定量/g·m^{-2}		70～80	158.4	169	28～32
收缩率/%		<2	<2	≤1	12～18
抗张力/N	横向	>40	96	107.4	12～18
	纵向	>20	74.2	76.6	1～3.5
伸长率(纵横向)/%		>5			15～40
抗撕强度(纵向)/N		>1.5			
体积电阻率/Ω·cm	常态	1×10^{15}	2.6×10^{16}	2.2×10^{15}	
	180℃		7.8×10^{14}	2.3×10^{14}	
	受潮 48h 后	1×10^{11}	8.2×10^{13}	1.8×10^{14}	
	浸水 24h 后		$\leqslant10^{8}$	$\leqslant10^{8}$	
表面电阻率/Ω	常态		2.0×10^{13}	4.9×10^{13}	
	受潮 48h 后		5.6×10^{11}	8.8×10^{11}	
击穿强度/kV·mm^{-1}	常态		22	20	
	在变压器箱中		34	27	
	弯折后		10		
	180℃		19.6	16	
	浸水 24h 后		5.3	2.1	
	受潮 48h 后		18	14	

使用合成纤维纸的性能要求如下。

① 检查纸的灰分　纸中的无机杂质有的是机械灰分，有的则与纤维物质中的酸性基团的氢交换结合在纤维上。吸附、混合和化合的灰分可以用稀酸处理除去，但由原木带入的二氧化硅等惰性灰分则很难除去。应经常控制无机杂质含量的总和，根据要求，在纸生产过程中采用净化水、加强浆料的筛选、洗涤及酸处理可以达到不同的除灰程度。用稀酸处理可以使纸的灰分降到 0.1%～0.15%，若采用电渗析的方法可降到 0.1%以下。

② 纸中的铜、铁含量　纸中呈质点状态存在的铜、铁对其电气性能的影响较小。如果含量大会加速绝缘油的氧化，从而降低使用寿命。有的绝缘纸对铜、铁含量有一定限制，高压或超高压的绝缘纸处理严格，控制钠离子含量足以保证铜、铁离子含量在允许的范围内。

③ 纸中的钠离子含量　为降低纸的高温介质损耗，需限制钠离子含量。通常，绝缘纸含钠 100mg/kg 以上，而经过稀酸处理及脱盐水洗涤，可以降至 20～50mg/kg，进一步处理能降至 5～10mg/kg。

④ 纸中的水抽出物酸碱度　pH 值在一定程度上反映出纸的自由氢离子和自由羧基的数量，一般要求控制纸中的水抽出物 pH 值在中性范围 6～8。但为更确切反映纸中这两种离子的含量，可以用容量法测定纸的水抽出物中 H^+ 和 OH^- 的数量，然后换算为相应的 $NaOH$ 或 H_2SO_4 的含量来表示，这就是所说的酸碱度。对于绝缘纸来说，无论是偏酸或偏碱都会恶化纸的热稳定性，同时会影响绝缘油的质量。

⑤ 纸中的水抽出物氯化物的含量　纸中氯离子和硫酸根离子的数量将影响纸的老化性能以及对导电金属导体的腐蚀，因氯化物的测定比硫酸根的测定简单且准确，通常多控制纸中氯化物的含量。

⑥ 纸中的水抽物电导率　该项指标反映了纸中总电解质含量，纸中含电解质的质量越多，纸的水抽出物电导率就越高。因为电导率是一项综合性的指标，并不能准确、灵敏地反映纸中离子含量的变化，对于化学纯度要求高的绝缘纸尚需测试其他性能指标。

4.7.1.2　绝缘纸板

绝缘纸板由木质纤维或掺入棉纤维的混合纸浆经过抄纸、轧光而成。掺有适量棉纤维的纸板拉伸强度和吸油量较高，可用作空气和不高于 90℃的变压器油中的绝缘材料和结构保护材料。根据不同的原材料配方和使用要求，绝缘纸板可分为 50/50 型和 100/100 型两种型号。

50/50 型纸板的组成是木质纤维和棉纤维各占 50%，它有良好的抗弯曲性和耐热性，可用作电机、电器绝缘和结构保护材料，也用于耐震绝缘零部件等。

100/100 型纸板不掺棉纤维，有薄型和厚型两种。薄型纸板的厚度小于 500μm，通称青壳纸或黄壳纸，与聚酯薄膜制成复合制品，用作 E 级电机的槽绝缘，也可用作绕线间绝缘保护层。厚型纸板可制作某些绝缘零件和用作保护层。

4.7.1.3　硬钢纸板、钢纸管

(1) 硬钢纸板

硬钢纸板通称反白板，是由无胶棉纤维厚纸经氯化锌处理后，用水漂洗，再经热压而制成。硬钢纸板结构紧密，有良好的机械加工性，适用于制作小型低压电机的槽楔、电器的绝缘结构零部件。

(2) 钢纸管

钢纸管又称反白管，是由经过氯化锌处理的棉纤维卷绕后，用水漂洗而制成的，具有良好的机械加工性，在 100℃下长期工作，其外形及理化性能没有明显的变化，且吸油性小，

灭弧性好，主要用于熔断器、避雷器等电器的管壳、电机引线套管等。

（3）玻璃钢复合钢纸管

玻璃钢复合钢纸管又称高压消弧管，用浸有环氧树脂或聚酯树脂的无捻玻璃纤维用湿法缠绕在钢纸管上制成。它具有很好的灭弧能力和良好的电气性能，机械强度较高，能承受1000～2000 个大气压，而且耐热、耐潮、耐寒、耐日光照射。玻璃钢复合钢纸管可用作10～110kV 熔断器和避雷器的消弧管。

4.7.2 复合制品

电工用复合制品又称柔软复合材料，是在薄膜的一面或两面黏合电工绝缘纸板、玻璃漆布、合成纤维纸等制成，或者两面是薄膜，中间为石棉纸、玻璃布的结构。绝缘纸板中的其他纤维材料的作用是增加薄膜的机械强度，并保持良好的柔软性，提高耐热性。纤维纸有优良的吸附性，运行时可避免产生位移。薄膜还具有优良的介电性能，可弥补纤维制品介电强度的不足。经复合的柔软材料，可以满足介电性能、力学性能和应用工艺性能要求，适用于电机、电器、变压器以及家用电器、电子设备的槽绝缘、相间绝缘、衬垫绝缘和导线绝缘。采用柔软复合材料作为绝缘材料，可减薄绝缘层厚度缩小电机尺寸，重量下降 20%～40%。例如，一般的 A 级电机采用 H 级绝缘后体积缩小 30%～50%，同时节约钢材 20%，硅钢片 30%～40%，铸铁 25%，电机使用寿命可延长几倍到十几倍，有着显著的经济效益。

4.7.3 绝缘薄膜

电工用绝缘薄膜通常是指使用于电工领域的厚度在 0.006～0.5mm 的薄片材料。它是由各种不同特性的高分子聚合物制成的，可适应不同的用途。其共同的特点是：膜薄、柔软、耐潮，电气性能、力学性能和物理化学性能好。薄膜主要用作电机和电线电缆绕包绝缘以及电容器介质。

电工常用的合成树脂薄膜主要有以下几种。

（1）聚丙烯薄膜

聚丙烯薄膜可拉伸 0.006mm 或更薄的材料，具有较高的电气性能、力学性能和化学稳定性，介质损耗小于电容器纸，而击穿强度约是电容器纸的 10 倍，比其他薄膜都轻，采用它与电容器纸组合介质的电力电容器比采用纸介质的电力电容器体积小而轻。

（2）聚酯薄膜

聚酯薄膜可工作在温度－60～120℃的环境中，具有较高的拉伸强度、较高的电阻和击穿强度，耐有机溶剂好，但易醇解和水解，耐碱性和耐电晕性差。

（3）聚萘酯薄膜

聚萘酯薄膜的耐热性、耐酸、耐碱、耐芳香胺比聚酯薄膜好，且弹性模量高，断裂伸长率小，在高温下易水解，其水解速度比聚酯薄膜慢，有优良的耐气候性。

（4）聚酰亚胺薄膜

聚酰亚胺薄膜具有优良的耐高温和耐低温性能，可长时间工作在 250℃的环境下，即使在 400℃中也可以工作数小时，当温度超过 800℃时，薄膜出现炭化，但不燃烧，在液氮温度下能保持柔软性，能耐所有的有机溶剂和酸，但不耐碱，也不宜在油中使用。聚酰亚胺薄膜具有较好的耐磨、耐电弧、耐高能辐射等特性。

（5）聚四氟乙烯薄膜

聚四氟乙烯薄膜可在−250～250℃的环境下工作，具有优良的耐热性和耐寒性，当温度超出300℃时，其性能明显下降。该薄膜具有优良的电气性能和化学稳定性能，且介质损耗小，并且在很宽的温度和工作频率范围内变化极微，在电弧作用下不炭化，但置于某些卤化胺及芳香族碳氢化合物中有微小的溶胀现象，碱金属和氟元素在高温下对它具有明显的腐蚀作用。在高温下拉伸强度具有较大幅度的下降，且伸长率增大，相反，在低温下拉伸强度上升，伸长率也随之降低。使用时需采用特殊的胶黏剂黏合。

(6) 聚苯乙烯薄膜

聚苯乙烯薄膜是非极性电介质，具有良好的电气性能，介质损耗小，并且在很宽的范围内变化不大，该薄膜耐热性和柔软性差，且脆，抗冲击和抗撕裂强度低。

(7) 聚乙烯薄膜

聚乙烯薄膜的长期工作温度为70℃，因此耐热性较差，该薄膜力学性能也较差，适用于通信电线和电力电缆护层。

4.7.4 绝缘粘带

电工用绝缘粘带有薄膜粘带、织物粘带和无底材粘带三类。薄膜粘带是在薄膜的一面或两面涂以胶黏剂，经烘焙、切带而成。薄膜粘带所用胶黏剂的耐热性一般应与薄膜相匹配。织物粘带是以无碱玻璃布或棉布为底材涂以胶黏剂，经烘焙、切带而成。

绝缘粘带的绝缘工艺性好，使用方便，适用于电机、电器线圈绝缘和包扎固定以及电线接头的包扎绝缘等。

4.7.5 绝缘层压制品

电工用绝缘层压制品是由浸渍纤维、纤维织物或玻璃布为底材，浸（或涂）以不同的（热固性树脂）胶黏剂，经浸渍、层压、卷制、模压或真空压力浸渍等成型方法，制成各种层状结构的绝缘材料，主要包括层压板、层压管（筒）和棒、电容套管和其他特种型材。层压制品的性能取决于所选用底材的不同和胶黏剂的性质以及成型工艺，一般都具有优良的力学和电气性能，以及良好的耐热、耐油、耐霉、耐电弧、防电晕等特性。

常用的底材有木纤维纸、棉纤维纸、棉布和无碱玻璃布。木纤维纸浸渍性好，适用于压制层压纸板、层压棒和卷制层压纸管（筒）及电容套管芯等；无碱玻璃布耐高温，电气性能、力学性能和化学稳定性优良，但浸渍性差，黏结力差，经过表面处理可提高其抗剪性能和黏合强度，适用于作B、F及H级绝缘层压制品的底材；棉布层压制品的粘合强度高，耐磨和易于机械加工，但耐热性、电气性能和力学性能不如无碱玻璃布层压制品，电气性能和高频性能不如纤维纸层压制品；棉纤维纸适用于压制冷冲剪板。

常用的胶黏剂有酚醛树脂、环氧酚醛树脂、二聚氰胺树脂、有机硅树脂、聚二苯醚树脂和聚酰亚胺树脂等。电工用层压制品对耐热等级与力学、电气性能和耐电弧等要求的不同，选用的胶黏剂和胶合量也不相同。例如，环氧酚醛树脂制成的玻璃布层压制品，具有优良的电气性能和力学性能，热变形温度较高；有机硅树脂和二苯醚树脂制成的玻璃布层压制品具有很高的热态力学性能、电气性能和热变形的温度。

(1) 绝缘层压板

电工用绝缘层压板包括层压纸板、层压布板、层压玻璃布和其他特种层压板（如敷钢箔板和防电晕层压板等）四类。电工用绝缘层压板的品种、组成、特性和用途见表4-24。

表 4-24　电工用绝缘层压板的品种、组成、特性和用途

名称	组成		耐热等级	特性和用途
	底材	胶黏剂		
酚醛层压纸板 (3020) (3021)	浸渍纸	甲酚甲醛树脂	E	电气性能好，耐油性好。用于电工设备的绝缘结构件，并可在变压器油中使用
酚醛层压纸板 (3022) (3023)	浸渍纸	苯酚或甲酚甲醛树脂	E	机械强度高，耐油性好。用途同 3020
酚醛层压布板 (3025)	棉布	苯酚或甲酚甲醛树脂	E	机械强度较高。用于电器设备中的绝缘构件，并可在变压器油中使用
酚醛层压布板 (3027)	棉布	苯酚或甲酚甲醛树脂	E	电气性能好，吸水率小。用作高频无线电设备中的绝缘结构件
酚醛层压玻璃布板 (3230)	无碱玻璃布	苯酚或甲酚甲醛树脂	B	力学性能及耐水和耐热性能比层压纸板、层压布板好，但黏合强度低。用途同 3020
苯胺酚醛层压玻璃布板 (3231)	无碱玻璃布	苯胺酚醛树脂	B	电气性能和力学性能比酚醛玻璃布板的好，黏合强度与棉布板相近。可代替棉布板用于电机、电器中的绝缘结构件
环氧酚醛层压玻璃布板 (3240)	无碱玻璃布	环氧酚醛树脂	F	具有很高的机械强度，电气性能较好，耐热性和耐水性较好，浸水后的电气性能也较稳定。用于要求机械强度高、介电性能优良以及耐水性好的电机、电气设备中的绝缘结构件，也可在变压器油中使用
有机硅环氧层压玻璃布板 (3250)	无碱玻璃布	有机硅环氧树脂	H	机械强度高，电气性能和耐热性能优良，用作工作在高温湿地区的 H 级电机、电器绝缘结构件
有机硅层压玻璃布板 (3251)	无碱玻璃布	有机硅树脂	H	耐热性较好，电气性能和力学性能与 3230 相近，能抗化学药品的腐蚀，耐辐射。用于 H 级电器绝缘结构件
聚二苯醚层压玻璃布板	无碱玻璃布	聚二苯醚树脂	H	具有优良的耐热性和力学性能，抗腐蚀耐辐照并能熄灭电弧。用于 H 级电机、电器绝缘结构件
聚胺酰亚胺玻璃布板	无碱玻璃布	聚胺酰亚胺树脂	H	具有优良的力学性能和电气性能，耐热、耐辐照。用途同 3250
聚酰亚胺层压玻璃布板	无碱玻璃布	聚酰亚胺树脂	C	具有优良的耐热性能，耐辐照。用途同 3250
酚醛纸敷铜箔板 (3420 双面) (3421 单面)	棉纤维纸	酚醛树脂	E	具有优良的力学性能、电气性能和机械加工性能，且具有较高的抗剥强度。用于无线电、电子设备和其他设备中的印刷电路板
环氧酚醛玻璃布敷铜箔板 (3440 双面) (3441 单面)	无碱玻璃布	环氧酚醛树脂	F	具有优良的力学性能、电气性能和耐水性能，且具有较高的抗剥强度。用于制造工作温度较高的无线电、电子设备和其他设备中的印刷电路板
防电晕环氧玻璃布板	无碱玻璃布	加有导电材料的环氧酚醛树脂	F	电阻阻值较低且稳定。用于制作高压电机（槽都是防电晕材料）

(2) 绝缘层压管、棒及应用

绝缘层压管、棒是选用成卷的浸涂合成树脂的配料（底材为纸、布和玻璃布三类），经卷制和热处理制成的管、棒状绝缘材料。绝缘层压管、棒可加工成各种螺纹的绝缘结构件。绝缘层压管、棒的品种、组成、特性和用途见表 4-25。

表 4-25　绝缘层压管、棒的品种、组成、特性和用途

名称		组成		耐热等级	特性和用途
		底材	胶黏剂		
酚醛	(3520)	卷绕纸	苯酚甲醛树脂	E	电气性能良好。可用作电机、电器绝缘结构件。可在变压器油中使用
纸管	(3522)	卷绕纸	苯酚甲醛树脂	E	电气性能良好，介质损耗较小。用作无线电和电信装置中的绝缘结构件
纸管	(3523)	卷绕纸	苯酚甲醛树脂	E	具有良好的机械加工性。用途同3520
酚醛布管	(3526)	煮炼布	苯酚甲醛树脂	E	电气性能良好，有较高的机械强度。用途同3520
环氧酚醛玻璃布管	(3640)	无碱玻璃布	环氧酚醛树脂	B～F	具有良好的电气性能和力学性能，较好的耐热性和耐潮性。可用作电机、电器绝缘结构件，并可在强电场环境或变压器油中使用
有机硅玻璃布管	(3650)	无碱玻璃布	改性有机硅树脂	H	具有优良的耐热性和耐潮性。可用作H级电机、电器绝缘结构件

(3) 电容绝缘套管芯

电容绝缘套管芯是以绝缘卷缠绕纸为基材，浸涂合成树脂的上胶纸，卷制时按图纸规定的直径加入涂胶铝箔作为电极，经烘焙热处理后加工到图纸要求的尺寸而成。套管芯表而浸涂防潮耐油绝缘漆。电容套管芯实质上是一组以胶纸为电介质，以铝箔为电极的串联电容器，接入高压电场中起均压作用。高压套管 35kV 电压以下多用纯瓷管和充油套管，35kV 电压及以上多采用胶纸套管芯（又称高压套管）。随着全封闭电器的发展，充气套管和浇注树脂套管正在发展。

高压绝缘套管的分类见表 4-26。

表 4-26　高压绝缘套管的分类

特性		类型	结构说明
主绝缘结构	电容式	胶纸	用胶纸作为主绝缘材料，在其内部设置若干个电极以均匀电场分布的套管
主绝缘结构	电容式	油纸	用油浸纸作为主绝缘材料，在其内部设置若干个电极以均匀电场分布的套管
主绝缘结构	电容式	浇注树脂	用浇注树脂作为主绝缘材料，在其内部设置若干个电极以均匀电场分布的套管
主绝缘结构	电容式	气体或绝缘液体	用气体或绝缘液体作为主绝缘材料，在其内部设置若干个电极以均匀电场分布的套管
主绝缘结构	电容式	复合式	同时兼有电容部分和非电容部分的充气、充液或充树脂套管
主绝缘结构	非电容式	气体绝缘	瓷套内部充以 SF_6 等压缩气体作为主绝缘的套管
主绝缘结构	非电容式	液体绝缘	在瓷套内部充以绝缘油作为主绝缘的套管
主绝缘结构	非电容式	浇注树脂绝缘	仅以树脂(或兼以空气)作为内外绝缘的套管
主绝缘结构	非电容式	纯瓷	仅以电瓷(或兼以空气)作为内外绝缘的套管

4.7.6　绝缘橡胶制品

橡胶是一种分子链为无定形结构的高分子聚合物，富有弹性和较大的伸长率。橡胶按其来源来分有天然橡胶和合成橡胶。

4.7.6.1　天然橡胶

天然橡胶是非极性橡胶，是由橡树割取的胶乳，通过稀释、过滤、滚压和干燥等步骤制成，俗称生橡胶或生胶。天然橡胶用硫磺进行硫化处理，并加入添加剂，经过一定的温度和压力的作用形成硫化橡胶，又称为熟橡胶。

天然橡胶的主要成分是聚异戊二烯，它的拉伸强度、抗撕性和回弹性比多数合成橡胶好，但耐热老化性能和耐大气老化性能较差，不耐臭氧、油、有机溶剂，且易燃。

天然橡胶在电缆工业中主要用作电线、电缆绝缘和护套，长期使用温度为 60～65℃，电压等级可达 6kV。尤其是对柔软性、弯曲性和弹性要求较高的电线电缆，天然橡胶十分适宜，但不能用于直接接触矿物油或有机溶剂的场合，也不宜用于户外。电线电缆铜导体中铜离子是天然橡胶热老化的一种促进剂，当用于工作温度较高的电线（如耐高温电机、电器的引接线等），其铜导体应镀锡或加其他隔离层。

4.7.6.2　合成橡胶及应用

合成橡胶又称人工橡胶，选用具有类似天然橡胶性质的高分子聚合物制成，其化学结构主要属于烯烃类、二烯烃类和有机物类等。根据选用单体的不同，合成橡胶可分为非极性和极性两类。非极性合成橡胶主要有丁苯橡胶、丁基橡胶、乙丙橡胶、硅橡胶等；极性合成橡胶主要有氯丁橡胶、丁腈橡胶、氯磺化聚乙烯、氯化聚乙烯、聚醚橡胶和氟橡胶等。

电工用非极性橡胶主要用作电线电缆的绝缘，而极性橡胶主要用作电线电缆的外护层。在电工产品中，橡胶应用广泛，如用于软电线、油矿电缆、船用线缆、航空电线绝缘与护套；硅橡胶还可用于电机绝缘和电器、电子元件的整体包装材料；橡胶的模压制品、橡胶带和热收缩管等在电工中也有广泛的应用；硬质橡胶可用作蓄电池外壳。合成橡胶的耐油性和耐燃性比天然橡胶好，原料易得，可大规模生产。

电工常用橡胶的用途和注意事项分述如下。

（1）丁苯橡胶

丁苯橡胶是丁二烯和苯乙烯的共聚物。聚合反应温度在 50℃左右合成的橡胶称为热丁苯橡胶，在 5℃左右合成的橡胶称为冷丁苯橡胶。冷丁苯橡胶的拉伸强度、抗弯曲开裂、耐磨损等性能都比热丁苯橡胶好，加工也比较容易，但它的弹性和耐寒性较差。电缆工业主要用冷丁苯橡胶。

丁苯橡胶在干燥状态的环境中，电气性能与天然橡胶相近，它延伸时缺乏结晶性，所以纯丁苯橡胶的拉伸强度远不及天然橡胶，但加入补强剂炭黑后，拉伸强度可提高到天然橡胶水平。丁苯橡胶耐热性比天然橡胶稍好，若采用有效的防老剂，可进一步改善其耐老化性能。

在电缆工业中，丁苯橡胶主要用作绝缘材料，一般与天然橡胶各按 50％混合使用，电压等级可达 6kV。这两种橡胶并用可以互相取长补短，即天然橡胶可以弥补丁苯橡胶拉伸强度的不足，而丁苯橡胶则可弥补天然橡胶耐热性的不足，使混合后的橡胶耐热老化性有所提高。

（2）丁基橡胶

丁基橡胶是异丁烯的聚合物，对氧和臭氧的作用相当稳定，其耐热性、耐大气老化性、耐电晕性和其他电气性能均优于天然橡胶和丁苯橡胶。丁基橡胶的透气性很小，吸水量约为天然橡胶的25%。另外，丁基橡胶对动、植物油及多数化学药品（包括硫酸和硝酸）和霉菌的侵蚀都比较稳定。

丁基橡胶的缺点是硫化困难、强度低、弹性小、不耐矿物油。若加入热处理剂、陶土或炭黑、白炭黑混合后，能显著提高其拉伸强度、弹性和耐磨性，同时还能保持相当高的绝缘电阻。

丁基橡胶可用作船用电线、电力电缆、控制电缆和高压电机引接线的绝缘材料，可达35kV，可用于户外。这种电缆不宜与矿物油和溶剂直接接触。

（3）乙丙橡胶

乙丙橡胶是乙烯和丙烯的共聚物，它的机械强度较低，但电气性能优良，耐热老化性能、耐大气老化性能和耐臭氧性能均优于丁基橡胶和氯丁橡胶，耐溶剂和化学药品性能与丁基橡胶相似。在高电场强度下，有持久的抗电晕性。

乙丙橡胶能用于高压电力电缆、矿用电缆、船用电缆、控制电缆、测井电缆、电机引接线、点火线和日用电器用电缆的绝缘，并可用作电缆连接盒和终端的绝缘材料，适用环境与丁基橡胶相似。正因为乙丙橡胶的力学性能较差，用作绝缘时需加护套。如果与低密度聚乙烯按70%与30%并用，电气性能优良，机械强度也较高，可不必另加护套。

（4）氯丁橡胶

氯丁橡胶是氯丁二烯的聚合物，可分为G型（硫改性）、W型（非硫改性）和特殊类型（用作胶黏剂）三类。电缆工业主要采用G型和W型，W型氯丁橡胶结构中不含硫，有较好的耐热性能。氯丁橡胶结构中有氯原子，且有阻燃性、优良的耐大气老化性、耐臭氧和良好的耐油、耐溶剂等特性，在二烯类橡胶中，它的耐热性仅次于丁腈橡胶，但分子极性大，电气性能较差，绝缘电阻低，氯丁橡胶的力学性能与天然橡胶相近。

氯丁橡胶主要用作电线电缆的护套材料，由于它具有阻燃性，因此特别适用于煤矿电缆、船用电缆和航空电缆等。氯丁橡胶可长期工作于户外，还可以在与矿物油直接接触的场合使用。若将天然橡胶（或丁苯橡胶）与氯丁橡胶混合（氯丁橡胶含量不小于总含胶量的50%），电阻率会稍有提高，可达$10^{12}\Omega\cdot cm$，可用作低压（220V）电线的绝缘，不必再加外护层，其耐大气老化性能大大优于棉纱编织涂沥青护层的电线。

（5）丁腈橡胶

丁腈橡胶是丁二烯和丙烯腈的共聚物。在25～50℃合成的橡胶称为热丁腈橡胶，在5～10℃合成的橡胶称为冷丁腈橡胶。丁腈橡胶热稳定性好，突出的特点是具有优良的耐油性和耐溶剂性，随着丙烯腈含量的增多，其耐油性、耐热性、耐磨性以及拉伸强度均可提高，密度、硬度也相应增大，透气性变小，同时弹性、耐寒性及电气性能会下降。若加入增塑剂可改善其耐寒性；加入炭黑作补强剂，能改进其耐油性，但会加速其热老化；加入虫胶有增塑作用，同时还能显著提高丁腈橡胶耐煤油和耐石油醚的能力，并改善其拉伸强度和伸长率。

丁腈橡胶和聚氯乙烯的掺和物具有阻燃性、较好的耐大气老化性及耐臭氧、耐油和耐化学药品的性能，其耐热老化性和耐磨性也会有所提高。

丁腈橡胶以其优异的耐油、耐溶剂特点被用于油矿电缆护套和电机、电器的引接线绝缘，但不宜用于户外。丁腈橡胶和聚氯乙烯的掺和物用作电焊机用电缆、电力机车和内燃机车用电缆、船用电缆、油矿电缆和电力电线的护套。

(6) 氯磺化聚乙烯

氯磺化聚乙烯是聚乙烯与氯、二氧化硫的反应物，它的电气性能、耐大气老化性能、耐热老化性能、耐臭氧性能和耐化学药品侵蚀的性能都优于氯丁橡胶，氯磺化聚乙烯耐硫酸、稀苛性钠溶液和强氧化剂的性能更为优越，同时拉伸强度也比较高，耐磨损性优良，阻燃性和耐电晕性良好，但耐寒性较差。

氯磺化聚乙烯主要用作船用电缆、电力机车和内燃机车电缆及电焊机电缆的护层材料；此外，还可用于高压电机和 F 级电机的引接线以及飞机、汽车的点火线和电压等级 2kV 以下电线的绝缘。以氯磺化聚乙烯制作护套的电线、电缆，可与矿物油和植物油接触，并可长期工作在户外环境中。

(7) 氯化聚乙烯

氯化聚乙烯是高密度乙烯通过溶液法或水相悬浮法的氯化产物，是乙烯、氯乙烯和二氯乙烯的三元聚合物，有弹性和塑性之分，其性能与氯磺化聚乙烯相似。其抗撕性较优，但回弹性差；流动性好，易于加工；有优良的耐大气老化、耐臭氧和耐电晕等性能；耐油性、耐热性、耐溶剂性、耐酸碱性、阻燃性、弹性和拉伸强度以及基本电性能尚可，与聚乙烯及聚氯乙烯有良好的相容性。

氯化聚乙烯可用作矿用电缆、电力电缆、控制电缆、航空电缆、汽车点火线和电焊机电缆的护套材料，可用于户外；氯化聚乙烯的体积电阻率较低，但与聚乙烯掺和后，可用作电力电缆、照明线、电机及电器的引接线的绝缘材料。

(8) 氯醚橡胶

氯醚橡胶有优良的耐臭氧和耐热老化性能，长期工作温度为 105～120℃它的耐油性和耐有机溶剂性能极优，优于丁腈橡胶。还具有良好的抗弯曲疲劳性能。此外，透气性小，约为丁基橡胶的 1/3。其缺点是密度较大，低温下柔软性差，加工性能较差。

氯醚橡胶有均聚物（CHR）和共聚物（CHC）两类。CHR 含氯量为 38%，有阻燃性；CHC 含氯量为 26%，燃烧缓慢。CHC 的耐寒性较好，并具有良好的耐水性，其弹性可与天然橡胶媲美。

氯醚橡胶适用于作耐油、耐热电缆的护层材料，特别适用于制作油井电缆的护套。

(9) 硅橡胶

硅橡胶是分子主链中含硅氧键，经硫化后具有弹性的有机硅聚合物，有加热硫化型和室温硫化型两大类。按分子组成和结构又可分为甲基硅橡胶、甲基乙烯基硅橡胶（简称乙烯基硅橡胶）、苯基甲基硅橡胶（简称苯基硅橡胶）氟硅橡胶等。

硅橡胶的耐热性和耐寒性优于一般橡胶，但拉伸强度低。在 150℃以上时力学性能优于其他橡胶，它的电气性能基本不随温度和频率的变化而变化，耐电弧性好，散热性好，透气性极高，约为天然橡胶的 30～40 倍，但耐油性和耐溶剂性能较差。

加热硫化硅橡胶的拉伸强度和耐热性能比室温硫化硅橡胶好，在电缆工业中主要用于船舶控制电缆、电力电缆和航空电线的绝缘，以及用于 F～H 级电机、电器的引接线绝缘。在电机工业中，采用模压成型的硅橡胶作中型高压电机的主绝缘材料。自粘性硅橡胶 V 带和玻璃布带可用作高压电机的耐热配套绝缘材料。硅橡胶热收缩管可用于电线的连接、终端或电机部件的绝缘。

室温硫化硅橡胶在电器、电子和航空等工业部门，广泛用作绝缘、密封、包覆和保护材料。

(10) 氟橡胶

氟橡胶的品种较多，电缆工业中主要应用的是偏二氟乙烯和全氟丙烯的共聚物，即26型氟橡胶。氟橡胶具有很高的耐热性，耐臭氧性能和耐大气老化性能优良。其缺点是在高温下力学性能降落幅度较大，耐寒性差，对高温水蒸气不够稳定。

氟橡胶主要用作特种电线、电缆的护套材料，还适用于高温以及有机溶剂、化学药品侵蚀的场合。

复习思考题

1. 绝缘材料的特性有哪些？
2. 气体电介质主要有哪些？怎么选用？其注意事项又有哪些？
3. 液体电介质的主要性能是什么？
4. 电气设备对各类绝缘油的使用要求是什么？
5. 简述绝缘纤维制品的分类及应用。
6. 植物纤维纸的原料是什么？分类有哪些？
7. 简述绝缘漆的种类及特性。
8. 浸渍纤维制品的分类及其各类浸渍纤维制品的特点是什么？
9. 简述云母制品的分类及应用。
10. 绝缘橡胶与合成橡胶的区别是什么？简述合成橡胶的应用。

第5章　磁性材料

5.1　磁性材料的磁化

磁性材料按其特性可分为软磁材料、硬磁材料（永磁）和矩磁材料。

磁化曲线和磁滞回线是反映磁性材料基本磁性能的特性曲线。在这两条特性曲线上可确定材料的磁导率（μ）、矫顽磁力（H_c）、剩磁（B_r）、饱和磁感应强度（B_s）以及铁损（P）等参量，使用情况的不同，即使是同一材料，对其磁特性参数的要求以及侧重点也不尽相同。

5.1.1　磁性曲线

磁性材料在外磁场反复磁化下，以中性化状态，在开始时受到一个其强度单调增加的磁场 H 的作用，该磁性材料所表现出来的磁感应强度 B 随磁场强度 H 而变化的规律曲线，就是该磁性材料的基本磁化曲线，又称为起始磁化曲线，简称微磁化曲线（或 B-H 曲线）。如图 5-1 所示的磁化曲线，图中，B 值随 H 值增大而增大，在曲线的 Oa 段几乎成线性关系：ab 段 B 的增大趋于缓和，越来越慢；b 点以后段，B 值基本不随 H 值增大而增大，而是渐近饱和。B_B 表示饱和磁感应强度，其对应的磁场强度用 H_s 表示。在应用上，通常要求磁性材料有较高的 B_B 值。

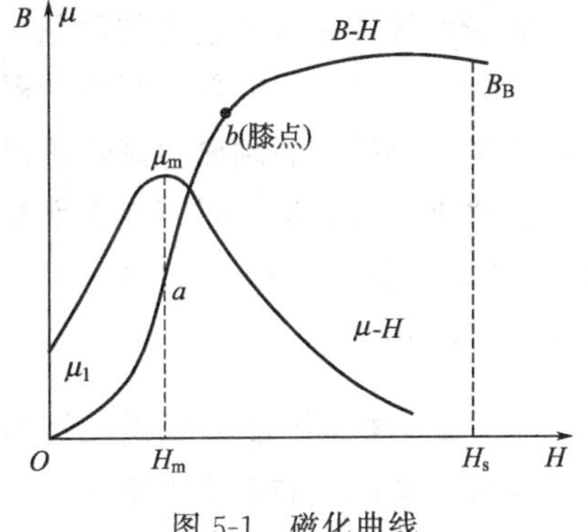

图 5-1　磁化曲线

用磁化曲线上任何一点的 B、H 值之比（B/H）就是该磁性材料在该状态下的磁导率 μ。因此，根据磁化曲线可画出 μ 随 H 值变化的曲线，其中 μ_1 为初始磁导率，μ_m 为最大磁导率，在一定的磁场强度下，磁导率 μ 越高，传导等量磁通所需用的磁性材料就越少。

磁性材料在磁场强度周期性变化的磁场之中，材料所表现出来的磁滞现象的闭合磁化曲线，如图 5-2 所示，磁性材料在其磁化曲线上的任意一点（a'）所对应的磁场强度变化一周（H 从 $H_1 \to O \to H_1 \to O \to H_1$），磁感应强度 B 值随之变化的曲线，即该材料在 a' 点的磁滞回线。

从图中可以看出，磁性材料在磁场强度 $O \to H_1$ 的磁场中被磁化至点 a' 点时，当减弱磁场 H，使 $H_1 \to O$，此时磁感应 B 不是沿 $a'O$ 的曲线返回，而是沿另一曲线 $a'b'$ 下降，并且 B 的变化滞后于 H（即 $H \to O$，B 并不回到零），此即磁滞现象。在 H_1 从 $H_1 \to O \to H_1 \to O \to H_1$ 变化的过积中，B 是沿着 $a' \to b' \to c' \to d' \to e' \to f' \to a'$ 而成为闭合的曲线，称为磁滞回线。在磁化曲线 Oa 上的任意一点，对应的磁场强度变化一周，都会有相应的磁滞回线。随着 H 值的增大，磁滞回线所包围的面积也会随之增大，但不会无限增大下去，当 B 达到饱和状态时，再增大 H，磁滞回线所包围的面积基本上保持不变，这时磁滞回线又称为极限磁滞回线，如图中 $a \to b \to c \to d \to e \to f \to a$ 回线。

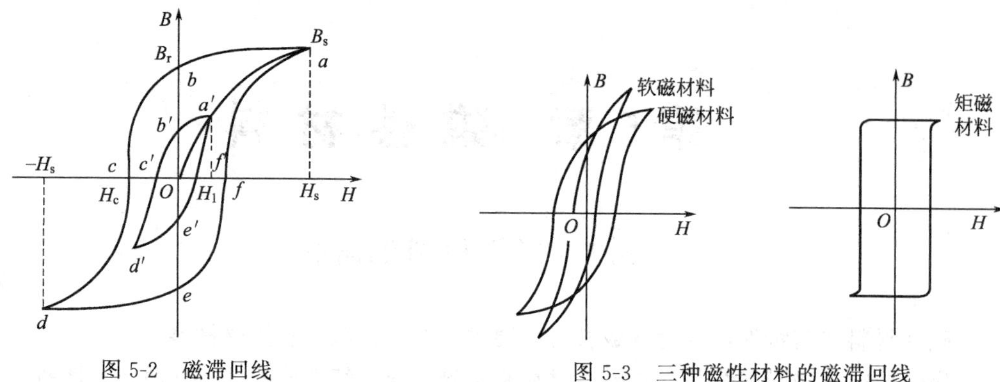

图 5-2 磁滞回线　　图 5-3 三种磁性材料的磁滞回线

由磁滞引起的损耗称为磁滞损耗。在磁滞回线 $abcdef$ 中，当 H_c 变化至零时，B 值并不回到零，而是下降到 b 点，该点的磁感应强度 B_r 称为剩磁感应强度，简称剩磁。当 B 值降为零时（c 点），必须施加反方向的磁场 $-H_c$，其大小称为磁感应矫顽磁力，简称矫顽力（H_c）。图 5-2 中，b、e 点的 B 值是剩磁，e、f 点的 H 值是矫顽磁力。

磁滞回线所包围的面积与磁性材料的损耗有关。单位重量的磁性材料在交变磁场的作用下，所消耗的能量（功率）称为铁损（P），它包括磁滞损耗、涡流损耗和剩余损耗。

磁滞回线的形状和包围的面积可直接表征磁性材料的主要磁特性。软磁材料磁滞回线狭长、矫顽磁力低，损耗低，制成的器件工作稳定、效率高；硬磁材料经饱和磁化后，磁滞回线面积宽，剩磁与矫顽磁力高，磁滞回线包围的面积大，储存磁能量大；矩磁材料的磁滞回线窄而接近矩形，该材料不仅矫顽磁力小；面且剩磁比（剩磁感应强度 B_r 与饱和磁感应强度 B_s 之比，即 B_r/B_s）高，适宜制作记忆元件和开关元件。以上三种磁性材料的磁滞回线如图 5-3 所示。

5.1.2 居里温度和磁感应温度系数

磁性材料的饱和磁化强度 H_s 随温度的升高而减弱，当温度升高至磁性材料由铁磁状态转变为顺磁状态时的临界温度称为居里温度（居里点）t_c。高于居里温度时，便失去磁性而呈顺磁性。通常磁性材料的居里温度高，其允许使用时的工作温度也高。但对于一些特殊用途的软磁材料，则要求居里温度 t_c 在常温状态下。

磁感应温度系数 α_s 是用来衡量永磁材料经饱和磁化后，其磁感应强度在两个给定温度之间所引起的可逆的相对变化的程度。α_s 越小，永磁材料的温度稳定性越好。磁感应温度系数可表示为：$\alpha_s=(B_2-B_1)[B_1(t_2-t_1)]^{-1}\times 100\%$。其中，$B_1$、$B_2$ 是温度在 t_1、t_2 时的磁感应强度。

5.2 软磁材料及应用

软磁材料的磁滞回线形状狭长，其特点是磁导率高，剩磁和矫顽磁力小，在较小的外磁场影响下，即可产生较高的磁感应强度，随着外磁场的增强，能很快达到饱和状态，外磁场一旦撤去（消失），材料的磁性也基本消失，因此，软磁材料是一种极容易被磁化又极容易被去磁，且磁滞损耗又很小的铁磁材料。

5.2.1 常用软磁材料

软磁材料的品种主要有电工用纯铁、硅钢片、铁镍合金、铁铝合金、软磁铁氧化体以及其他软磁材料，它们的主要特点及用途也各不相同。

5.2.1.1 电工用纯铁

电工用纯铁又称阿姆可铁，是一种铁含量为 99.5%以上，碳含量为 0.04%以下的软钢，其饱和磁感应强度高，冷加工性好。但电阻率低，铁损耗高，有磁时效现象，为了清除在使用过程中的磁时效现象，可采用在 860～930℃，退火后缓慢冷至在 100～300℃的工艺，以析出较大颗粒渗碳体。

我国生产的电工用纯铁有热轧（锻）和冷拉棒、热扎和冷轧带，并可根据要求提供软化和冷硬态料，主要应用于直流磁场。电工用纯铁具有高饱和磁感应强度、高磁导率和低矫顽力。它的纯度越高，磁性能越好。由于制备高纯度的铁工艺复杂，成本高，通常在工程上广泛采用电工用纯铁，用于制作电器、电信及仪表磁性元器件的纯铁一般采用厚度不大于 4mm 的热轧或冷轧纯铁薄板或截面不大于 250mm^2 的热轧、冷轧、热锻铁材。

纯铁薄板的磁性能，其矫顽磁力比纯铁材稍大，最大磁导率比纯铁材稍低，磁感应强度比纯铁材稍高。电工用纯铁加工制作成磁性元件后，必须进行退火热处理，以清除应力和提高磁性能。其热处理工艺过程是，随炉温升至 800℃，再以 50℃/h 提升温度至 860～930℃，保温 4h，再以小于 50℃/h 的冷却速度到 700℃，在炉冷至 500℃出炉。

电工用纯铁品种牌号、名称和用途见表 5-1，其磁性能见表 5-2。

表 5-1 电工用纯铁种类、名称代号及用途

<table>
<tr><th>种类</th><th>名称代号</th><th>用　　途</th></tr>
<tr><td rowspan="2">沸腾纯铁</td><td>DT1、DT1A</td><td>用于制作不考虑磁时效的一般电磁元件和用作一般炉料</td></tr>
<tr><td>DT2、DT2A</td><td>用于制作不考虑磁时效的电磁元件和用作高纯度炉料</td></tr>
<tr><td rowspan="2">铝镇静纯铁</td><td>DT3、DT3A</td><td>用于制作不考虑磁时效的一般电磁元件</td></tr>
<tr><td>DT4、DT4A
DT4E、DT4C</td><td>用于制作在一定时效工艺下,保证无时效的电磁元件</td></tr>
<tr><td rowspan="2">硅铝镇静纯铁</td><td>DT5、DT5A</td><td>用于制作不考虑磁时效的一般电磁元件</td></tr>
<tr><td>DT6、DT6A
DT6E、DT6C</td><td>用于制作在一定时效工艺下,保证无时效、磁性范围较稳定的电磁元件</td></tr>
</table>

注：表中名称代号“DT”表示电工用纯铁，后面的阿拉伯数字为序号，数字后面的字母表示电磁性能的等级，“A”、“E”、“C”分别表示“高”、“特”、“超”等级，未用字母表示的为“普”级。

表 5-2 电工用纯铁的磁性能

<table>
<tr><th rowspan="3">磁性能等级</th><th rowspan="3">名称代号</th><th rowspan="3">矫顽力 H_c(不大于)/A·m^{-1}</th><th rowspan="3">最大磁导率 μ_m(不小于)/H·m^{-1}</th><th colspan="5">磁场强度/A·m^{-1}</th></tr>
<tr><th>500</th><th>1000</th><th>2500</th><th>5000</th><th>10000</th></tr>
<tr><th colspan="5">磁感应强度/T</th></tr>
<tr><td>普级</td><td>DT1、DT2、DT3
DT4、DT5、DT6</td><td>96</td><td>0.0075</td><td rowspan="4">1.40</td><td rowspan="4">1.50</td><td rowspan="4">1.62</td><td rowspan="4">1.71</td><td rowspan="4">1.85</td></tr>
<tr><td>高级</td><td>DT1A、DT2A、DT3A
DT4A、DT5A、DT6A</td><td>72</td><td>0.00875</td></tr>
<tr><td>特级</td><td>DT4E、DT6E</td><td>18</td><td>0.0113</td></tr>
<tr><td>超级</td><td>DT4C、DT6C</td><td>32</td><td>0.015</td></tr>
</table>

5.2.1.2 电工用硅钢片

电工用硅钢片是硅的含量为0.5%～4.5%的铁硅合金板材和带材。它和电工纯铁相比，电阻率增高，铁损耗降低，磁时效基本消除。但热导率降低、硬度提高，同时脆性增大，对机械加工和散热不利，硅的含量一般不超过4.5%。

我国生产的电工用硅钢片有热轧硅钢片（带）、冷轧无取向电工用硅钢片（带）、冷轧单取向电工用硅钢片（带），电工用硅钢片用于制作电机、变压器、继电器、互感器、开关等产品的铁芯。

电机工业使用的硅钢片的厚度为0.35mm和0.50mm。电信工业使用频率高，涡流损耗大，厚度为0.05～0.20mm的强带硅钢。

硅钢片在冲剪、叠装或卷绕铁芯过程中，都会产生应力，使磁性能退化。消除应力和恢复磁性要采用退火热处理的办法。同时退火热处理还有助于长大晶粒、改善磁性。硅钢片的退火热处理工艺有三种。

（1）砂封退火处理

将冲成片状铁芯装入炉内，用砂密封，防止氧化。随炉温升至600℃，再以低于40℃/h的速度降温至600℃，随炉冷至300℃以下出炉。

（2）保护气氛退火处理

升温、保温、降温与砂封退火类似，不同的是当升温至300℃时经除油后，通以保护气体（纯氮或纯氮再混合2%以下纯氢）。降温至500℃，停止通气。

（3）连续退火处理

将硅钢片连续在炉内处于760～800℃范围内保持4min，即能达到退火的目的。

以上三种退火处理工艺各有特点，砂封退火工艺装备简单，保护气氛退火工艺效果好，连续退火工艺效果高。

5.2.1.3 铁镍合金

铁镍合金以镍为主（含镍量为36%～81%），添加铝、铬、铜等元素组成，又称为坡莫合金，与其他软磁材料相比，该材料在中等和弱磁场中具有较高的磁导率和低的矫顽力，有较好的耐蚀性，并且磁滞损耗低，电阻率比电工用硅钢片高，加工性能好，但对应力比较敏感，能轧成极薄的带材，可在较高的频率下工作。特别适用于电信、仪表、电子计算机及控制系统等领域。

铁镍合金具有独特的性能，在弱磁场作用下有极高的磁导率和很低的矫顽力。它的电阻率不高，饱和磁感应强度也较低，适宜在1MHz以下频率范围内的弱磁场中使用。铁镍合金因含有稀有金属镍，生产成本高，多制成小功率的磁性元件，在直流及低频（150～400Hz）的弱磁场中使用。因其加工性好，常制作形状复杂、尺寸精确的元件。

应力对铁镍合金有着极其密切的影响，制造过程中的冲剪、弯曲、拉伸及碾压、卷绕、装叠，由于冲击、振动和碰撞会产生不规则的内应力以及塑性形变，导致磁导率下降、矫顽力增大，解决的办法是进行退火热处理，以消除内应力，使其磁性能恢复到最佳状态。应当注意，经过退火热处理后的铁镍合金磁性元件，对应力更加敏感，因此必须轻拿轻放，小心保管，不要受到冲击或碰撞挤压。绕制线圈应该装盒绕制，不能直接绕在磁性元件上面，以免应力再生，使磁性能变劣。

常见的铁镍合金产品主要有带材、板材、管材、丝材和棒材等。铁镍合金的类别、特性及主要用途见表 5-3。

表 5-3　铁镍合金的类别、特性及主要用途

类别	代号	镍含量/%	特　　性	主要用途
IJ50 类	IJ46 IJ50 IJ54	36～50	饱和磁感应强度高，磁导率低，矫顽力较大	制作中小功率变压器，扼流圈和控制微电机的铁芯
IJ51 类	IJ51 IJ52 IJ34	34～50	具有晶粒取向，沿易磁化方向磁化过程具有矩形磁滞回线。其他磁性能与 IJ50 类材料相同	用于中小功率的、高灵敏度的磁放大器，中小功率的脉冲变压器和记忆元件中的磁芯
IJ65 类	IJ65 IJ67	65	磁场热处理后，获得磁畴取向，沿易磁化方向直流磁导率最高，磁滞回线呈矩形。但磁性不太稳定	制作中等功率的磁放大器和扼流圈，计算机的记忆元件，不宜在较高频率下使用
IJ79 类	IJ79 IJ80 IJ76 IJ83	74～80	在低磁场作用下有很高的磁导率，初始磁导率仅次于 IJ85 类，矫顽力低，饱和磁感应强度不高	用于在低磁场下使用的高灵敏度的小型功率变压器，小功率磁放大器、继电器、扼流圈和磁屏蔽等
IJ85 类	IJ85 IJ86 IJ87	80 81 77	有极高的初始磁导率，极低的矫顽力，很高的最大磁导率，对微弱磁场反应灵敏，电阻率高于 IJ79 类，饱和磁感应强度低，应力对磁性有明显影响	在仪表和电信工业中作扼流圈、音频变压器、高精度电桥变压器、互感器、快速放大器以及精密电表中的动片和定片

5.2.1.4　铁铝合金

铁铝合金是以铁和铝为主要元素组成（铝的含量为 6%～16%），具有很高的电阻率，密度小，硬度高，耐磨性好，抗冲击、振动性能好，用铁铝合金制作成的器件涡流损耗小，且重量轻。如果铝含量超过 10%，铁铝合金会变脆，塑性也会降低，给加工带来困难。其饱和磁感应强度随铝含量的增大而下降，通过热处理可提高磁导率和降低矫顽力。铁铝合金制成的元件必须进行高温退火处理，以提高其磁性能，在某些环境下可以代替铁镍合金使用。铁铝合金的类别、特点及主要用途见表 5-4。

表 5-4　铁铝合金的类别、特点及主要用途

类别	铝含量/%	特　　点	主要用途
IJ6	5.5～6.0	具有最高的饱和磁感应强度，有较好的耐腐蚀性，磁性能不如电工用硅钢片	制作微电机、电磁阀的铁芯
IJ12	11.6～12.4	磁导率和饱和磁感应强度介于 IJ6 与 IJ16 之间，它与铁镍合金 IJ50 属于同类型的合金，具有较高的电阻率和抗应力腐蚀性能，耐辐射	制作控制微电机、中等功率的音频变压器、脉冲变压器和继电器的铁芯
IJ13	12.8～14.0	与纯镍相比，其饱和磁感应强度高，矫顽力低，磁饱和磁致伸缩系数高，抗腐蚀性不如纯镍	用于水声和超声器件中，如超声清洗、超声探伤、研磨、焊接等器件
IJ16	15.5～16.3	具有很高的磁导率（铁铝合金中最高）和最低矫顽力，但饱和磁感应强度不高	用于在低磁场下工作的小功率变压器、磁放大器、互感器和磁屏蔽等

5.2.1.5　软磁铁氧体

软磁铁氧体是由氧离子和金属离子组成的尖晶石结构的氧化物，是复合氧化物烧结体，是一种用陶瓷工艺制作的非金属磁性材料，由于它的电阻率高（$1\sim10^4\Omega\cdot m$），高频磁场中涡流损耗小，特别适合于制造高频或较高频率范围的电磁元件。常用的软磁铁氧体有 Mn-Zn、Ni-Zn、Mn-Mg 等尖晶石型及含 Ba 的平面型六角晶系铁氧体，磁导率和饱和磁感

应强度高，矫顽力低，化学稳定性好，价格低廉。广泛应用于无线电、微波和脉冲技术中，用于制作各类高频电感和变压器磁芯、录音录像用磁头、电波吸收材料、磁传感器及毫米波旋磁材料等。

软磁铁氧体的品种有铁氧体软磁材料、铁氧体矩磁材料和铁氧体压磁材料。

（1）铁氧体软磁材料

铁氧体软磁材料的电阻率为 $10^{-2}\sim10^{4}\Omega\cdot m$ 适用于几千赫到几百兆赫的频率范围，初始磁导率 μ_1 高，比磁滞损耗系数 $\left(\frac{\tan\delta}{\mu_1}\right)$ 小，磁导率随温度变化小。常用的材料有镍锌和锰锌铁氧体（Ni-Zn、Mn-Zn），主要用于制作滤波线圈、脉冲变压器、可调电感器、高频扼流器以及天线等的铁芯。

（2）铁氧体矩磁材料

铁氧体矩磁材料的磁滞回线近似矩形，且矫顽力越小，磁性能越好。电阻率比金属矩磁材料要高很多，因而涡流损耗极小。它的开关时间短，抗辐射性强，制造工艺简单，成本低，饱和磁感应强度低，温度稳定性较差。该材料主要用于电子计算机、自动控制和远程控制中的记忆元件、开关元件和逻辑元件。

铁氧体矩磁材料可分为两类：一类是常温环境下使用的，称为常温矩磁材料，如镁锰铁氧体（Mg-Mn）；另一类是在较宽温度范围内使用的，称为宽矩材料，如锂锰铁氧体（Li-Mn）。两者相比，锂锰铁氧体的温度系数小，开关时间短，但磁滞回线的矩形性差，矫顽力稍大一些。镁锰铁氧体和锂锰铁氧体的磁性能参数见表 5-5。

表 5-5 镁锰和锂锰铁氧体的磁性能参数

名称	饱和磁感应强度 B_0/T	矫顽力 H_c/A·m^{-1}	剩磁比(B_r/B_s)	居里温度/℃
镁锰铁氧体	0.28	96	0.92	250
锂锰铁氧体	0.32	160～320	0.90	600

（3）铁氧体压磁材料

铁氧体压磁材料是指含有钴离子的镍铁氧体，其特点是由于磁致伸缩效应，使其处在一定的偏磁场和交流磁场的同时作用下，会发生相同频率的机械振动，即压磁效应。利用其压磁效应可制造超声器件、回声器件以及机械滤波器、混频器、超声延迟线等。铁氧体压磁材料与纯镍等金属压磁材料相比，铁氧体压磁材料可用于较高频率的场合。其磁性能参数见表 5-6。

表 5-6 铁氧体压磁材料磁性能参数

饱和磁感应强度 B_0/T	剩磁 B_r/T	矫顽力 H_c/A·m^{-1}	居里温度/℃	电阻率 $\rho/\Omega\cdot m$	密度 d/g·cm^{-3}	声速/m·s^{-1}
0.20～0.25	0.14～0.16	160～200	≥400	≥10^4	5	5600

5.2.1.6 其他软磁材料

其他软磁材料有铁钴合金、恒磁导合金和磁温度补偿合金。铁钴合金的饱和磁感应强度极高，饱和磁滞伸缩系数（λ）和居里温度（T_0）高，但电阻率低。该材料可用于制作航空器件的铁芯、电磁铁磁极、换能器元件。恒磁导合金在一定的磁感应强度、温度和频率的范围内，磁导率（μ）能基本保持不变，可用于制作恒电感和脉冲变压器等的铁芯。磁温度补偿合金的居里温度低，在环境温度内磁感应强度随温度的升高而急剧地近似成线性下降，该特性可用于制作磁温度补偿元件。

(1) 铁钴合金

铁钴合金常称为高饱和磁感应合金，它含钴50%、钒1.4%～1.8%，其余为铁的铁钴合金，其代号为IJ22。在软磁材料中，铁钴合金的饱和磁感应强度最高，适用于制作重量轻、体积小的空间技术用器件，如微电机、电磁铁、继电器等。它有很高的居里温度(980℃)，因此适合于高温环境工作，它还具有很高的饱和磁致伸缩系数（6.0×10^{-5}），利用它制作磁致伸缩换能器，输出能量高。经过热处理后，它可称为各向异性合金，其剩磁比和矫顽力得到进一步改善。由于它的电阻率低（约$27\times10^{-8}\Omega\cdot m$），高频环境下铁损耗骤增，加工性差，容易氧化，价格昂贵。

高饱和磁感应合金的热处理工艺是：退火气氛是氢或真空，随炉温至850～900℃后，保温3h，再以100℃/h冷却至600℃，当炉温降到300℃出炉。

(2) 恒磁导合金

恒磁导合金是含镍45%、钴25%及铝7%的铁镍钴和铁镍钴钼合金，它是在相当宽的磁感应强度、一定宽度的温度和频率范围内磁导率基本不变的软磁材料，代号IJ66合金是其代表品种。经热处理以后，恒磁导合金的磁导率的范围为0.002～0.6T，此时它的磁化曲线和磁滞回线接近于直线。常用于制作恒电感和中等功率的单极性脉冲变压器等的铁芯。

恒磁导合金的电阻率为$25\times10^{-8}\Omega\cdot m$，密度为$8.5g/cm^3$，居里温度为600℃。IJ66的热处理工艺要求是：退火气氛是氢气，随炉升温至1200℃，保温3h，以100℃/h速度冷却到600℃，炉温降至300℃时出炉。IJ66合金的磁场热处理工艺要求是：氢气保护下，加不小于16000A/m的磁场，随炉温升温至650℃时，保温1h，再以50～100℃/h的速度冷却到200℃出炉。

(3) 磁温度补偿合金

磁温度补偿合金中含镍29.5%～38.5%、铝1%～2%、铬12.5%～13.5%。其居里温度一般在25～200℃之间，在居里温度以下，它的磁感应强度随温度的升高近似线性地急剧下降。一般永磁体的磁性随温度升高而减弱，影响到用于仪表中的永磁体磁极气隙间的磁通密度改变，导致仪表测量误差。通常采用磁温度补偿合金在永磁体两极间设置一磁分路，能补偿磁路的温度特性，使永磁体两极间的磁通密度基本保持不变。

磁温度补偿合金的退火热处理工艺要求是：将元件在保护气氛或埋入Al_2O_3粉末中，升温到800～1000℃，然后保温30～120min，再随炉冷却。磁温度补偿合金的成分、用途及使用温度范围见表5-7。

表5-7　磁温度补偿合金用途及使用温度范围

分类代号	主要成分/%				用　途	使用温度范围/℃
	Ni	Al	Cr	Fe和其他		
IJ30	29.50～30.50			余量	用于风向风速表、行波管、磁控管	−55～70
IJ31	30.50～31.50			余量		
IJ32	31.50～32.50			余量		
IJ33	32.80～33.80	1.00～2.00		余量	电压调节器	−40～80
IJ38	37.50～38.50			余量	用于里程速度表、汽油表、电度表	−40～60

5.2.2 软磁材料的选用及表面处理

软磁材料绝大多数工作在磁场中，选用时应综合考虑的因素是工作磁通密度、磁导率、

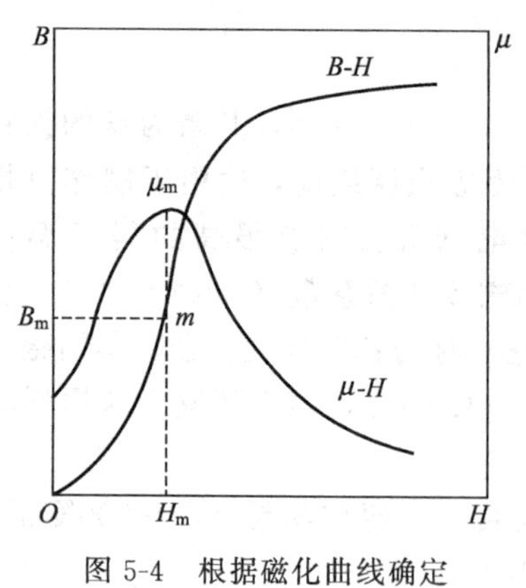

图 5-4 根据磁化曲线确定软磁材料工作点的示意图

损耗以及价格等方面。

在图 5-4 中 μ-H 曲线的峰值点，即最大磁导率 μ_m 点，所对应的磁场强度为 H_m，H_m 所对应的磁感应强度是 B-H 曲线上的 m 点所对应的 B_m，磁化曲线上的 m 点称为拐点，是选用软磁材料工作的参考点。如何在不同的磁场环境选用软磁材料叙述如下。

（1）高磁场下使用的软磁材料

在高磁场下最常用的软磁材料是电工用硅钢片。电机和变压器铁芯所用的硅钢片，其工作点常常选在磁化曲线上高于拐点 m 的某点，如冷轧单取向硅钢片和无取向硅钢片通常分别选在磁感应强度为 1.7T 和 1.5T 左右。对于不同的产品应选用不同特性的硅钢片。

① 电力变压器铁芯　为了减少损耗，要选用低铁损耗和高磁感应强度的材料。

② 小型电机铁芯　选用高磁感应强度的硅钢片，但对铁损要求可放宽些，因为在一定容量范围内的小型电机，其铁芯体积小、铁损比导体损耗（铜损耗）要小，而磁感应强度高，可使导体损耗降低，所以电机的总损耗得到补偿。

③ 大型电机铁芯。由于大型电机的铁芯体积大，铁损耗在总损耗中所占的比例较高，应对铁损耗的大小从严要求。在大型高速电机中，因离心力大，所以转子用的硅钢片除应有较好的磁性外，还应有足够的抗拉强度。对于间歇运转的电机铁芯，因启动较频繁，应选用磁感应强度高的硅钢片，以减小启动电流，铁损耗可不作严格的要求。

④ 互感器铁芯　特别是电流互感器，由于主要的要求是误差小，所以工作点应选在 m 点或低于 m 点的 B-H 曲线的线性部分。

（2）低磁场下使用的软磁材料

低磁场下常选用材料有 IJ50、IJ51、IJ79、IJ85 铁镍合金和 IJ16 铁铝合金以及冷轧单取向硅钢薄带等。它们的磁导率和磁感应强度高，矫顽力低，能满足弱信号下的使用要求，但是不同的产品仍要选用不同的材料。

① 用于磁放器的软磁材料，要求具有高饱和磁感应强度和高磁导率、高电阻率、低矫顽力和高剩磁比，应选用 IJ51 类铁镍合金。

② 电源变压器铁芯，一般要求高饱和磁感应强度和磁导率。通常选用冷轧单取向硅钢薄带作铁芯，也可选用 IJ50 类铁镍合金，虽然其饱和磁感应强度不及冷轧单取向硅钢薄带，但其磁导率高，所需电源变压器初级磁化电流小，功率因数高，铁损耗小，效率高。

③ 在小功率音频变压器中，为了避免非线性失真，应选用 IJ79 铁镍合金或 IJ16 铁铝合金。

（3）高频下使用的软磁材料

高频下一般选用铁氧体软磁材料，因其磁导率较高，矫顽力较低，电阻率非常高。由于品种较多，应根据不同的使用频率范围恰当选用。

（4）特殊场合下使用的软磁材料

根据特殊场合的具体要求选用。

① 空间技术中电器用的软磁材料，除保证产品性能外，还要求重量轻，体积小，应选用饱和磁感应强度最高的 IJ22 铁钴合金。

② 记忆元件和开关元件用的软磁性材料，可选用具有矩形磁滞回线的铁氧体和铁镍合金。

③ 自动控制系统中的校正网络中制作恒电感的扼流圈铁芯，可选用IJ66恒磁导合金。

④ 超声技术中使用的软磁材料，可选用具有高磁致伸缩系数的IJ22铁钴合金、IJ13铁铝合金或铁氧体压磁材料。

(5) 软磁材料的表面处理

在交流状态下使用的软磁材料，为了减少涡流损耗，必须将材料制成薄片（带），还需在它的表面涂覆绝缘层，或采用一定的方法，在其表面形成氧化绝缘层，使片与片之间相互绝缘。涂层材料要求有好的绝缘性、耐热性、耐油性和防潮性，且干燥要快。涂层厚度要均匀，坚硬光滑，硅钢片涂层厚度一般在0.015～0.02mm之间，不致使叠装系数过分下降，并且要有强附着力，能抗冲击和弯曲。常用的涂层材料有油性硅钢片漆、醇酸硅钢片漆、环氧酚醛硅钢片漆、有机硅钢片漆、聚酰胺酰亚胺硅钢片漆和氧化镁等。前五种适用于热轧硅钢片，后一种适用于铁镍和铁钴等合金。冷轧硅钢片出厂时表面已涂绝缘层。铁铝合金表面有绝缘的氧化层。磁温度补偿合金用于恒定的磁场，需涂绝缘层。铁镍、铁钴和恒磁导合金常采用氧化镁电泳涂层。

5.3　永磁材料及应用

永磁材料又称硬磁材料，其磁滞回线形状宽而厚。最大的特点是经过饱和磁化后，具有较高的剩磁和矫顽力，磁滞回线所包围的面积比较大。若去掉所加磁化的外磁场，永磁材料仍能在较长时间内保持强而稳定的磁性。该特点表明永磁材料能储存一定的恒磁能，并可以作为磁场源作用于磁路，能在一定的空间范围提供恒定的磁场。永磁体磁化饱和后，有两种工作状态。一种是静态永磁体工作状态，它是处在气隙距离不变或气隙中磁通不变化状态下工作的永磁体，又称为固定气隙永磁体，如磁电式仪表、扬声器中所用的永磁体。另一种是动态永磁体工作状态，它是处在气隙距离变化或气隙中磁通变化状态下工作的永磁体，又称为变化气隙永磁体，如永磁吊头、永磁选矿机等用的永磁体。

5.3.1　常用永磁材料

按其制造工艺以及应用上的不同，永磁材料可分为铸造铝镍钴系、粉末烧结铝镍钴系、铁氧体、稀土钴和塑性变形永磁材料以及新开发的钕铁硼等永磁材料。

5.3.1.1　铝镍钴合金永磁材料

铝镍钴合金永磁材料又分铸造铝镍钴合金材料和粉末烧结铝镍钴合金永磁材料两类。

(1) 铸造铝镍钴合金永磁材料

铸造铝镍钴合金永磁材料采用铸造的方法制成，该合金永磁材料具有较大的剩磁、很小的磁感应温度系数和较高的居里温度，其矫顽力和最大磁能积在永磁材料中居中等以上的水平，且组织结构稳定，是电机工业中应用很广的一种永磁材料。此类材料按制造工艺和合金组合的特点又可分为三类。

① 各向同性铝镍型和铝镍钴型系列永磁材料　这一系列材料制造工艺简单，可制作成大体积或多对磁极的永磁体。相比较来说，该材料的磁性能在铸造铝镍钴系中是最低的，一般应用于磁电式仪表、微电机、永磁电机、磁分离器、速度计、里程表等。

② 热磁处理各向异性铝镍钴型和铝镍钴钛型系列永磁材料　这一系列材料的剩磁和最大磁能积比各向同性系列的大得多，且制造工艺复杂，使用时要注意，永磁体的磁极轴线不应偏离最优磁性方向。铝镍钴型与铝镍钴钛型相比，后者剩余磁感应强度较低、矫顽力高，制造工艺对性能影响较为敏感，磨削加工比较困难，适宜制造尺寸比（L/D）较小或体积较小的永磁体，应用于精密磁电式测量仪表、永磁电机、流量计、微电机、扬声器、传感器、磁性支座、微波器件等。

③ 定向结晶各向异性铝镍钴型和铝镍钴钛型系列永磁材料　这一系列材料的磁性能在铝镍钴永磁材料中是最优良的，但制造工艺复杂，材料脆性大，易折断。使用时也要注意，永磁体的磁极轴线要与最优磁性方向一致。它可以加工制作最大约 100～150mm 的简单柱体或空心柱体。这个系列的铝镍钴钛型合金的特点与热磁处理各向异性铝镍钴钛型合金相似。此永磁材料适用于精密磁电式测量仪表、永磁电机、微电机、行波管、磁控管、地震检波器、扬声器、微波器件等。

(2) 粉末烧结铝镍钴合金永磁材料

粉末烧结铝镍钴合金永磁材料是利用粉末冶金方法制成，不产生铸造缺陷，力学性能好，表面光洁，不需磨削加工，尺寸精确，并可钻孔和切削，密度小，原料消耗低，磁性均匀。这类材料可分为各向同性铝镍型和铝镍钴型系列、热磁处理各向异性铝镍钴型和铝镍钴钛型系列两种，它们的特点与铸造铝镍钴系永磁材料的相应系列的特点相似。此类永磁材料应用于微电机、永磁电机、继电器、小型仪表等的永磁体。

5.3.1.2　铁氧体永磁材料

铁氧体永磁材料是一类氧化物永磁材料，与铝镍钴合金永磁材料相比，其矫顽力很高，回复磁导率较小，剩磁和化学稳定性好，时效变化小，温度系数大，其最大磁能积不大，但最大回复磁能积却较大，耐机械冲击能力弱。适宜用于在动态条件下工作的永磁体，如各类永磁电机、永磁点火电机、磁疗机械、永磁选矿机、吸附用磁分离器、永磁吊头、磁推轴承、扬声器、受话器、磁控管、微波器件等。但因剩磁小，磁感应温度系数较大，不宜用于电工测量仪表中。

5.3.1.3　稀土钴永磁材料

稀土钴永磁材料是由部分稀土金属和钴形成的一种金属间的化合物，这类化合物的磁晶各向异性常数极高（约为 10^6～10^7J/m），是具有优良性能的永磁材料。常见的有钐钴、镨钴、镨钐钴、混合稀土钴等。其矫顽力和最大磁能积是现有永磁材料中最高的品种，适宜制作微型或薄片状永磁体。此类材料与铝镍钴系永磁材料相比，其居里温度低，磁感应温度系数较大，不宜在高于 200℃温度的环境下工作，且价格较昂贵。稀土钴永磁材料只有各向异性系列，沿制作成型时所施外磁场方向上的磁性能较好。宜用于低转速电机、启动电机、力矩电机、精密磁电式仪表、行波管、传感器、磁推轴承、助听器、扩音器、医疗设备、电子聚焦装置等。

5.3.1.4　塑性变形永磁材料

塑性变形永磁材料是经过热处理后，有良好的塑性和机械加工性，可加工制成丝、带、棒、板材或按需要加工成一定形状的永磁体，又称为可加工永磁材料。这一类永磁材料主要有永磁铜及铁钴铝型、铁钴钒型、铂钴、铜镍铁和铁铬钴型等合金。它们的特点各有不同，其中，永磁铜、铁钴铝型和铁钴钒型合金具有相当大的剩磁，但矫顽力较低，只适宜制作尺寸比（L/D）很大的永磁体；铂钴型合金具有很高的矫顽力和最大的磁能积，磁稳定性好，耐腐性强，但剩余磁感应强度不高，价格也较昂贵，用于制作特殊要求的微型永磁体；在上述材料中，只有铁铬钴型合金使用较多，它是一种较新的永磁材料，可分为各向同性和各向异性系列，其磁性能接近铸造铝镍钴合金的某些品种，除能制作特殊形状的永磁体，还能代替铸造铝镍钴合金的某些应用，广泛应用于里程表、罗盘仪、计量仪表、微电机、继电器。加工变形的铁铬钴永磁体通常是由用户制成所需的形状以后，再进行热处理。

5.3.1.5 钕铁硼合金永磁材料

钕铁硼合金是一种新型稀土铁永磁材料，又称为第三代稀土永磁。其磁性能是当今永磁材料中最高的，该材料资源丰富，价廉，相对成本低，它的剩磁（B_r）可达1.0 T以上，矫顽力（H_c）可达800kA/m以上，最大磁能积为131kJ/m^{3}以上，该合金的机械强度比其他永磁材料高，密度小。目前，我国已推广应用它制成稀土永磁发电机、同步电机、启动电机、驱动电机、伺服电机和电动工具用钕铁硼永磁直流电动机。用钕铁硼永磁体制作的电机，在功率、功率因数和效率等方面都有大幅度的提高，如采用钕铁硼合金磁体的永磁发电机，在相同输出功率的情况下，整机的体积质量可以减少30%以上，在同样体积质量的情况下，输出功率提高50%以上。在电机励磁结构方面，钕铁硼永磁铁结构将进一步取代传统的电励磁结构，同时正大量取代铝镍钴及其他磁钢，正不断取代永磁铁氧体。

5.3.1.6 黏结永磁材料

黏结永磁材料是用黏结剂（橡胶或塑料）与某一种永磁材料（如铝镍钴合金、铁氧体永磁、稀土钴永磁、钕铁硼合金）的粉末（磁粉）混合制成的复合永磁材料。它与烧结或铸造磁体相比，其优点是成品率高，成本低，宜大批量生产，材料可再利用，且尺寸精度高，不需二次加工，机械特性好，磁性均匀，一致性好。能制作成形状复杂的、细的或薄的磁体，与其他部件可一体形成。可制成径向取向磁体和多极充磁。

目前，常见的黏结永磁材料有黏结铁氧体和黏结稀土永磁两类。黏结铁氧体主要用于冰箱磁性门封、教具、玩具、音响设备和笛簧接点元件及微型电机等。黏结稀土永磁主要用于旋转电机、音响设备、测量通信设备以及某些日用品。黏结永磁材料的用途举例见表5-8。

表5-8 黏结永磁材料用途举例

应用领域	用途举例
旋转电机	小型精密电机、步进电机、无刷电机、发电机、定时器转子
音响设备	扬声器、头戴式耳机、话筒、扩音器
计量、测量、通信设备	传感器、开关、笛簧继电器、仪表、无杆气缸
办公机械、电视机	磁性轧辊、磁性吸盘、中心磁体
其他	磁耦合器、磁轴承、磁性医疗器具、体育运动器具等

5.3.1.7 磁滞永磁材料

磁滞合金材料的磁特性介于软磁材料和永磁材料之间，矫顽力为0.8～24kA/m，磁滞回线面积较大，剩磁在0.9T以上，比较接近永磁材料。多数磁滞合金材料有良好的塑性，可进行锻轧、拉过、冲压、弯曲等。该材料主要用于磁滞电机。

（1）磁滞永磁材料系列

常用塑性变形磁滞永磁材料有各向同性铁钴钼和各向异性铁钴钒两个系列。

（2）磁滞永磁材料的最终热处理

塑性变形磁滞永磁材料经最终热处理后，硬度增加，便不能进行机械切削，因此最终热处理应在加工成磁滞电机转子形状后进行。对于不同系列、品种的合金，最终热处理要求也是不同的。常用塑性变形磁滞材料的最终热处理工艺见表 5-10 和表 5-11。

表 5-9　常用塑性变形磁滞材料的最终热处理工艺要求

系列	代号	淬火			回火		
		温度/℃	保温时间/min	淬火介质	温度/℃	回火时间/min	冷却方式
各向同性铁钴钼	2J21 2J23	1200±10	15～30	油	625～675	60	空冷
	2J25 2J27	1250±10			625～725		

注：热锻轧材建议按表规范进行。

表 5-10　塑料变形磁滞材料最终热处理工艺要求

系列	代号	回火温度/℃	保温时间/min	冷却方式
各向异性铁钴钒	2J3 2J4 2J7	620～660 600～660 580～660	20～30	空冷
	2J9 2J10 2J11 2J12	580～640		

注：冷锻轧材建议按表规范进行。

5.3.2 永磁材料的充磁、退磁及稳定性处理

使用永磁产品之前，必须把永磁产品饱和磁化（即饱和充磁），同时应考虑到永磁材料是在仪器、仪表中长期使用的，应充分估计各种老化（如时间老化、振动和冲击、外磁场干扰、辐射）等影响。为了减少因各种原因所引起的磁性衰减，永磁产品在装配前必须进行一定程序的人工老化处理，以缩短自然老化期。

（1）永磁材料的充磁

① 磁化磁场强度的确定　在闭合磁路中充磁时，所用的磁化磁场强度，应不小于材料的饱和磁化磁场强度，一般是矫顽力的 3～5 倍。磁化可在极短的时间内完成。

在非闭合磁路中充磁时，所需的磁场强度应比闭合时要大。其大小可由试验确定，即当磁场增加到某值时，永磁体的工作磁通值不再增加了，说明该值的磁化场强已使磁体充磁饱和。

② 充磁方法　永磁体应在组装成磁路后，利用直流磁场或脉冲磁场充磁到饱和，否则，永磁体在充磁后，再组装成磁路，会引起退磁。充磁磁场应由直流电磁铁、通直流电流或脉冲电流的单导线或线圈产生，也可由永磁体产生。

充磁时，应使充磁装置产生的磁场的轴线同永磁体工作时所要求的磁通轴线一致。对于各向异性的永磁体，还应使永磁体工作时的磁通轴线与最优磁性方向一致。对于已经磁化的稀土钴永磁材料制成的永磁体，如再充磁时，充磁方向应与原定方向一致。

（2）永磁材料的退磁

退磁的目的是使永磁体减少工作磁通或达到磁中性状态（完全退磁）。退磁的方法常用的有三种。

① 交流退磁　将永磁体放在足够大的交变磁场中，并使磁场逐渐减弱进行退磁。交变磁场可利用空心线圈通以市电或正负交变强脉冲电流来产生，各类永磁材料均可用此方法退磁。

② 直流退磁　对永磁体施加适当强度的反向磁场，使其退磁。由于永磁体材料不同，其矫顽力大小不同，反向磁场难以确定，所以不易完全退磁。

③ 热退磁　将永磁体加热到居里温度以上，破坏各原子磁矩的长程秩序，以实现完全退磁。此方法仅适用于铁氧体、钐钴和钕铁硼等永磁材料。

(3) 永磁体的稳定性（老化）处理

永磁体的稳定性指反映永磁体充磁后，当受到外界环境因素和内部因素的影响时，此性能的变化程度，用磁感应衰减率（亦称退磁率）表示。影响磁稳定性的内部因素主要包括材料组织变化和磁后效应所引起的磁性改变。铝镍钴合金、铁氧体和稀土铝永磁材料都不会产生由于组织的变化加引起的磁性能变化，但各种永磁材料都会产生磁后效应，即在外界环境无任何变化，其磁性能也会随时产生微小的退磁现象。影响磁稳定性的外部环境因素主要包括温度、干扰磁场、机械应力以及与强磁性体接触和放射性效应等的影响，这些因素均可能引起材料的磁性变化。

永磁体的稳定性热处理主要是通过人工时效（老化处理），使材料组织结构和磁结构处于比较稳定的状态，使用中磁性衰减率相对地减少。人工时效通常在永磁体充磁后进行，时效条件是模拟并略高于永磁系统工作时所受的外界因素。例如，在正温和负温环境下工作的磁体，应在高于+50℃左右到低于−20℃之间，经多循环加热和冷却，每次加热或冷却的时间各为4～8h。对需进行磁老化的永磁体，用交变磁化退磁，铝镍钴可退5%～15%，铁氧体、钐钴、钕铁硼等可退1%～5%。

5.3.3　永磁体的简易测量方法及加工性能

(1) 永磁体的简易测量方法

① 用霍尔探头置于工作气隙中，由特拉斯计直接读到工作气隙的磁通密度或场强。

② 用霍尔探头放在永磁体的表面某处，测得该处表面的磁感应强度（B）的法线分量。应当注意磁体表面各点的 B 值不同，边棱处最高，但不是剩磁感应强度（B_r）。

③ 用实际产品或模拟产品的磁路测量。例如，将永磁体放入仪表磁路中直接检验仪表磁体的磁性。对于永磁电机，可在电枢铁芯转动时测量其电动势来判断永磁体的动态磁性。

④ 用面积一定的线圈从被测部位拉伸出来，利用磁通计测量其磁通量，再由 $B=\frac{\Phi}{S}$ 求得磁通密度或工作场强。

⑤ 距永磁体一定距离放一舌簧接点，观察簧片是否接触，也可接上指示灯判断磁场的大小。

⑥ 与标准磁体进行比较，在“日”字形磁路中对称开出两个相同的工作气隙，中间铁芯开一个细缝，工作气隙中分别放入标准磁体和待测磁体，细缝中测出磁感应强度（B）值，可反映被测磁体的优劣。

(2) 永磁体的加工性能

常用部分永磁体的加工性能见表5-12。

表 5-11　常用部分永磁体的加工性能

永磁材料	制造方法	加工方法					脆性
		金切	磨削	电加工	挤压	焊接	
铝镍钴	铸造粉制	不可	可 经济	可 费用高	不可	不良	脆
铁氧体	粉制	不可	可 经济	不可	不可	不可	脆
钐钴	粉制	不可	不可	可 经济	不可	不良	脆
钕铁硼	粉制快淬	不可	可 经济	可 经济	不可	不良	脆
铁铬钴	轧拉铸造	可(热处理之前)	可 经济	可 经济	难	不良	脆

5.4　磁记录及磁记忆材料

近代，出于计算技术、电视录像、广播录音、通讯以及自动控制、遥测与微波技术的发展，大量应用记录、存储和再生信息的磁性元件。这些元件是由磁记录和磁记忆材料制成的。

磁记录和磁记忆材料，由于其磁滞回线呈矩形，因此又叫矩磁材料。这种材料在很小的外磁场作用下就能磁化，并达到饱和，当去掉外磁场后，仍能保持其饱和状态的磁性。这类材料有些品种具有软磁材料的特性，有些品种却具有永磁材料的特性。铁氧体矩磁材料就是这类材料的一种。目前这类材料已经逐渐形成规模和单独的体系了。

5.4.1　磁记录材料

磁记录材料主要有磁带（磁盘）、磁头等磁性材料料，其作用是对信息进行记录或根据需要进行再现。

(1) 磁头材料

用于记录磁头、读出磁头和消磁磁头的磁头材料一般分为两类。一类是用于制造磁芯的，另一类是用于制造磁屏蔽罩的。

磁芯是磁头的关键部件，要求磁芯材料的软磁性能好，即磁导率高、矫顽力低和损耗小；同时要求饱和磁化强度大、电阻率大、剩余磁化强度低，耐磨性、耐腐蚀性和可加工性好；还要求其磁性能对应力不敏感，对温度和时间的稳定性好和噪声低等。

具有不同功能的磁头，其磁芯材料性能的要求也应有不同的侧重点。记录磁头和消磁磁头应选用高饱和磁化强度的材料，以获得强的磁场。记录磁头为保证录音不失真，还应注意选用磁滞损耗、涡流损耗、矫顽力和剩磁都尽可能小的材料。而读出磁头则要求具有最大的鉴别力，比对录音磁头要求更为严格，特别要重视初始磁导率这个重要参数。

随着磁记录技术及其设备的向高性能、长寿命和小型化发展，要求进一步提高磁芯材料的饱和磁化强度和耐磨性能。

磁芯材料通常分为合金（铁镍合金、铁铝合金、铁硅合金）材料和铁氧体（烧结铁氧体、高密度铁氧体、单晶铁氧体和热压铁氧体等）材料。合金材料的磁导率及饱和磁化强度高、矫顽力低、易加工；但耐磨性和高频特性则不如铁氧体材料。

用来防干扰，并保护磁芯不被磨损的磁头屏蔽罩（或板），一般用 45Ni-Fe 和 78Ni-Fe 合金作磁头屏蔽材料。前者易加工、价低廉，后者耐腐蚀性好。随着磁头向高性能，小型化发展，要求进一步提高屏蔽材料的耐磨性和耐腐蚀性能。

（2）磁记录介质

这是一种涂敷在磁带、磁盘或磁鼓衬底上的磁性微粒。通常是硬磁材料。

这种材料，要求其饱和磁化强度大，矫顽力适当高（200—1000Oe 左右），矩形比要高、磁滞回线陡直，温度系数小，老化效应小，微粒大小适宜，形状比要大等。

磁记录介质有金属氧化物和合金两类。在金属氧化物中，以 γ-FeO_3 系磁粉作为记录元件应用早而广。随着磁记录技术的发展，具有高记录密度、高矫顽力的 CrO_2 系磁粉成为后起之秀。还有一些磁粉具有高灵敏度、高分辨率、易加工成薄膜，更显其竞争力。

由磁记录介质制成的磁带，要求其灵敏度高，再生输出大、记录密度高、高频失真率小，以及对磁头磨损小。

磁带等各种磁记录元件的质量不仅取决于磁记录介质的性能，还与涂敷工艺、衬底、防静电剂、粘合剂与分散剂等材料的质量密切相关。

磁带的尺寸随应用不同而异。录像机用的磁带宽为 12.7mm，广播用的磁带宽为 25.4mm 和 50.8mm，盒式磁带的宽度为 $3.81_{-0.05}^{\ 0}$mm。

5.4.2　磁记忆材料

用以制造磁存储（记忆）元件的磁性材料，称为磁材料。存储元件是电子计算机的重要组成部分，其磁性能的好坏将影响计算机主机的功能。

磁记忆材料有铁氧体和合金两类。按其特性又分为矩磁材料和非矩磁材料两种。如用以制造环形铁芯存储器的 Mn-Mg 系和 Li 系矩磁铁氧体，具有矩形性好、矫顽力低、频率特性好、对温度的稳定性好等特点。铁镍合金常用于制造平面磁膜、磁镀线等磁存储器。用作磁畴存储器的材料则为非矩磁材料。

复习思考题

1. 什么是磁化曲线？曲线的特点有哪些？
2. 磁滞回线的特性以及各段代表的含义是什么？
3. 简述居里温度和磁感应温度系数的概念。
4. 软磁材料的品种有哪些？各品种软磁材料的特点及用途有什么不同？
5. 什么是软磁铁氧化体？它的品种又有哪些？
6. 简述软磁材料的选用及表面处理。
7. 什么是永磁材料？永磁材料按制造工艺的不同有哪些分类？
8. 对磁记录、磁记忆材料有什么性能要求？这些材料在电工电子工业中起到什么作用？

第 6 章　压电与铁电材料

压电效应是在 19 世纪末首先在水晶和电气石等晶体上发现的，以后又相继发现了罗息盐（酒石酸钾钠）、磷酸二氢铵、磷酸二氢钾、酒石酸乙烯二胺、硫酸锂单水化合物和钛酸钡等重要的压电、铁电晶体。这些晶体相继在电声元件、谐振器、滤波器、换能器和声呐等方面应用。但是，除了水晶外，这些压电晶体多是水溶性晶体，存在易潮解等缺点，1942～1943 年，发现钛酸钡压电陶瓷，1947 年制成器件，这对于压电材料的发展具有重大意义。压电陶瓷同水晶等单晶体比较，具有易于制造和可批量生产，成本低，不受尺寸大小限制，可在任意方向极化，而且具有耐热、耐湿等优点。20 世纪 50 年代初出现的锆钛酸铅陶瓷（PZT）的压电性远优于钛酸钡陶瓷，并在许多方面取代了原有的压电材料。

20 世纪 60 年代以来，一方面在锆钛酸铅压电陶瓷的基础上进行种种掺杂改性，并且发展了三元系压电陶瓷，使得压电陶瓷各项性能进一步提高；另一方面，由于陶瓷材料不能满足日益发展的超高频技术的要求，特别是由于激光等新技术的应用，晶体材料的发展得到很大的推动。同时，由于单晶的生长工艺不断改进，使得一些新的压电、铁电晶体材料有可能大批生产。这样，就出现了一批性能优良的新的压电、铁电晶体，如铌酸镉、钽酸锂、镓酸锂、锗酸铋等。利用薄膜工艺还制备出具有较好压电性能的硫化镉、氧化锌、铌酸锂、氮化铝等的薄膜换能器，用于微波声学技术中。

除此以外，新的压电材料还不断涌现，如热压烧结的压电陶瓷以及高分子柔软压电材料、复合压电材料等。

6.1　压电物理基础知识

6.1.1　晶体的压电性和铁电性

（1）晶体的压电效应

在电场的作用下，可以引起电介质中带电粒子的相对位移面发生极化。但是，在某些电介质晶体中，也可以通过纯粹的机械作用而发生极化，并导致介质两端表面出现符号相反的束缚电荷，其电荷密度与外力成正比。这种由于机械力的作用而激起的晶体表面荷电现象，称为压电效应，晶体的这一性质称为压电性。

晶体的压电效应可以用图 6-1 示意地表述。图 6-1(a) 表示出压电晶体中的质点在某方向上的投影。此时，晶体不受外力作用，正电荷的重心与负电荷的重心重合，整个晶体的总电矩等于零，即极化强度等于零，因而晶体表面无电荷。但是当沿某一方面对晶体施加机械力时，晶体就会由于发生形变而导致正负电荷重心不重合，也就是电矩发生了变化，从而引起晶体表面的荷电现象。图 6-1(b) 为晶体受压缩时的荷电情况，图 6-1(c) 则是拉伸时的荷电情况，在这两种情况下，晶体表面所带电荷号相反。反之，如果将一块压电晶体置于外场中，由于电场作用，会引起晶体内部正负电荷重心的位移。这一极化位移又导致晶体发生形变，这个效应就称为逆压电效应。

由此可知，压电效应是由于晶体在机械力的作用下发生形变而引起带电粒子的相对位移

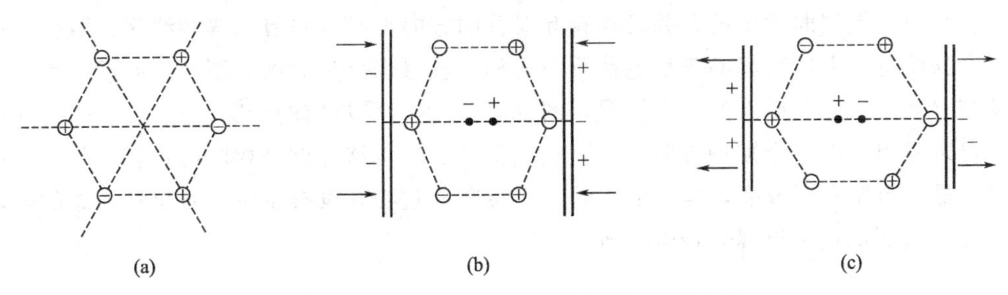

图 6-1　压电晶体产生压电效应的机理示意图

(偏离平衡位置)，从而使得晶体的总电矩发生改变而造成的。晶体是否具有压电性，是由晶体的结构对称性这个内因所制约的，具有对称中心的晶体永远不可能具有压电性。因为在这样的晶体中，正负电荷的中心对称式排列不会因形变而遭受破坏。所以，仅仅由机械力的作用并不能使它们的正负电荷重心之间发生不对称的相对位移，也就是不能使之产生极化。这就是说，具有对称中心的晶体的总电矩永远为零，从而不可能出现压电性。换言之，晶体必须有极轴（即指其两端不能借助于该对称型中的对称操作而相互重合的方向轴线，并非指对称操作的转轴)，才有压电性。显然，有对称中心的晶体永远不可能存在有极轴，因而它们也永远不可能有压电性。

目前已发现的具有压电性的晶体有几十种，其中有应用价值的主要有水晶（石英晶体）(见图 6-2)、钛酸钡、酒石酸钾钠、磷酸二氢铵、磷酸二氢钾、铌酸锂、钽酸锂、镓酸锂、锗酸锂、锗酸铋、碘酸锂、二氧化碲、硫碘化锑等。有一些半导体也具有压电性，如氧化锌、硫化镉、硫化锌、硒化镉等。

图 6-2　压电石英晶体材料

(2) 晶体的热释电效应

除了由于机械应力的作用而引起电极化外，对某些晶体，还可以由于温度的变化而产生电极化。例如均匀加热的电气石｛Na(Mg,Fe,Mn,Li,Al)3Al6[Si6O18][BO3]3(OH,F)4｝晶体，在晶体唯一的三重旋转对称轴两端，便会产生数量相等而符号相反的电荷。如果将晶体冷却，电荷的变化与加热时相反，这种现象就称为热释电效应，晶体的这种性质称为热释电性。

热释电效应是由于晶体中存在着自发极化所引起的。自发极化和感应极化不同，它不是由外电场作用而发生的，而是由于物质本身结构在某方向上正负电荷重心不重合而固有的。当温度变化时，引起晶体结构上的正负电荷重心相对位移，从而使得晶体的自发极化发生改变。通常，自发极化所产生的表面束缚电荷被来自空气中附集在晶体外表面上的自由电荷和晶体内部的自由电荷所屏蔽，电矩不能显示出来。只有在晶体受热或冷却，即温度发生变化时，所引起的电矩改变不能补偿的情况下，晶体两端产生的电荷才能表现出来。

既然晶体具有热释电效应的必要条件是自发极化，因此，具有对称中心的晶体不可能具有热释电性，这一点与压电晶体的要求是一样的。但是，具有压电性的晶体不一定就具有热释电性。这是因为在压电效应发生时，机械力可以沿一定的方向作用，由此而引起的正负电荷重心的相对位移在不同方向上一般是不等的（参见图 6-1)；而晶体在均匀受热时的膨胀却是在各个方向上同时发生的，并且在相互对称的方向上必定只有相等的线胀系数值。也就是说，在这些方向上所引起的正负电荷重心的相对位移也是相等的。图 6-3 示意地表示 α 石英晶体在（0001）面上质点的排列情况，图（a）是表示受热前的情况，图（b）是受热后的情况。可以看出，沿三个极轴方向上，正负电荷重心的位移程度是相同的，若就每一个极轴方向看，显然电矩有了改变，但总的来看，正负电荷重心并没有发生相对位移，总的电矩并没有改变，因而也就不出现热释电效应。

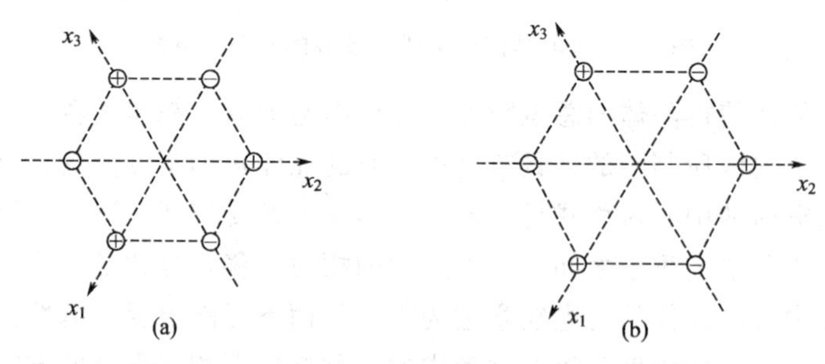

图 6-3 α 石英晶体不产生热释电效应的示意图

由此可见，仅当晶体中存在有与其他极轴都不相同的唯一极轴时，才有可能因热膨胀引起晶体总电矩的改变，从而表现出热释电效应。或者说，该极轴与结晶学的“单向”重合（所谓单向，就是指晶体中唯一不能用晶体本身的对称操作来与其他方向重合的方向）才有热释电效应。

目前，已经发现的热释电晶体有一千多种，而真正符合实用要求的仅有十多种，它们可分为两大类：一类是除具有热释电效应外，还具有铁电性的晶体，如硫酸三甘钛（TGS）、钽酸锂（$LiTaO_3$）、铌酸锶钡（SBN）等单晶，及钛酸铅（$PbTiO_4$）、锆钛酸铅（PZT）、掺镧锆钛酸铅（PLZT）陶瓷等；另一类是只具有热释电性质，而不具有铁电性质的晶体，如硫酸锂（$Li_2SO_4 \cdot H_2O$）、锗酸铅、硫化镉（CdS）等晶体。

利用晶体的热释电效应，可以制造红外热释电探测器、红外热释电摄像管等。

(3) 晶体的铁电性

在热释电晶体中，有若干晶体不但在某温度范围内具有自发极化，而且其自发极化强度可以因外电场反向而反向。晶体的这种性质称为铁电性，具有铁电性的晶体称为铁电体。

钛酸钡晶体及其陶瓷，就是常见的铁电体。通过对钛酸钡铁电晶体的讨论可知，铁电晶体具有自发极化、电矩、电畴、电滞回线及顺电-铁电相变等性质，这些性质与铁磁体的自发磁化、磁矩、磁畴、磁滞回线及顺磁-铁磁相变等性质有着相对应的类似。所以人们习惯地将这种具有电滞回线的晶体称为铁电体，其实铁电晶体中并不一定含有铁。

目前已发现的铁电晶体有 1000 多种，常见的有酒石酸钾钠、磷酸二氢钾、钛酸钡、铌酸锂、钽酸锂、铌酸钡钠、硫酸三甘钛等。

利用铁电晶体的电畴极化反转特性，可制作图像储存和固体显示器件。由于铁电晶体本身是介质晶体、压电晶体、热释电晶体的一个亚族，所以铁电晶体必然具有介电、压电、热释电性质，对于透光性的铁电晶体还具有电光性质。因此，铁电材料还常常作为高介电材料、压电材料、热释电材料及电光材料使用。

(4) 铁电、热释电、压电、介电晶体之间的关系

具有铁电性的晶体，必然具有热释电性和压电性。具有热释电性的晶体，必具有压电

性，但却不一定具有铁电性。压电晶体、热释电晶体、铁电晶体均属于电介质晶体，图 6-4 示意地画出了它们之间的关系。

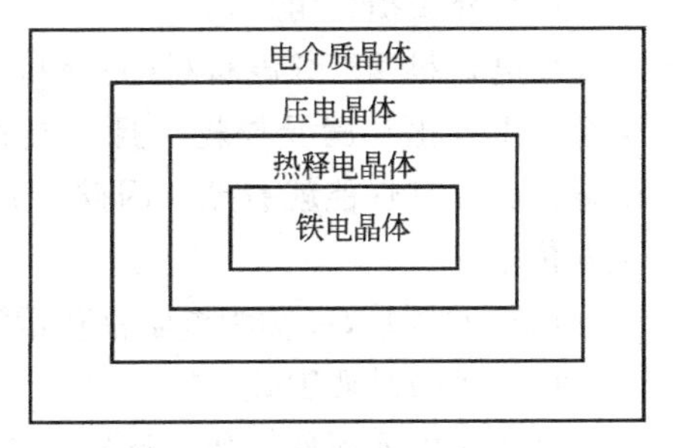

图 6-4　铁电晶体、热释电晶体和压电晶体之间的关系

必须注意，谈到某种晶体是否具有压电性和铁电性，不能离开具体的温度条件。一般具有在铁电居里温度以下（如钛酸钡），或在上下铁电居里温度之间（如罗息盐）才具有铁电性和压电性。当温度高于居里温度后，铁电体处于顺电相，其铁电性消失。但此时晶体是否具有压电性，就取决于其有无对称中心，若铁电体在顺电相时无对称中心，则仍具有压电效应，如罗息盐类、磷酸二氢钾类等晶体；若有对称中心，则无压电效应，如钛酸钡类、铌酸锂类、铌酸锶钡等铁电体。

（5）晶体的电致伸缩效应

通过逆压电效应，压电晶体在外电场作用下会发生形变。其实任何介质在电场中，由于诱导极化的作用，都会引起介质的形变，这种形变与逆压电效应所产生的形变是有区别的。

在讨论电介质的形变时，主要从两个方面考虑：一方面电介质可能受到外力作用而引起弹性形变；另一方面电介质可能受外电场的极化作用而产生形变。由诱导极化作用而产生的形变与外电场的平方成正比，是一个二次方效应，这就是电致伸缩效应。因此电致伸缩的形变与外加电场的极性（符号）无关。

与逆压电效应对照，不同之处在于：逆压电效应所产生的形变是与外电场成线性关系的（在弹性限度内），并且当电场反向（极性符号改变）时，形变也改变方向（由伸长变为缩短或相反），这就是压电效应的形变。两种效应的形变 S 与外加电场 E 的关系如图 6-5 所示。

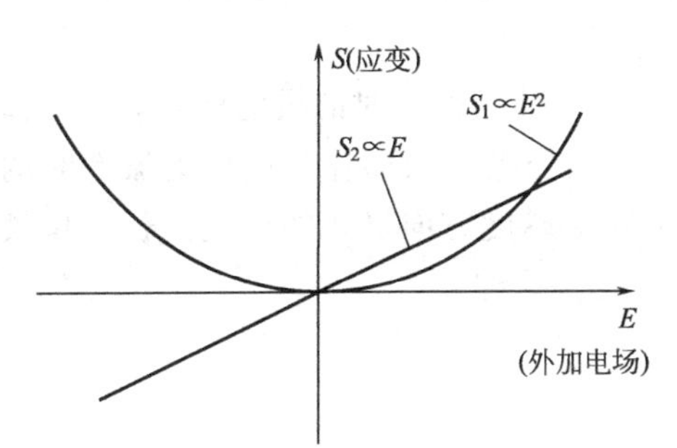

图 6-5　压电效应与电致伸缩效应
S_1—电致伸缩应变；S_2—逆压电效应应变

逆压电效应仅在无对称中心的压电晶体中才具有。但电致伸缩效应则存在于所有的电介质之中，不论是非晶态物质或是晶体，也不论是有对称中心的晶体或极性晶体，都有这种效应。不过，一般来说，电致伸缩效应是很微弱的，且由于压电晶体常在小信号下应用，因此，与压电效应相比，可以把电致伸缩效应忽略。

但是，对于某些高介电常数的材料，特别是对于一些铁电材料，当它们刚好处于居里温度之上，而又没有压电效应的时候，电致伸缩效应会有足够的量值，从而引起人们的注意。

6.1.2　压电材料的几个重要参数

描述晶体材料的弹性、压电、介电性质的重要参数，除了介电常数、弹性系数和压电常数之外，还有描述交变电场中的介电行为的介质损耗角正切 $\tan\delta$、描述弹性谐振时的力学性能的机械品质因数 Q_m 及描述谐振时的机械能与电能相互转换的机电耦合系数等，现分述如下。

（1）介质损耗角正切

压电材料属于介电材料的一种，因而同其他介质材料一样，在电场的作用下，压电材料也会发生极化与漏导损耗，且其损耗的参数仍用损耗角正切值 $\tan\delta$ 表示。显然，材料的 $\tan\delta$ 愈大，其性能就愈差。因此，介质损耗是判别材料性能好坏、选择材料和制作器件的重要依据。

$\tan\delta$ 的倒数 Q_e 称为电学品质因数，它与 $\tan\delta$ 同属无量纲的物理量。

（2）机械品质因数

许多压电元器件，如滤波器、压电换能器、压电音叉等，主要是利用其谐振特性。由于压电体具有压电效应，当对一个压电片输入交变电信号时，如果信号的频率与压电片的谐振频率 f_τ 一致，就会因为逆压电效应而产生机械谐振，这种压电片常称作压电振子。

压电振子谐振时，由于其内部质点运动的内摩擦要消耗一部分能量，因而造成损耗，机械品质因数 Q_m 就是反映压电振子在谐振时的损耗程度。其定义为

$$Q_m = 2\pi \frac{\text{谐振时振子储存的机械能量}}{\text{每一谐振周期振子损耗的机械能量}}$$

（3）机电耦合系数

机电耦合系数 k 是衡量压电体的机电能量转换能力的一个重要参数，在实用方面有很重要的意义，其定义为

$$k^2 = \frac{\text{通过机电转换获得的能量}}{\text{输入的总能量}}$$

即使是同一种压电材料，由于振动方式的不同，其能量的转换程度也不同，因而有不同的 k 值。压电陶瓷的耦合系数有 5 个，即平面耦合系数、横向耦合系数 、纵向耦合系数数、厚度耦合系数和切变耦合系数。最为常用的是平面耦合系数、纵向耦合系数和横向耦合系数。

平面耦合系数表示沿厚度方向极化的压电薄圆片沿径向伸缩振动时的机电耦合效应，如图 6-6(a) 所示；纵向耦合系数则是反映沿长度方向极化的压电细长棒作长度伸缩振动时的机电耦合效应，如图 6-6(b) 所示；横向耦合系数是反映沿厚度方向极化的压电薄长片作长度伸缩振动时的机电耦合效应，如图 6-6(c) 所示。

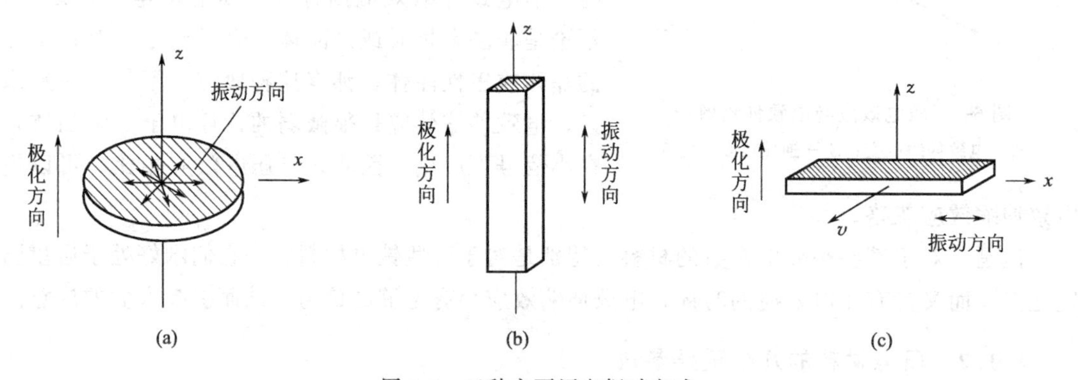

图 6-6　三种主要压电振动方式

（4）频率常数 N

压电体的频率常数 N 是指振子的谐振频率 f_τ 与主振动方向尺寸（或直径）的乘积。它是一个常数，单位为 Hz · m。

对于直径为 d 的薄圆片径向伸缩振动模式的压电振子：

$$N_d = f_\tau d$$

对于长度为 l 的薄长片长度伸缩振动模式的压电振子：

$$N_l = f_\tau l$$

对于厚度为 t 的薄长片厚度振动模式的压电振子：

$$N_t = f_\tau t$$

由于谐振频率 f_τ 与压电振子主振动方向的尺寸成反比，所以频率常数 N 与振子尺寸无关，只与压电材料的性质、振动模式有关。它是表征压电材料压电性能的又一重要参数。因此压电振子材料和振动模式不同，频率常数 N 也不同。频率常数 N 在工程上是一个很有用的参数。当已知材料的频率常数 N 后，就可根据所需要的谐振频率 f_τ 来确定压电振子尺寸；还可根据工艺上可能获得的压电振子几何尺寸，估算谐振频率 f_τ 的极限。

6.2 压电材料的分类

压电材料按其化学组成和形态主要分为压电单晶、压电陶瓷、高分子压电材料和压电薄膜四类。其中，压电陶瓷系列品种最多，应用最为广泛成熟，而压电高分子/铁电粉末复合压电材料也受到很大重视。

6.2.1 压电单晶

压电单晶主要包括水晶、$LiNbO_3$、$LiTaO_3$、$Bi_{12}GeO_{20}$、$Bi_{12}SiO_{20}$、$LiGeO_2$ 和 $LiGeO_3$ 等。这些人工合成的压电晶体已经成为在高频、超高频领域（特别在微波声学领域）中使用的主要压电材料。如人工合成的水晶仍是高频振子的主要材料；$LiNbO_3$ 和 $LiTaO_3$ 在声表面波器件中的用量越来越多。

在压电晶体中，除了前面已经提到的石英晶体外，使用最多的是 $LiNbO_3$。$LiNbO_3$ 属畸变的钙铁矿结构，密度为 4.64g/cm^3，熔点为 1253℃，其单晶体是通过直拉法生长的。刚生长出来的晶体是多电畴的，为使其单畴化，要加热到居里点（1210℃）附近并通以直流电，也可以在单晶生长过程中施加电场进行单畴化处理。测量表明，$LiNbO_3$ 单晶机电耦合系数大，传输损耗小，具有优良的压电性能。几种压电单晶的性能列于表 6-1 中。

表 6-1　几种压电单晶的性能

单晶体	耦合系数/%	位移差 φ	相对介电常数 $\varepsilon/\varepsilon_0$
$LiTaO_3$	19	0	43
$LiNbO_3$	17	0	29
$Ba_2NaNb_3O_{15}$	57	0	30
$LiGeO_2$	25	0	8
$LiNbO_3$	49	4	39

6.2.2 压电陶瓷

目前，压电陶瓷已经用于成批生产各种系列产品，如超声振子、换能器、拾音器、话筒、压电变压器、陶瓷滤波器、延迟线和蜂鸣器等。研究表明，具有压电性的陶瓷材料主要有钙钛矿型、钨青铜型、焦绿石型、含铋层状结构四种晶体结构类型。

（1）钙钛矿型结构压电陶瓷

钙钛矿型晶体结构的化学通式为 ABO_3，目前应用最广泛的压电陶瓷，如 $BaTiO_3$、$PbTiO_3$、$Pb(TiZr)O_3$（PZT）、$Pb(Mg_{1/3}Nb_{2/3})O_3$ 等，都具有钙钛矿型结构。通式中的 A 为半径较大的正离子，化合价可以是＋1、＋2 和＋3；B 为半径较小的正离子，化合价可为＋5、＋4 和＋3；负离子通常是氧离子，也可以是 F^-、Cl^- 和 S^{2-} 等。

典型的钙钛矿型晶体结构如图 6-7 所示。以 $BaTiO_3$ 为例，较大的正离子（Ba^{2+}）位于简单立方体的顶角处，较小的正离子（Ti^{4+}）位于立方体的体心；而氧离子（O^{2-}）则处于立方体的面心。这种结构的主要特征是 Ti—O 离子构成［TiO_6］八面体，并以顶角相连构成网络，这种排列有利于远程力（如偶极矩间力）的相互作用，也有利于铁电性的产生。

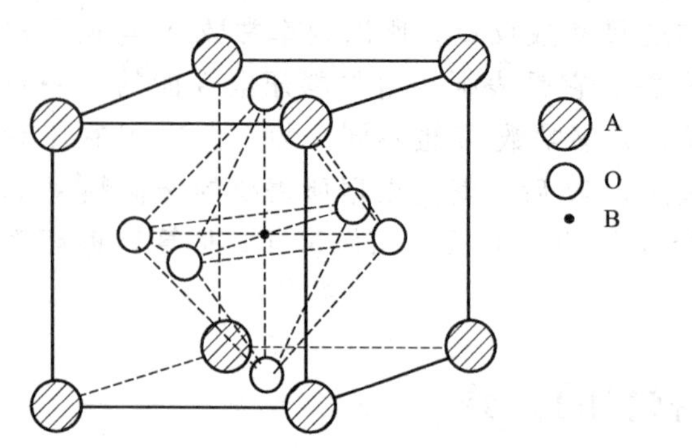

图 6-7 钙钛矿结构实际图（以 $BaTiO_3$ 为例）

钙钛矿结构铁电体的化学键一般为离子性，但离子的极化率不完全为零，故它们仍具有一定的共价键性质。特别是 Pb^{2+} 具有非惰性气体的电子结构，极化率较大。所以，含 Pb^{2+} 的钙钛矿结构化合物共价性较大，它们的铁电性也较强。

构成 ABO_3 型结构化合物的离子半径应满足下列条件：

$$R_A + R_O = 2^{1/2} t\ (R_B + R_O)$$

式中 R_A——A 离子的半径，nm；

R_B——B 离子的半径，nm；

R_O——氧离子的半径，nm；

t——容忍因子（又称宽容系数）。

当 $t=1$ 时，为理想的钙钛矿结构。一般情况下，t 在 0.86～1.03 之间均可组成钙钛矿结构，这时 A 离子的半径约为 0.10～0.14nm，B 离子的半径约为 0.045～0.075nm。氧离子的半径约为 0.132nm。具有铁电性化合物的 t 值多数在 1～1.03 之间。

（2）钨青铜型压电陶瓷

氧化物铁电体中有一部分是以钨青铜结构存在的，例如 $PbNb_2O_6$、$NaSr_2Nb_5O_{15}$ 等。钨青铜来源于化合物 $K_{0.57}WO_3$。这一结构的特征是存在着［BO_6］式八面体，其中 B 以 Nb^{5+}、W^{6+} 等离子为主。这些氧八面体以顶角相连构成骨架，并形成 B—O—B 链。图 6-8 为钨青铜结构在（001）面上的投影图。可见，［BO_6］式八面体之间形成了三种不同的空隙 A_1、A_2 和 C，其大小次序为 A_2 最大，A_1 居中，C 最小。而氧八面体中心又因所处位置的对称性不同，可能为 B_1、B_2 两种。若从一个四方晶系的元胞来看，这种结构包括了 2 个 A_1 位、4 个 A_2 位、4 个 C 位、2 个 B_1 位、8 个 B_2 位和 30 个氧离子，结构式应为 $(A_1)_2(A_2)_4C_4(B_1)_2(B_2)_8O_{30}$，$A_1$、$A_2$、C、$B_1$ 和 B_2 位可填充价数不同的正离子，其中一部分是可以空着的。对于铌酸盐系统，Nb^{5+} 填充于氧八面体中心，其他正离子填充（或部分填充）于 A_1、A_2 和 C 位。正离子在其中占有的数目取决于根据电中性要求而存在的离子种类。例如，对于 $PbNb_2O_6$，5 个 Pb^{2+} 随机地分布于 6 个 A 值，故称“非填满型钨青铜结构”，若全部 A_1、A_2 位均被正离子填充，则称为“填满型钨青铜结构”，如 $Ba_4Na_2Nb_{10}O_{30}$。

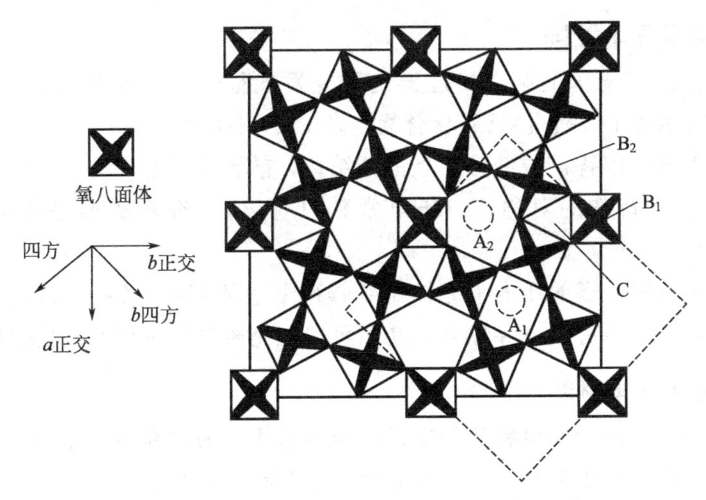

图 6-8　钨青铜结构在（001）面上的投影图

若 A_1、A_2 和 C 位都被正离子填充，则称为“完全填满型钨青铜结构”，如 $K_6Li_4Nb_{10}O_{30}$。钨青铜型铁电体的成分和结构上的差别对性能会有很大影响。

（3）含铋层状结构型压电陶瓷

含铋层状结构是由二维的钙钛矿层和 $(Bi_2O_2)^{2+}$ 层有规则地相互交替排列而成，沿 $(Bi_2O_2)^{2+}$ 层面易引起劈裂，其组成可由下式表示：

$$(Bi_2O_2)^{2+}(A_{x-1}B_xO_{3x+1})^{2-}$$

式中　x——钙钛矿层厚度方向的元胞数，其值可为 1～5；

A——较大正离子，配位数为 12；

B——较小正离子，配位数为 6。

A、B 离子组合应满足下列关系：

$$\sum X_A V_A + \sum X_B V_B = 6X$$

式中　X——相应于 A、B 位离子的浓度；

V——相应于 A、B 位离子的化合价。

含铋层状结构的自发极化平行于 O—B—O 链，即沿着层的方向。图 6-9 为 $Bi_4Ti_3O_{12}$ 晶体结构示意图。

含铋层状结构化合物中有一部分具有铁电性，其特点是居里点高，自发极化也较高（例如，$Bi_4Ti_3O_{12}$ 的极化性能估计可达 $50\mu C/cm^2$），压电性能和介电性能的各向异性大，机械品质因数也较高，加上谐振频率的时间稳定性和温度稳定性较好，因此在滤波器、能量转换以及高温换能器方面应用较多。但是，这类化合物存在破坏性相变，用常规陶瓷工艺很难制备致密的烧结体，且矫顽电场很高（例如，$Bi_4Ti_3O_{12}$ 的矫顽电场达 5kV/mm），故不容易得到实用的压电材料。研究表明，若在层状结构化合物中得到多晶粒取向的“织构陶瓷”，会使问题得到改善。

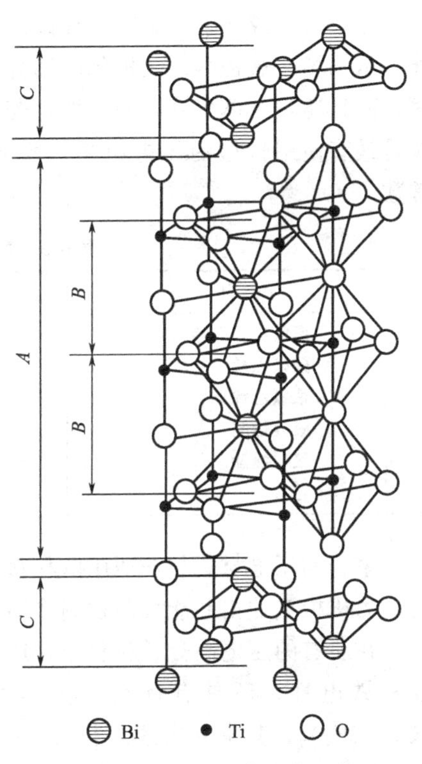

图 6-9　$Bi_4Ti_3O_{12}$ 晶体结构示意图

6.2.3 压电半导体材料

压电半导体在微声技术上制作换能器的研究发展很快，主要备选材料有 CdS、CdSe、ZnO、ZnS、ZnTe 和 CdTe 等Ⅱ-Ⅵ族化合物以及 GaAs、GaSb、InAs、InSb 等Ⅲ-Ⅴ族化合物。这些化合物大都是闪锌矿或纤锌矿型晶体结构，前者为面心立方，后者为六方晶系。闪锌矿型的晶体由于其特殊的对称性，压电常数只有 d_{14}。纤锌矿型晶体的压电常数则有三个。

在微声技术中使用最多的压电半导体是纤锌矿型晶体 CdS、CdSe 和 ZnO。这些晶体的机电耦合系数大，同时兼有光电导性（由光照可以控制载流子浓度），甚为优越。

6.2.4 高分子压电材料

聚乙烯、聚丙烯等高分子材料分子中没有极性基团，因此在电场中不发生因偶极取向而极化，按理这类材料没有压电性，但是由于材料中存在不对称性分布的杂质电荷，或因电极的注入效应，也可使这类材料具有一定的压电性，其压电常数如表 6-2 所示。

表 6-2 非极性高分子浇注薄膜的压电常数

聚合物	$d_{12}/10^{-15}C \cdot N^{-1}$
高密度聚乙烯	2.7
低密度聚乙烯	6.7
聚丙烯	3
聚苯乙烯	0.3
聚甲基丙烯酸甲酯	0.07

聚偏二氟乙烯、聚氯乙烯、尼龙 11 和聚碳酸酯等是极性高分子材料，当这类材料在高温下处于软化或熔融状态时，加以高直流电压使之极化，并在冷却后撤掉电压，使材料能对外显示电场，这种半永久极化的高分子材料称为驻极体。高分子驻极体的电荷不仅分布在表面，而且还具有体积分布的特性，若在极化前将薄膜拉伸，即可获得强压电性。高分子驻极体是最有使用价值的压电材料。表 6-3 给出了部分延伸并极化后的高分子驻极体的压电常数。

表 6-3 室温下高分子驻极体的压电常数

聚合物	$d_{31}/10^{-12}C \cdot N^{-1}$	$g_{31}/10^{-3}m^2 \cdot C^{-1}$
聚偏二氟乙烯	30	105
聚氟乙烯	6.7	30
聚氯乙烯	10	120
聚丙烯腈	1	6.9
聚碳酸酯	0.5	5.4
尼龙 11	0.5	4.5

聚合物压电材料与普通压电材料相比，具有声阻抗和介电常数低、柔韧性好和击穿电压高、耐机械热冲击并能大面积制作薄片等优点。因此，有关它的研究十分活跃。

在所有的压电高分子材料中，PVDF 具有特殊的地位，它不仅具有优良的压电性、热电性和铁电性，还具有优良的力学性能，PVDF 是由—CH_2—CF_2—形成的链状聚合物 $(CH_2CF_2)_n$，其中 n 通常大于 10000。结构分析表明，其中晶相和非晶相的体积通常各占 50%左右。已发现 PVDF 有四种晶型，即 α、β、γ 和 δ。其中 α 相无极性，γ 和 δ 相则极性很弱，β 相极性最强，是广泛研究的对象。从熔体急冷得到的通常是 α 相，将其拉伸至原长的几倍，即可得到高度取向的 β 相，链轴与拉伸方向平行，极化方向与拉伸方向垂直。

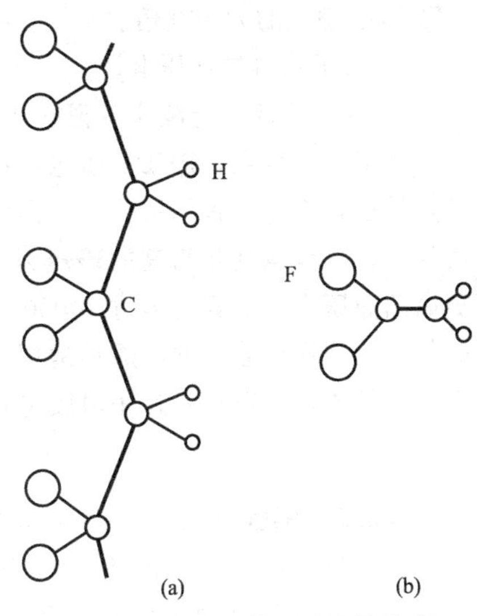

图 6-10　垂直于链轴和沿链轴看到的全反式构象的 PVDF

在理想条件下，β-PVDF 分子呈全反式构象，全部的 F 位于链的一侧，全部的 H 位于链的另一侧。此时，垂直于链轴和沿链轴所看到的图像分别如图 6-10(a) 和 (b) 所示。分子呈全反式构象时，电偶极矩最大，且晶胞中 2 个 CH_2CF_2 的电偶极矩取向相同。PVDF 结晶时，分子通常形成厚约 10nm 的片状晶体，它们是链状分子以约 20nm 为周期反复折叠形成的。片状晶体无规则排列，没有极性，这时的晶相为 α 相。为了得到 β 相，可将 α 相的薄膜拉伸，于是其中的片状晶体与拉力方向垂直，分子轴线则与拉力方向平行，如图 6-11 所示。该图示出的是一片 PVDF 薄膜，其中包含许多片状晶体。经过拉伸后，它们与拉力方向垂直，也与薄膜表面垂直。图中示出了一个片状晶体，其中的电偶极子与分子轴线垂直，如箭头所示。垂直于薄膜平面施加直流电场，可使这些电偶极子平行排列。

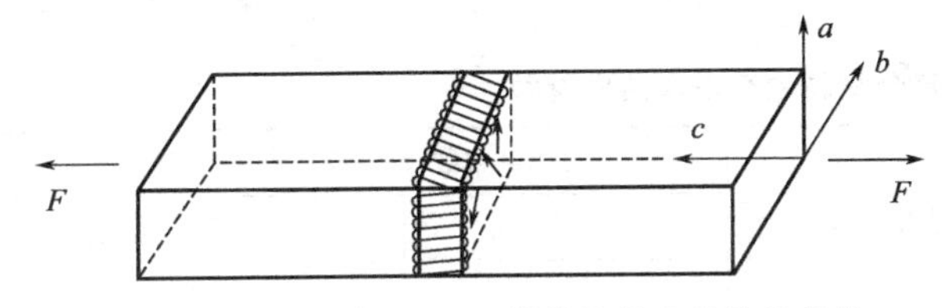

图 6-11　拉伸后的 PVDF 薄膜及其中的片状晶体（F 代表拉力，箭头代表电偶极子）

β 型取向薄膜的介电常数高于 α 型，且在 100Hz～100kHz 的范围内，介电常数与频率几乎无关，如表 6-4 所列。因此，用其制成的换能器，从音频到超高声频的范围内皆可适用。

表 6-4　PVDF 在室温下的压电性能和相对介电常数

室温下的压电性能						不同晶型在不同频率下相对介电常数（首行为 α 型，次行为 β 型）		
压电常数 $d/(10^{-12}C \cdot N^{-1})$			机电耦合系数 $K/\%$			0.1Hz	10^2～10^5Hz	10^6Hz
d_{33}	d_{32}	d_{31}	K_{33}	K_{32}	K_{31}			
−30	4	24	19	3	15	14	10	5
						20	12	5

PVDP 压电材料具有如下优点。

① 低密度。它的密度为 1.75～1.78g/cm³，仅为压电陶瓷的 1/4。

② 高柔韧性。弹性柔顺常数比陶瓷大 30 倍，柔软而有韧性，它既可加工成几微米厚的薄膜，也可弯曲成任何形状。

③ 高压电效应。经高电场极化后，压电常数为 PZT 压电陶瓷的 19 倍，机械品质因数为 PZT 的 3 倍；如对于窄带工作的情况，相同体积的 PVDF 换能器比 PZT 换能器的机械输出功率大 5 倍。

④ 不易退极化。如用它制成的换能器在 30V/μm 的强场下不退化，不退化电场强度比

PZT 压电陶瓷的大 100 倍。

⑤ 易于获得局部压电性。

⑥ 声阻抗低。与液体可很好地匹配。

基于上述特点，PVDF 压电材料适于制作高灵敏度的水听器，这种水听器不仅性能好，且重量小，它有两种结构：一种是将两条聚合物薄片贴到后面充空气的塑料矩形弯曲板或金属板上，它能承受相当高的静压力，灵敏度可达 200dB，电容为 1000pF；另一种结构能耐更高的静压力，电容可超过 10000pF，但灵敏度仍为 200dB 左右。另外，PVDF 还适合于柔软的大面积换能器，并已成功地用于制造非接触式的压电键盘。这种非接触式压电键盘与一般键盘相比，可以在一片压电膜上集成很多键，具有元件少、成本低、寿命长和可靠性高等特点。

6.2.5 陶瓷-有机物复合压电材料

将无机压电材料粉末均匀地分散在热塑性高分子中，经混炼成型后，即可获得既有强压电性又有优良加工性的复合压电材料。以 PVDF 为基材的压电陶瓷复合材料在 20 世纪 70 年代已研制成功，并已用于电声换能器方面。复合压电材料的性能与高分子基材和铁电粉末有关，高分子复合材料的压电常数如表 6-5 所列。铁电粉末的含量一般均在 70%以上。

表 6-5 高分子复合材料的介电和压电常数

基材	介电常数		压电常数 $d_{31}/10^{-12}m \cdot V^{-1}$	
	基材	复合材料	基材	复合材料
聚偏二氟乙烯	10	55	5.5	20
尼龙 11	3.7	25	1.01	8
尼龙 12	3.6	25	0.32	8
聚氯乙烯	3.3	23	0.32	0.8
聚甲基丙烯酸甲酯	3.3	23	—	0.2
聚乙烯	2.2	18	0.13	0.1

6.2.6 压电陶瓷薄膜材料

体压电材料一般尺寸较大，因而限制了它在高频方面的应用。因此，压电材料的薄膜化成为一个很重要的发展方向。通过薄膜制备技术的发展，绝大部分体压电材料现在均可制成薄膜形式。通常情况下，总是采用那些体材料时就具有高机电耦合系数的压电材料来制备压电薄膜，这些材料包括 $LiNbO_3$、PZT 以及具有钨青铜结构的碱金属或稀土金属的铝酸盐等。现在，已经制成薄膜的压电材料主要有 ZnO、CdS、AlN、Ti_2O、$PbTiO_3$、$LiNbO_3$、$Bi_{12}PbO_{19}$，$BaSi_2TiO_8$ 和 Ba_2GeTiO_8 等。

起初，大部分薄膜压电换能器都是由六方晶系的简单化合物（如 ZnO、CdS、AlN 等）制得的。它们是用真空蒸发沉积出来的纤维状定向结晶。对于 ZnO，调节溅射沉积条件，可使 *c* 轴平行于基片或与其成 50°角。当电场加在厚度方向时，*c* 轴垂直定向，这是纵波在介质内传播的最佳条件；若是 50°的取向，则对剪切波传播有利。

在玻璃基片上蒸发 ZnO 制造的压电薄膜，可用于电视中的声表面波滤波器。A1N 压电薄膜最大的特点是声速高，可制作甚高频声表面波滤波器。美国已采用在蓝宝石或 Si 表面沉积蒸发 AlN 压电薄膜的方法制成频率大于 1GHz 的声表面波器件。在 Al_2O_3 陶瓷基片上沉积 AlN 压电膜，可以制成具有零温度系数的声表面波延迟线。

此外，为满足微波集成电路在高频段工作时所需要的较长延迟时间，特别是为满足微波放大技术方面的需要，人们正致力于研究一些声学性能和半导体性能都佳的半导体压电薄膜。

6.3　压电材料的应用

压电材料的应用主要集中在压电振子和换能器两方面。前者是利用振子本身的谐振特性，要求压电、介电、弹性等性能的稳定性，机械品质因数高；后者是直接利用正、逆压电效应进行机械能和电能之间的相互转换，要求品质因数和机电耦合系数高。当然，对于任何具体应用，都应同时兼顾所使用的压电材料的力学性能、介电性能、铁电性能以及热性能等各种材料特性，才能使不同特性的材料得到合理的应用。

6.3.1　压电振子方面的应用

(1) 声表面波滤波器

声表面波器件作为滤波器应用是近二十年发展起来的。滤波器的主要功能是决定或限制电路的工作频率。压电陶瓷滤波器利用压电陶瓷的谐振效应，在线路中分割频率，只许某一频率段通过，其余波段受阻。其工作原理大致为：在交变电场下，压电振子产生机械振动，当外加电场频率增加到某一值时，振子的阻抗最小，输出的电流最大，此时的频率称为最小阻抗频率；当频率升高到某一值时，振子阻抗最大，输出的电流最小，此时的频率称为最大阻抗频率。压电振子对小阻抗频率附近的信号衰减很小，而对最大阻抗频率附近的信号衰减很大，从而起到滤波作用。

滤波器种类繁多，结构上有单片、双片二端和三端滤波器、多节滤波器、机械滤波器、能阱滤波器等不同类型，在性能上有参考频率相对衰耗、通带宽度、通带波动、插入衰耗、阻带抑制、矩形系数等不同类型要求。但对压电陶瓷的共同要求是频率随温度和时间的稳定性要非常好，机械品质因数要大，介电常数和机电耦合系数调节范围宽，材料致密，可加工成薄片，并能在高频下使用等。对声表面波滤波器件，还要求材料具有晶粒小、气孔少、有良好的抛光表面等。

压电陶瓷滤波器使用的频率范围可从 30～300kHz 的低频段到 30～300MHz 的甚高频段。在低频范围应用高调频立体声多重调节器中的谐振器；中频陶瓷滤波器（455kHz）用于调幅收音机中频滤波器；高频滤波器用作电视机上声响中频滤波器及调频收音机上的 10.7MHz 中频滤波器；甚高频范围内，用作彩色电视机视频中间滤波器。此外，压电陶瓷滤波器还可用作通信机梯形滤波器、调频接收机中频滤波器、调频立体声用表面波滤波器、图像中频表面滤波器等。

目前，10MHz 以上的高频滤波器可以全部用声表面波滤波器来实现。欧美国家主要进行军事和工业用器件的研究；日本则进行民用器件的研究，广泛用于电视图像中频滤波器 10.7MHz 调频立体声收音机用滤波器和 27MHz 民用无线电收发两用机用滤波器以及磁带录像机用图像中频滤波器和高频谐振器振子等。

声表面波滤波器的结构如图 6-12 所示。压电材料作为滤波器的基片。用声表面波滤波器作电视图像中频（VIF）滤波器具有小型化、不需调整、滤波器特性重复性好等优点。以前要用6～7个LC滤波器构成，致使整机体积大、调整相当困难。目前世界各国生产的电视机中基本上采用了声表面波滤波器。

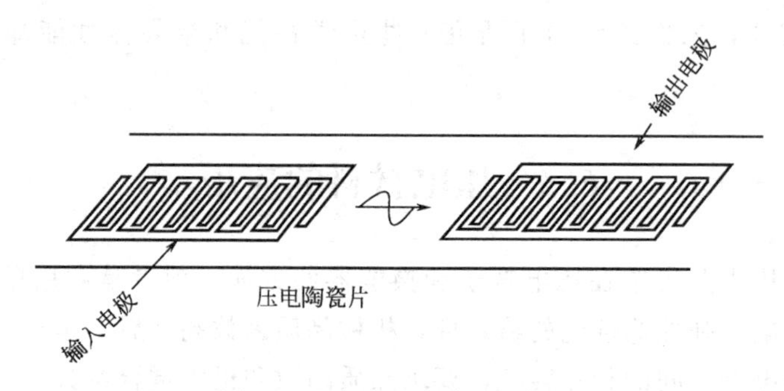

图6-12　声表面波滤波器的结构

由于各国采用的VIF频率不同，所用基片材料略有差异。欧洲采用的频率是38MHz，这种声表面波滤波器中心频率低，相对带宽大，所以使用$LiNbO_3$或PZT陶瓷两种材料为多。美国采用的频率为45MHz，采用$LiNbO_3$和$LiTaO_3$作为滤波器基片各占一半。日本采用的频率较高，为58MHz，使用$LiTaO_3$作基片的较多。同时也研究出ZnO薄膜、锗酸铋、硅酸铋等单晶制成的滤波器。10.7MHz调频（FM）调谐器所采用的声表面波滤波器是以PZT压电陶瓷为基片。

（2）延迟装置

利用超声波传播速度与电磁波传播速度的差异（前者大约是后者的$1/10^6$），利用压电材料正、逆压电效应，将电信号经过电能—机械能—电能的转换，以起延迟作用，较容易实现毫秒级的信号延迟。

弹性波在固体中的传播速度为每秒几千米，大约是电磁波传播速度的10^{-5}、延迟线就是利用这种弹性振动传播的器件；延迟线的主要指标是大带宽、长延时、小体积和高稳定性，为了达到这些指标，提出了各种各样的结构，有非色散型延迟线、抽头延迟线、色散型延迟线等。在延迟线中压电材料作为换能器，这种延迟线适用于兆赫以上的频段，在10MHz以内时常用PZT陶瓷作换能器，在非常高的频段时，仍需采用单晶换能器。$PbTiO_3$系陶瓷、铌酸锂、锗酸铋单晶和（Na，K）NbO_3陶瓷可用作高频换能器材料。

延迟线主要用于雷达、电视、电子计算机及程序控制等，如PAL式（逐行倒相式）彩色电视用延迟电路、数字存储器用延迟电路、集成式延迟电路等。

超声波延迟线一般使用铅系玻璃作为介质，压电陶瓷用作换能元件。图6-13是超声波延迟线的结构图。

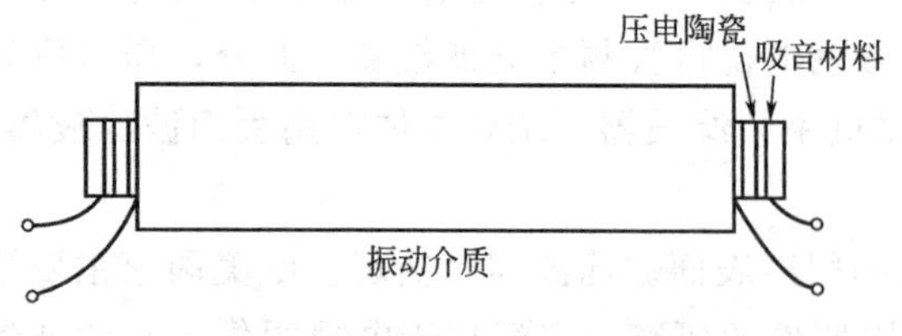

图6-13　超声波延迟线的结构图

（3）压电变压器

压电变压器一般由驱动部分（施加交流电场以产生振动）和发电部分（机械能转为电能）构成。当一定频率的交流电场施加在驱动部分时，由逆压电效应产生机械形变，由此引起的机械谐振沿压电陶瓷一定方向传播。这一机械谐振又通过正压电效应使压电陶瓷的发电部分端面聚集大量的束缚电荷，束缚电荷越多，吸引空间电荷也越多，从而在发电部分端面的电极上获得相当高的电压输出。其升压比γ可由下式给出（当无负荷时）：

$$\gamma_{\infty}=\frac{4}{\pi^2}K_{31}K_{33}Q_{\mathrm{m}}\frac{l_2}{t}\times\frac{\sqrt[2]{S_{33}^{\mathrm{E}}/S_{11}^{\mathrm{E}}}}{1+\sqrt{S_{33}^{\mathrm{D}}/S_{11}^{\mathrm{E}}}}$$

因为$Q_{\mathrm{m}}l_2/t$、K_{31}和K_{33}值均可以很大，所以能得到很高的升压比。

压电变压器适合作高压弱电流电源，可用于电视接收机的高压电源、点火用高压电源、X射线和核裂变装置用高压电源、静电喷涂机用电源等。

(4) 超声波振子、声表面波振荡器

超声波在很多领域里得到应用，压电陶瓷超声振子可以作为超声波的声源使用，并应用在超声波清洗机中。它是利用压电陶瓷的逆压电效应，在高驱动电场下产生高强超声波，用这种压电振子来振荡液体，连细小深孔中的油污都能清洗干净。以压电陶瓷产生的超声波为动力还被广泛应用于加湿器、超声波检测、超声乳化、超声焊接、超声打孔、超声粉碎等装置上。这些压电陶瓷应有高的机械强度、高矫顽电场、高机电耦合系数及良好的时间和温度稳定性。

超声波振荡器构造简单，稳定性高，又无需倍频器就可在下兆赫波段内进行工作，作为高频振荡器，引起了人们的高度重视。声表面波振荡器的构成形式有延迟线型和谐振器型。与石英晶体振子相比，声表面波振荡器是平面形的，因此加工方便，可以固定在底面上，而且容易获得高达数万以上的Q值。

6.3.2　换能器方面的应用

(1) 电声换能器

由于压电陶瓷具有优良的机电性能，高的化学稳定性，并且能被加工成各种尺寸和形状及价格低廉，因此取代了单晶电声器件，使压电陶瓷在电声器件中的应用日益广泛。它主要是利用压电陶瓷正、逆压电效应引起的机械能和电能相互转换功能，制作各种电声器件。最早实用的是$BaTiO_3$拾音器，最后发展到PZT系材料。从播放普通唱片的密纹唱片到立体声，其形式变化很快，因而换能器的结构方案也是日新月异。迄今所应用的电声换能器主要包括拾音器、传声器、扬声器、耳机助听器、蜂鸣器、电视遥控器、送受话筒、电子校表仪等。

用于这方面的材料一般要求介电常数大，K_{p}值高。如$[Pb_{0.93}Ba_{0.07}(Nb_{2/3}Mg_{1/3}O_3)]_{0.375}[PbTiO_3]_{0.37}[PbZrO_3]_{0.26}+0.45\%\ NiO+0.1\%\ Co_2O_3$陶瓷材料的力学性能好、$K_{\mathrm{p}}>0.60$、$\varepsilon/\varepsilon_0>3500$，可作为大功率扬声器振子材料。

(2) 水声换能器

水声器件是压电材料一项十分重要的应用。水声换能器最主要的应用实例就是声呐。由于电磁波在水中传播时衰减很大，雷达和无线电设备无法有效地完成水下观察、通信和探测任务，因此，借助于声波在水中的传播来实现上述目的。

压电陶瓷水声换能器的工作原理为，极化处理后的压电陶瓷在电场作用下能产生电致伸缩效应，在交变电场作用下能产生振动，振动在声频范围内就能发出声音，当在共振频率时它能发出很强的声波，能传出几海里至几十海里，碰到障碍物就能反射回来，而压电陶瓷又具有接收反射波的功能，再把这种反射波变成电信号，通过计算电信号传播回来的时间和方向就能判断障碍物的方向和位置。

声呐(sonar)是由声音(sound)、导航(navigation)和测距(ranging)三个单词的词头构成，可见它原来实际上是声导航和定位的含义。压电陶瓷水声换能器比过去实用的磁滞伸缩振子具有更好的性能。过去水声仪器的频率只有二十多千赫，而压电陶瓷的频率可以达到 100kHz、200kHz、400kHz，甚至 1MHz。压电陶瓷材料的迅速发展，大大促进了声呐技术的发展。近代声呐的含义更加广泛，凡是属于在水中进行探测、通信、跟踪、识别、定位、导航、制导和电子对抗等均包括在声呐的范畴。

潜艇一般都装有多种高性能的声呐。潜艇声呐的发射功率较大，可高达兆瓦级。所用压电陶瓷换能器基阵尺寸很大，如美国 AN/BQS-6 型潜艇声呐球壳基阵由 1245 块 PZT 陶瓷单元组成，外径为 4.6m，质量达 70t 。它通过采用这种球壳式的高效能空间布阵方式，可保证声呐以潜艇为中心对水中实行全方位空间监视和搜索，而且便于更换与维修。这种声呐能够指挥反潜武器的射击，还能完成水下目标的探测、警戒、识别、测距以及水下通信等任务。

压电陶瓷材料具有发射、接收和兼有发射接收功能。对于发射换能器用材料，要求具有高的驱动特性，即在大功率下损耗小，承受功率密度大，各项参数的稳定性好，故一般采用“硬性”压电陶瓷。这种“硬性”材料，振动时发出的功率很强，目前已达兆瓦级的水平。如 $[Pb_{0.95}Sr_{0.05}(Zr_{0.515}Ti_{0.485})O_3]_{0.997}[BiFeO_3]_{0.003}+6\%\ FeO_{1.5}+0.2\%\ MnO_2$ 陶瓷材料的 Q_m 为 872，$\tan\delta$ 为 0.12%，K_p 为 0.59，可作为超声发射振子。而对于接收换能器用材料，要求具有高的灵敏度和平坦的频率响应，即要有高机电耦合系数、大介电常数和高压电响应及低老化特性等，故一般采用“软性”压电陶瓷。如 $Pb_{0.95}Sr_{0.05}(Zr_{0.54}Ti_{0.46})O_3+0.9\%\ La_2O_3+0.9\%\ Nb_2O_5$ 压电陶瓷具有稳定性好、K_p 高的优点，适于作接收振子。对兼有发射和接收功能的换能器，则要求压电陶瓷兼顾上述两者性能，较多地采用添加 Cr 和 Ni，或以等价金属离子置换二元和三元系的压电陶瓷。

(3) 医用超声波换能器

20 世纪 70 年代以来，压电超声换能器在医学领域中的应用范围日益扩大、它被认为与 X 光和同位素并列的三大影像诊断方法之一。这是由于超声波诊断有一系列优点，如不用造影就能得到人体内部组织断层像，对人体无害。只要探头触及体表面，就能实时观察和记录断层像。压电陶瓷超声波医疗器械主要用于病情诊断，如超声检测可用于脑和心脏的诊断及产妇妊娠诊断等。此外，还有利于用各种方法进行超声波治疗，如研究从头盖骨的外面发射超声波，使超声波集中于脑肿瘤处，杀伤局部细胞的治疗法以及超声波手术。另外，超声波还成功地用于粉碎肾结石，避免了病人开刀之苦。临床治疗试验表明，用超声波粉碎含有草酸钙、磷酸钙成分的肾结石，获得了满意效果，可以把结石粉碎到 1.5mm 左右，而对周围软组织无伤害。

超声波脉冲诊断与超声探伤的原理相似。把具有指向性的超声波脉冲发射到人体的有关部位，由于人体内部组织的声阻抗（声速与密度的乘积）不同，会产生不同波形、不同时延的反射波，从反射波波形和回波时间等信息就可以判明反射对象的性质并作出病理诊断。用于诊断的超声波频率范围一般在 1～20MHz。高频率超声波用来分辨微细组织的变化；较低频率超声波用于检测较深组织状态。例如频率为 1 MHz 的超声波能很好地透过头盖骨检测头颅内组织，15MHz 高频超声波用于眼球等小部位的诊断。压电超声波多普勒诊断是利用超声波的多普勒效应，对血流和运动中的脏器进行检测。所谓多普勒效应，是指当声源和观察者相对运动时，频率发生视在变化的现象。利用超声波多普勒探头能够诊断急性动静脉阻塞、脉管炎、主动脉瓣及三尖瓣返流以及血流的测定。

(4) 压电换能器

压电换能器一类的典型应用就是高压发生装置。它利用压电陶瓷正压电效应，简单地将机械能转换为电能，产生高压电。这种高电压发生器是压电陶瓷最早开拓的应用之一，例如压电点火器、引爆引燃、煤气灶点火器和打火机、压电开关等。在这些装置中，要求压电材料有较大的压电电压常数（g_{33}）、纵向机电耦合系数（K_{33}）和介电常数，较高的机械强度及较好的稳定性等。例如，$Pb_{0.89}Sr_{0.11}(Zr_{0.55}Ti_{0.45})O_3+2\%\ In_2O_3+0.1\%\ V_2O_5$既能满足$K_{33}$和$g_{33}$大、耐冲击以及受到反复加压性能仍然很稳定的要求，是性能良好的高压点火压电陶瓷材料。

压电点火装置通常采用轴向极化的圆柱形 PZT 系陶瓷，轴向加压后，即可产生 10^4V 的电压而引起火花。压电点火装置有冲击式和渐增式两种，通常使用的是前一种。压电火花元件的结构如图 6-14 所示。

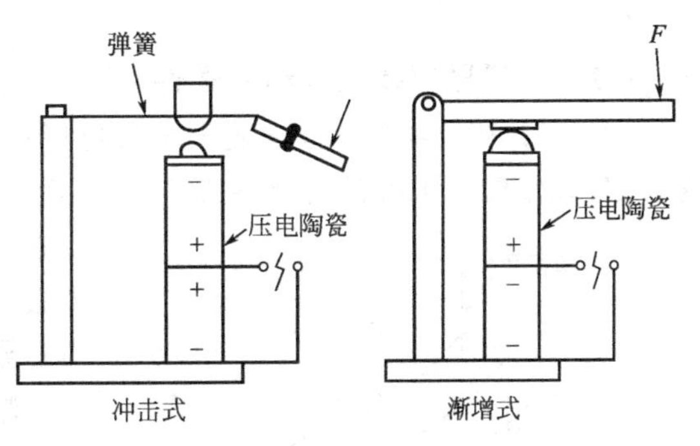

图 6-14　压电点火元件结构示意图

压电火花发生装置还可用来作为火药的引爆装置。一般发生火花时，发射出波长很短的放电电波，在压电火花电路上安装适当的 L 或 L 和 C，就能发射出具有一定波长的放电电波，电波虽然很弱，但在近距离通信中还是有效的，已经用于近距离遥控方面。另外，如果用压电效应产生的输出电位来触发开关电路，就构成了压电开关，这种开关将可能作为无触点开关而被广泛采用。

除此之外，压电换能器还能用于医学诊断，如压电心音计、压电血压计、压电颈动脉和颈静脉脉波计等，都是利用正压电效应，把胸壁振动、脉搏振动和血管压力等作用于压电换能器转变成电信号输出，从而得到有关的信息，达到医疗诊断的目的。

另外，压电换能器在测量方面也有重要应用。由于压电陶瓷的高耦合、高介电常数和较高的机械强度，它能测量以往材料难以胜任的项目，从而使其应用范围显著扩大。压电材料可制成压力计、振动计和加速度计。在超声计量方面，它可制成流量计、流速计、风速计、声速计和液面计等。

除了在上述各方面的应用外，压电材料的应用还在不断拓展。压电微调节器的应用引起广泛注意，具有代表性的应用实例有光情报处理方面的可变形镜、切削误差补正机构、印刷机头和超声波马达。其中，压电马达具有体积小、重量轻、不用线圈和无电极噪声等特点。将来还会开发出光位移调节器和计数位移等元件。压电材料在传感器方面的应用也越来越多，如声传感器、超声波遥控装置等。压力传感器用作汽车上撞击敏感器、后方妨碍物敏感器和雨滴敏感器等。

复习思考题

1. 什么是压电效应？图示说明正压电效应的产生机理和产生压电效应需要的条件。
2. 举例说明压电材料类别。高分子压电材料有何突出优点？
3. 压电单晶的生长法有哪些优缺点？
4. 介绍压电材料的应用情况。

第7章 超导材料

7.1 超导电性的基本概念

7.1.1 超导现象及其临界条件

1911年，荷兰物理学家卡麦琳·昂尼斯在研究水银的低温电阻特性时，发现当温度降至4.2K以下时，水银的电阻突然消失，后来又陆续发现十多种金属（如Nb、Tc、Pb、La、V、Ta等）都有这种现象。这种在超低温下失去电阻的性质称为超导电性，相应的这类物质称为超导体或超导材料。

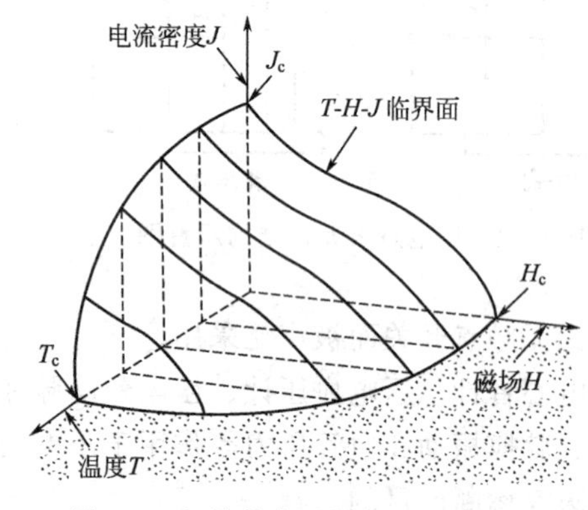

图7-1 超导状态下的T-H-J临界面

超导体在超低温下电阻为零的状态称超导态，当温度较高而电阻不为零时则称为正常态。材料从正常态转变为超导态而电阻消失时的温度称为超导体的临界温度，以T_c表示。

除温度外，若进入超导体的电流密度及周围的磁场强度超过某一极限值时，也会破坏超导状态。该极限值分别称为临界电流密度（J_c）和临界磁场（H_c）。超导体的临界温度T_c、临界磁场H_c和临界电流密度J_c具有相互关联性，如图7-1所示。只有当电流、温度与磁场三个条件都满足规定条件时，才能出现超导现象。因此，对超导材料来说，这三个参数越高越好。

7.1.2 两类超导体

超导材料按其在磁场中的磁化行为可分成两类。

（1）第一类超导体

将细长圆柱形试样置于同轴向的外磁场中，保持一定的温度，逐渐增大外磁场，磁矩与外磁场的关系如图7-2中虚线所示。具有这一特征曲线的超导材料称为第一类超导材料。非金属元素和大部分过渡金属元素（除Nb、V外）以及按化学计量比组成的化合物超导体均属于此类。

（2）第二类超导体

该类超导体的磁化曲线如图7-2中实线所示。当外磁场小于第一临界磁场H_{c1}时，超导体内磁感应强度$B=0$，为完全超导态；当外磁场超过H_{c1}时，则有部分磁通穿入导体内，其中B从0迅速增强。当外磁场大于H_{c1}时，这类超导体并没有完全变成正常体，它们能把一部分磁通排斥于体外，直到外磁场为H_{c2}时，超导电性才消失。当外磁场介于H_{c1}与H_{c2}之间时，超导体状态并不是迈斯纳态，但也不是正常态，即处于超导态区与常态区嵌镶结构，此态为混合态（mixed state）。这类超导体在混合态时仍保持一定的超导性，只有当外磁场强度大于H_{c2}时，零电阻的现象才消失。具有这一特性的超导体即为第二类超导体。很

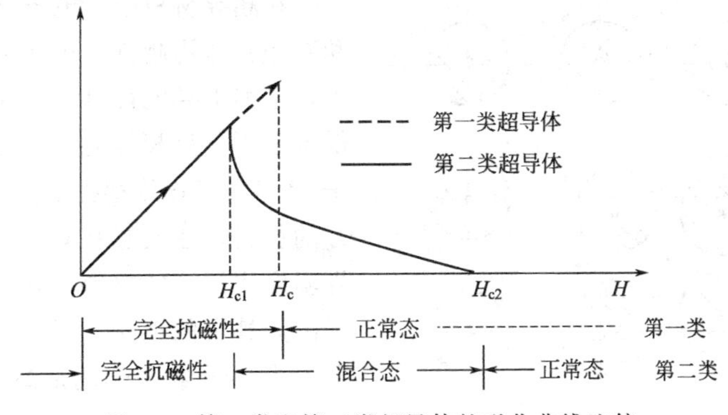

图 7-2　第一类和第二类超导体的磁化曲线比较

多合金以及 Nb、V 等元素金属均属于此类超导体。Y-Ba-Cu-O 系高温超导陶瓷亦属于第二类超导体。一般来说，第二类超导体的 T_c、H_c 和 J_c 要比第一类超导体的高得多。实验指出，临界磁场 H_c 与温度之间接近抛物线关系：

$$H_c = H_c(0)\left[1-\left(\frac{T}{T_c}\right)^2\right]$$

式中，$H_c(0)$ 为 0K 下的临界磁场。图 7-3 给出了一些元素超导体的临界磁场与温度的关系。

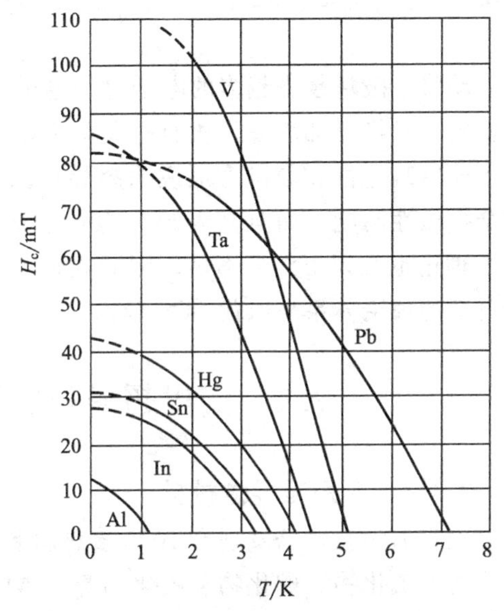

图 7-3　一些元素超导体的临界磁场与温度的关系

7.1.3　超导理论简介

自超导现象发现以来，科学界一直在寻找能解释这一奇异现象的理论，直到库柏提出电子对这一概念后，巴丁、库柏和施里弗三人终于在量子理论的基础上，用现代超导微观理论（即 BCS 理论）解释了这一现象。

BCS 理论认为，电子同晶格相互作用，在常温下形成导体的电阻，但在超低温下，这种相互作用是产生电子对的原因。温度越低，所产生的这种电子对越多。超导电子对不能互相独立地运动，只能以关联的形式作集体运动。当某一电子对受到扰动时，就要涉及这个电子对所在空间范围内的所有其他电子对。这个空间范围内的所有电子对，在动量上彼此关联成为有序的集体。因此，超导电子对在运动时，就不像正常电子那样，被晶体缺陷和晶格振动散射而产生电阻，从而呈现电阻消失现象。

超导电子对的形成过程可简略说明如下：处于超导态的超导体内，若某一个自由电子 q_1 在正离子附近运动时，会吸引正离子而使这个区域的局部正电荷密度增加，当另一个电子 q_2 在这个正电荷密度增加了的场中运动时，就会受到这个场的吸引作用，这个作用相当于 q_1 对 q_2 产生吸引力，即电子 q_1 吸引电子 q_2。若这个吸引力大于 q_1 和 q_2 之间的库仑斥力，这两个电子就可以结合成为一个电子对，如图 7-4 所示。显然，组成电子对的两个电子 q_1 和 q_2 之间的这种吸引相互作用与正离子晶格振动有关，这种振动可以用相应能量的声子（即离子位移组成的格波）来表示。因此，这个吸引作用可认为是电子间通过交换格波声子而形成的。

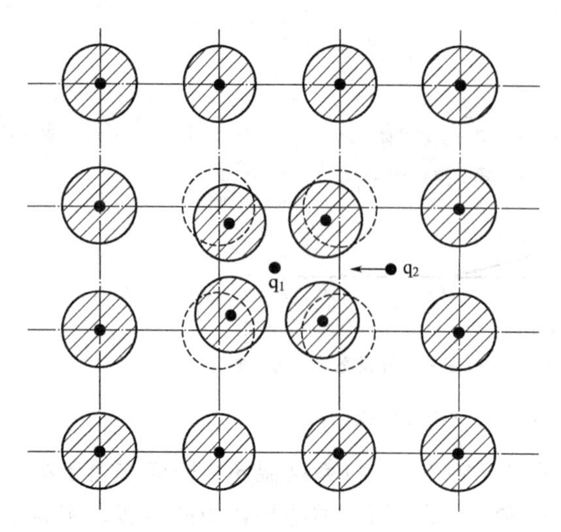

图 7-4 电子与正离子相互作用形成电子对示意图

在超导材料中，电子-声子（电子晶格振动）相互作用越强，电子对间的吸引力就越大，常温下导电性良好的碱金属和贵金属在低温下不易呈超导态，是因为这些金属的电子-晶格相互作用很微弱。而常温下导电性不好的材料，在低温却有可能成为超导体；临界温度比较高的材料，常温下导电性差。都是因为其中的电子-声子相互作用强的缘故，即电子-声子相互作用是高温下引起电阻的原因，也是低温下导致超导电性的原因。

必须指出，在超导体中，除电子对外，还有平常的电子气，因此，可以认为，在超导体中存在两种电流，即正常电流和超导电流。当超导体的温度从热力学零度上升时，热运动将会破坏越来越多的电子对，电子气所占的成分逐渐增加。最后达到临界温度（T_c）时，电子对将全部消失，从而进入非超导态（正常态）。

BCS 理论能比较满意地说明超导现象和第一类超导体的性质，但是尚不能完满地解决完全抗磁性问题，而且随着超导电性的研究范围不断扩宽，超导材料的发展也日新月异，BCS 理论也表现出许多不足。因此人们在不断开发新型超导材料的同时，也在努力寻找一种更新的理论体系来取代 BCS 理论。

7.2 实用超导材料及其超导体发展情况简介

7.2.1 实用超导体材料

到目前为止，已发现有 1000 多种材料显示出超导性。其中有单体元素、合金、碳化物、氮化物、硫化物、硼化物、氧化物等。越能创造超低温的环境，超导物质的种类就越多。但从超导应用技术来看，若材料的临界温度和临界磁场过低，就失去其使用价值。因此，从这个意义上来讲，超导物质不一定都能成为超导材料。一般来说，实用超导材料应具备下列条件：尽可能高的临界条件，即高 T_c、高 H_c 和高 J_c，可以加工成带材、绞材或薄膜，成本不太高。

在单体元素中，目前已发现有二十多种金属元素具有超导性，但能实际应用的主要是铌和铅。铌属于第二类超导体，其临界温度 T_c 约 9.3K，铅的 T_c 为 7.2K。它们可用于制造超导交流电力电缆、高 Q 值谐振腔、超导电子器件及通信电缆等。

在合金与化合物超导材料中，目前能投入使用的主要为铌钽合金、Nb、Sn 和 V_3Ga 化合物几类。

铌钽合金与铜复合的超导材料，具有良好的热磁稳定性、弯绕性和力学性能，适于绕制各种类型的超导磁体，典型的合金成分有 Nb 46.5%（质量）和 Nb 50%（质量）。

Nb_3Sn 与 V_3Ga 化合物的超导性能比铌钽合金更为优越。Nb_3Sn 适用于绕制在 4.2K 产生 9～15T 的磁体，用 V_3Ga 绕制的磁体产生的磁场达 17.5T。但 Nb_3Sn 和 V_3Ga 等化合物的脆性给材料的制备和使用带来一些困难，目前正在为克服这些困难进行不懈努力。

7.2.2　超导材料的发展与应用简介

目前实用中的各种超导材料总离不开液态氦的冷却，因为只有液态氦的冷却温度（4.2K）才能使超导材料呈现出超导态。然而氦气在地球上的资源十分稀少，液氦的制备技术又很复杂，价格昂贵，因而大大限制了超导材料的推广使用。长久以来，人们一直在探求一种具有高临界温度的超导材料，以摆脱受液氦价格的控制。如果能突破临界温度 77K，就可以采用液态氮作冷却材料。这种材料资源丰富，价格便宜，便于操作，且对生态环境无影响。

1986～1987 年是超导材料发展的划时代。经世界各国科学家的不懈努力，在这段时间里相继发现了镧钡铜氧化物、镧锶铜氧化物和钡钇铜氧化物等超导陶瓷。Ba-Y-Cu-O 系突破了所谓温度壁垒，进入液氮区超导，使临界温度 T_c 进入 100K 级，这是超导研究的历史性突破。

自 Ba-Y-Cu-O 系超导陶瓷出现后的几年中，人们又发现 Bi-Ca-Cu-O 系和 La-Sr-Nb-O 系具有更高的临界温度。室温超导现象也有报道，虽然这些样品的迈斯纳效应尚未肯定，稳定性和再现性也较差，但可以预计，随着超导研究的不断深入，人们将会发现更高临界温度的超导材料。

超导材料的应用非常广泛，超导体在低于 H_c、T_c 条件下，I_c（临界电流）以内的电流可以无限地通过；在零电阻条件的闭合电路中，电流可以永远流动，永不停止；超导体在无电阻状态下传输电流没有能量损耗，这将大大提高电力输送率，并能将电力输送到遥远的地方；超导材料的完全抗磁性可用于超导磁悬浮系统，例如磁悬浮列车，利用列车内超导磁体产生的磁场和电流之间的交换作用，产生向上的浮力，使列车高速而无噪声；超导电机的单机输出功率比常规电机提高 10～100 倍；超导磁体的重量也可大大减小，因此可大量节省电源。

在电子学领域中，超导体还可用于制作约瑟夫逊元件、超导晶体管、大规模集成电路、超导量子干涉器件、超导计算机、红外传感器等。所谓约瑟夫逊效应就是被一真空或绝缘介质层（厚约 10nm）隔开的两个超导体之间会产生超导电子的隧道效应，它也是材料具有超导电性的主要特征之一。利用这种效应制成的元件称约瑟夫逊超导结。该元件可用于精密测量，分辨力极高，还可用作计算机元件，使计算机的运算速度大大提高。

超导体还具有相当于超导临界温度下的对应能隙（1～30meV）。该能隙的大小一般比半导体的禁带宽度（1eV）小 1～3 个数量级。利用这种能隙，可制成能耗小的开关元件。表 7-1 列出超导材料的主要特性和应用举例。

表 7-1　超导材料的特性和应用

特　　性	应　　用
零电阻	超导送电
低交流损失	交流磁体、交流送电、高频空腔
永久电流	超导电力储存
高临界磁场	超导磁体、核聚变、磁流体发电、发电机、电动机、磁悬浮列车、磁场制钢和单晶生长、医疗用核磁共振、介子治疗、高能物理加速器、电子显微镜
完全抗磁性	磁场屏蔽、磁浮、陀螺仪、磁轴承、重力测定仪
磁束量子化	磁通量子器件、超导量子干涉器件
约瑟夫逊效应	电压标准、放射性传感器、电磁波传感器、混频、磁场传感器、约瑟夫逊集成电路、高速计算机
能隙	红外传感器、超导体、半导体混合器件、准粒子注入隧道器件

复习思考题

1. 何谓超导现象？物体进入超导态的临界条件有哪些？超导态的基本特征有哪些？
2. 第一类超导体与第二类超导体的磁化特性有何区别？
3. BCS理论是如何解释超导现象的？
4. 目前进入实用的超导材料主要有哪些？各有何特点？
5. 超导材料的发展方向是什么？
6. 试解释超导体的约瑟夫逊效应。

第 8 章　液 晶 材 料

8.1　液晶的基本知识

液晶的发现可追溯到 19 世纪末。1888 年奥地利的植物学家 F. Reinitzer 在做加热胆甾醇苯甲酸酯试验时发现，当加热使温度升高到一定程度后，结晶的固体开始溶解。但溶化后不是透明的液体，而是一种呈混浊态的黏稠液体。当再进一步升温后，才变成透明的液体。这种混浊态黏稠的液体是什么呢？他把这种黏稠而混浊的液体放到偏光显微镜下观察，发现这种液体具有双折射性。双折射是固态晶体所具有的特殊性质，怎么会在这种液体中存在呢？这只能证明，这种混浊而黏稠的液体也具有晶体性质。于是，人们认识了这种在一定温度范围内，既具有晶体所具有的各向异性造成的双折射性，又具有液体所特有的流动性的物质肯定与传统所知的固态晶体与液体不同。它应该是一种不同于固体（晶体），又不同于液体（各向同性可流动的液态）和气体的特殊物质态。当时的德国物理学家 D. Leimann 将其称为 F1iessendeKrystalle（德语，意思为液态晶体）。英文译为 Liquid Crystal，中文译为“液晶”。简称为“LC”。用它制成的液晶显示器件称为 LCD。

“液晶”实质上是一种物质态，因此，也有人称其为物质的第四态。

8.1.1　液晶并不神秘

任何物质都是由分子或呈规律排布的离子单元构成的。这些组成物质的基本单元如果是球形或基本重心对称的单元组成，那么，不论是温度变化或其他外部条件改变，其基本单元的重心位置分布将不会产生方向性变化。而如果这个基本单元是非球形的，如棒状、盘状、碗状，则有可能在一定条件或一定温度范围内使其具有重心位置分布的规律性和方向性的有序性，从而有可能呈现液晶态。因此，液晶并不神秘。

液晶存在的领域相当广，目前已被发现的或经人工合成的液晶已不下几千种。归纳分类，液晶可分为热致液晶和溶致液晶两大类。由于分子排布、有序状态的不同，还可以划分为近 20 个“相”。

所谓热致液晶，就是因“热”使其在一定温度范围内呈液晶态的物质。热致液晶因分子排列有序状态的不同，可分为向列相液晶（nematic)，又称丝状液晶，近晶相液晶（smectic)，又称层状液晶；胆甾相液晶（cholestevic)，也称螺旋状液晶。

“向列相”一词来源于希腊文，意思为丝状，在偏光显微镜下观察，可以看到美丽的丝状光学图案。“近晶相”一词也源于希腊文，原意为脂类，在偏光显微镜下呈一种特殊条纹状光学图案。“胆甾相”则是由于它们大都是胆甾醇衍生物的缘故。

图 8-1 是热致液晶物质在不同温度区段的物质形态。图 8-2 是向列相、近晶相、胆甾相液晶分子有序状态示意图。

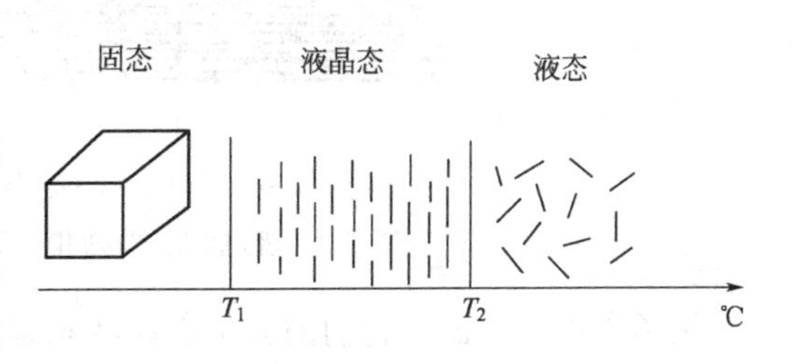

图 8-1　热致液晶物质在不同温度区段的物质形态

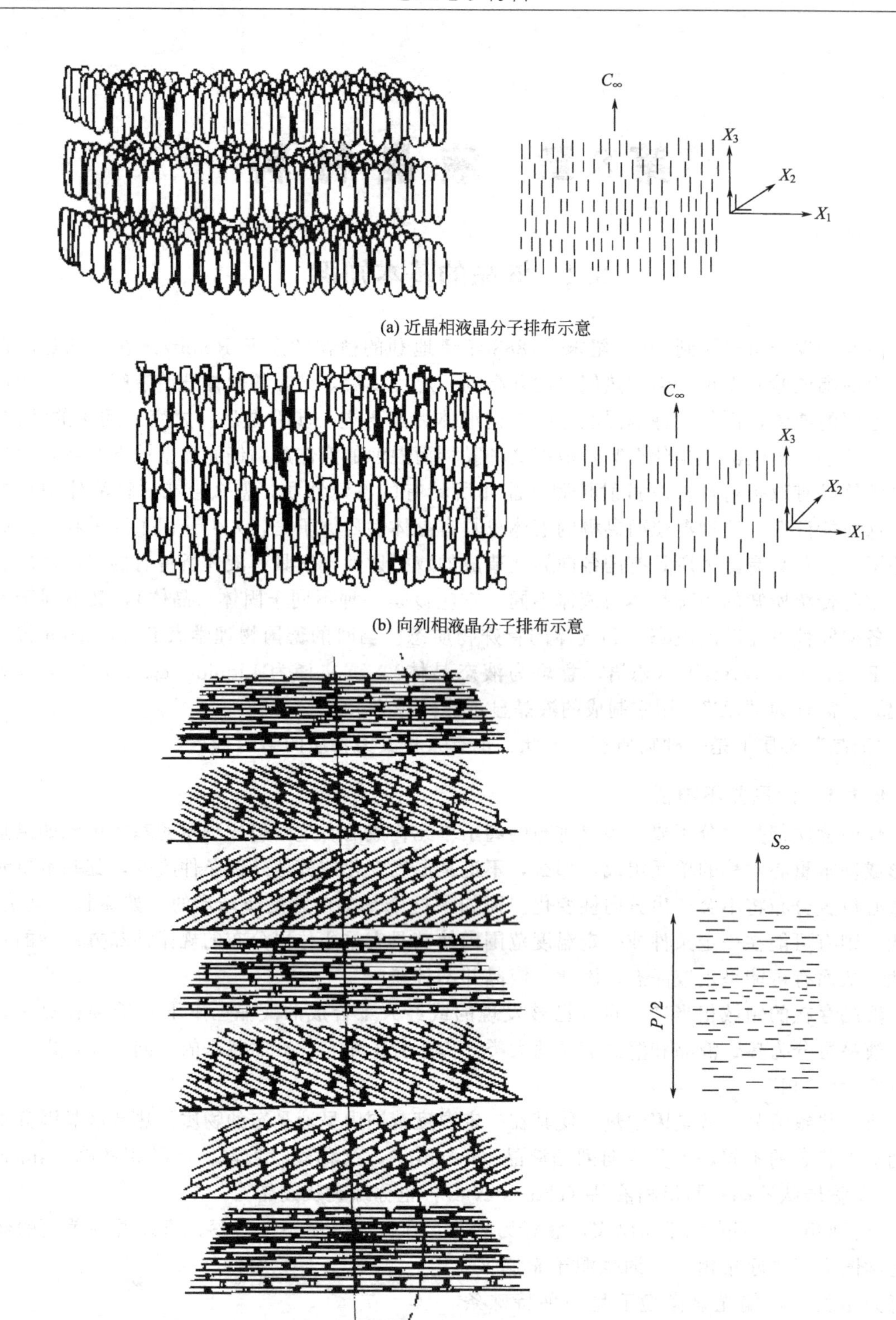

(a) 近晶相液晶分子排布示意

(b) 向列相液晶分子排布示意

(c) 胆甾相分子排布示意

图 8-2　近晶相、向列相、胆甾相液晶分子排列及略图

从图中可以看出，它们的分子有序状态是很不相同的，这就决定了它们在应用上具有不同的性质。

在热致液晶物质随温度变化而引发的物质形态变化过程中存在两种变化形式。一种称为互变性液晶，它的变化过程为：

$$\text{晶体} \rightleftharpoons \text{液晶相} \rightleftharpoons \text{各向同性的液体}$$

另一种称为单变性液晶，它的变化过程为：

晶体⟶各向同性的液体
↑　　　　　　⇅
└──────液晶相

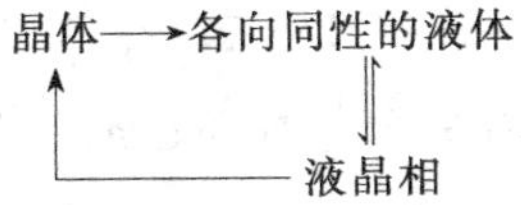

通常用于液晶显示器件的多是互变性液晶，而单变性液晶则可用作具有存储效应的液晶显示器件。液晶显示器件所用液晶材料都是热致液晶材料，所以液晶显示器件必须储存和工作于一定的温度范围之内，超出这一温度范围就会使器件中的液晶材料失去液晶态，轻则使器件暂时不能工作，重则使器件损坏。

如前所述，根据液晶分子有序排布的形态，液晶可以形成很多不同的“相”。除上面所列举的“向列相”、“胆甾相”、“近晶相”外，还可将其划分为更细致的“亚相”。表 8-1 为主要的一些液晶相。

表 8-1　常见液晶相

正交排布的相	倾斜排布的相	螺旋排布的相	特　征
I			无长程有序
N		Ch(或 N*)	分子取向序
S_A	S_C/S_{CA}	S/S_C * △	沿层法线位有序
S_B	$S_F S_T$	S_J * S_F *	层内有序
I 或 B	GJ	G * J *	层内六方位置有序
E	HK	H * K *	层内长方位置有序
D	BP		立方相

液晶的“相”，是由液晶分子结构的不同和不同温度范围形成的。当温度改变时，会引起分子自由能的改变，从而使其由一种“相”变为另一种“相”。若从外部施以其他不同形式的能量改变，例如电场、磁场等，也同样会引起“相变”，在显示技术中这是十分有用的。

(1) 向列相液晶

向列相液晶是显示器件中应用最多的一种液晶。向列相液晶的分子均呈棒状，当然，这也是绝大部分液晶分子的结构形式。

其分子结构可用以下结构形式描述：

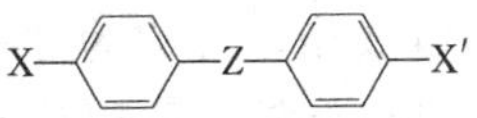

X—⟨苯环⟩—Z—⟨苯环⟩—X′

其中，X、X′ 为末端基团，可以是烷基—R、烷氧基—RO 或其他如—CN、—F、$—CF_3$等。

其中一个末端基团一般都是烷基，即$—C_nH_{2n+1}$，而另一个则应该是和前一个完全不同的基团，如—CN、—F 等。末端基团的不同和它们相互之间的作用决定了液晶重要的物理、化学性质。末端基团对液晶的熔点、黏滞系数、弹性常数、双折射率以及分子极性有重要的影响。

⟨A⟩、⟨B⟩ 为芳香环，可以是苯环 ⟨苯环⟩、环己烷 —⟨H⟩—，也可以是吡啶环

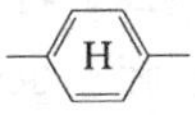

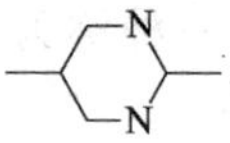

—⟨嘧啶环⟩—，它们是液晶的主要骨架。Ⓐ 和 Ⓑ 可以是相同的，也可以不同的，一个液晶分子可以有两个环，也可以有 3 个或更多的环。不同种类和数量的环会使液晶的熔点 T_C、介电各向异性 $\Delta\varepsilon$、双折射率 Δn、弹性常数比 K_{33}/K_{11} 和 K_{22}/K_{11} 和黏度 η 等特性有很大的不同，连接基团 Z 可以是—COO—、—N ═N—、—C ═C—等，也可以没有，如联苯 R—⟨苯环⟩—⟨苯环⟩—R′。这个连接基团将两个芳香环连成一个棒状，不同的连接基团，不仅影响了液晶的化学性质，而且它将决定液晶分子的长宽比，影响液晶分子的极性和弹性，改变液晶的双折射性，各向异性和黏滞系数等重要特性。

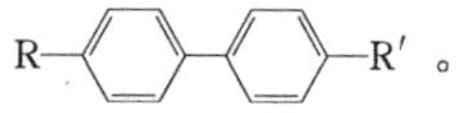

典型的向列相液晶分子如下：

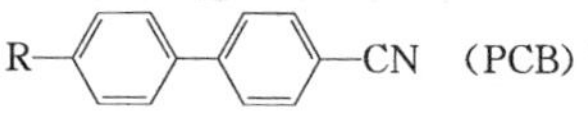

R—⟨苯环⟩—⟨苯环⟩—CN (PCB)

氰基联苯

从宏观整体上观察液晶，向列相液晶，由于其液晶分子重心混乱无序，并可在三维范围内移动，因而可以像液体一样流动。但所有液晶分子的长轴都大体指向一个方向。正是这一有序的指向矢，使向列相液晶具有典型单轴晶体的光学特性，而在电学上又具有明显的介电各向异性。如果利用外加电场对具有各向异性的向列相液晶分子进行控制，改变原有分子的有序状态，自然就会改变原有液晶的光学性能，从而实现了液晶对外界光的调制，达到显示目的。

正是因为向列相液晶的这种明显的电学-光学的各向异性，才使向列相液晶成为显示技术中应用最广的一类液晶。

(2) 胆甾相液晶

胆甾相液晶是因其来源于胆甾醇衍生物而得名的。胆甾相液晶分子结构有两大类：一类是具有胆甾醇环的胆甾醇酯化物或卤化物。一类是不具有胆甾醇环的，并具有非对称碳原子的棒状液晶分子。图 8-3 为这两种胆甾型液晶分子实例。

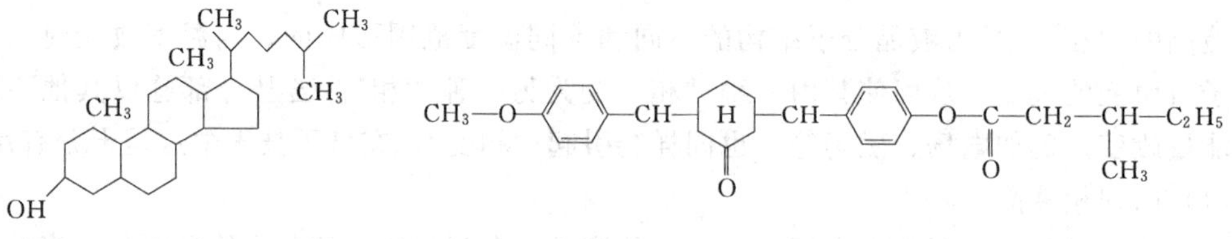

(a) 有胆甾醇环的胆甾液晶分子　　(b) 无胆甾醇环，但有不对称碳原子的胆甾液晶（手征型液晶）

图 8-3 两类胆甾液晶分子实例

为了有所区分，无胆甾醇环的胆甾液晶，又称为"手征型液晶"。由于胆甾醇环和不对称碳原子可以使入射的偏振光偏振面进行旋转，所以称其具有旋光性。

从宏观上观察会发现，胆甾液晶的分子在一个二维平面内，其分子重心杂乱分布，但分子指向矢却基本指向一个方向。与向列相液晶不同的是，它仅在这二维平面内与向列相液晶相似，超出这一平面，与这一平面平行的另一层液晶分子指向矢则都与前一平面内液晶分子指向矢呈一夹角。

从图中可看出，在胆甾相液晶中，一个平面内分子排列是大体一致的，而在垂直这个平面方向上，每层分子都会旋转一个角度。

旋转方向可以是左旋，也可以是右旋，当旋转 360°时，一般称这段距离为一个螺距，这个螺距会随外界温度、电场等条件的不同而改变，当在适当温度下，其螺距会接近某一光谱波长，因而会引起布拉格散射光，呈现某一种色彩。

胆甾相液晶的这种特殊分子排列方式使其具备极其特殊的特性。

① 首先，胆甾相液晶不同于其他两种液晶材料，其光学特性不是正性的，而是呈负性的单轴光学特性。其存在一个与分子层垂直的光轴，沿该轴方向的折射率很小。

② 胆甾相液晶的旋光性远比石英一类的晶体要高得多，可达每毫米几万度。

③ 胆甾相液晶在白光照射时，只有入射波长等于螺距的整倍数的光才会被反射，即具有选择光反射特性。由于温度不同，会影响螺距的大小，所以不同温度下，反射光的波长是不同的。

④ 由于胆甾相液晶分子的螺旋排列还使其在特定波长范围内具有圆偏振二向色，也就是说，它对某一特定分量的圆偏振光可以全部通过，而对另一特定分量的圆偏振光则被全部反射。

⑤ 胆甾相液晶的透过光谱范围很宽，而反射光谱范围很窄，其边缘陡峭，消光比高。

⑥ 胆甾相液晶螺旋排列的螺距受外力极易改变，故可用调节螺距的方法对外界光进行调制。

实用中，可以用这类胆甾液晶制作感温变色的测温元件。胆甾相液晶由于其本身所具有的螺旋排布结构，因此在液晶显示技术中十分有用。它大量用于向列相液晶的添加剂。它可以导致向列相液晶形成焦锥结构排列，用于相变型显示（PC）。也可以引导液晶在液晶盒内形成沿面 180°、270°等扭曲排布，做成超扭曲（STN）显示等。近年来人们发现，胆甾相液晶的独特光学性质，如旋光性、选择光散射性、圆偏光二色性等在显示技术上具有特殊意义，可以开发出新型的显示器件。

（3）近晶相液晶

近晶相液晶的分子也是棒状，因此，当温度再升高时，一般都可以转变为向列相。但是这种液晶分子由于其分子结构的作用，在一定温度范围内会出现分子侧面之间的作用力大于分子末端之间的作用力，这时就会使液晶分子形成一个侧面紧贴的液晶层，而每层液晶之间会形成一个弱作用力的层间面。以下为典型的近晶相液晶分子结构：

$$C_nH_{2n+1}-\langle\bigcirc\rangle-\langle\bigcirc\rangle-CN$$

前述图 8-2 为典型近晶 C 相（S_C）液晶分子排布示意图。从图中可以看出近晶相液晶分子在一个层面内重心位置随意，但长轴方向却基本一致。又由于层间分子作用力较小，所以形成层状。每层厚度约 2～8Å（1Å＝10^{-10}m）。因此，这种液晶相黏度较向列相液晶黏度大，用手摸有肥皂的滑腻感。在光学上具有正性双折射性，由于分子长轴与层面角度的不同，有时具有双轴光学特性（如 S_C）。近晶相液晶层内或层间分子排布的不同会形成一些亚相，按照发现时间的先后，一般用 A、B、C、D……表示，目前已排至 Q 相。

图 8-4 为较常见的 S_A、S_B、S_C 几种近晶相液晶的分子排列。

其中近晶 C 相液晶分子的指向矢都均匀地倾斜一个角度，分子倾斜的这个方位角可以是任意的，也可以沿层的法线方向呈螺旋分布。后一种称之为 S_C 相，具有旋光中心和永久偶极矩及自发极化，称之为铁电液晶。

当外加电场与自发极化作用时，产生一个可直接扭转液晶分子指向矢的力矩，从而可以用来制作铁电液晶显示器件。这种器件不仅具有极快的响应速度（数十微秒），而且具有双

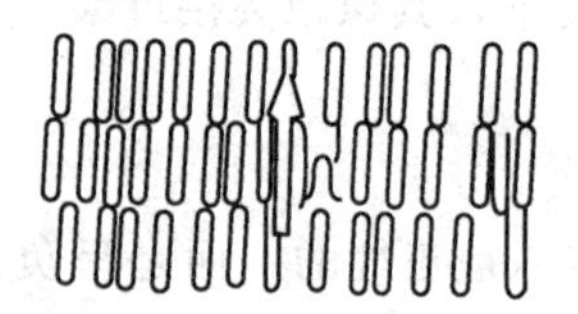

$d \approx L_m$
层内无序
(a) 近晶A相

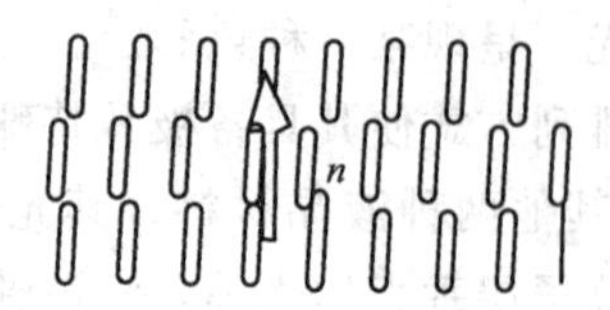

$d \approx L_m$
层内六角密堆集
(b) 近晶B相

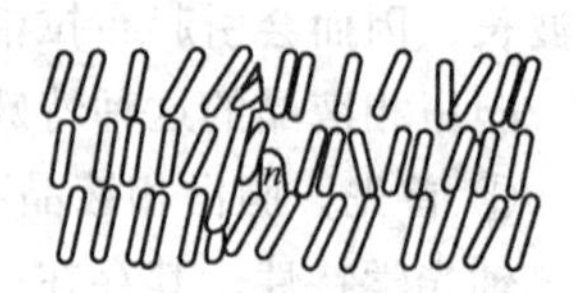

$d < L_m$
层内无序
(c) 近晶C相

图 8-4　近晶 S_A、S_B、S_C 相的分子排列示意图

d—层间距；L_m—分子长度；▯—液晶分子；⇧ n指向矢

稳特性，是多路视频图像显示器件的理想材料。

但是，近晶相液晶在制作显示器件时，要求有极薄而均匀的盒厚（2～4μm），要求有极均匀的定向工艺，这是比较困难的。

8.1.2　溶致液晶

溶致液晶是一种双组分液晶，是将一种溶质溶于一种溶剂而形成的液晶态物质。

溶致液晶至少由两部分物质组成。典型的溶质部分是由一个具有一端为亲水基团、另一端为疏水基团的双亲分子构成的，如十二烷基磺酸钠或脂肪酸钠肥皂等碱金属脂肪酸盐类等。

它相应的溶剂是水。当这些溶质溶于水后，在不同的浓度下，由于双亲分子亲水、疏水基团的作用会形成如图 8-5 所示的不同的核心相和层相。核心相为球形或柱形，层相则由与

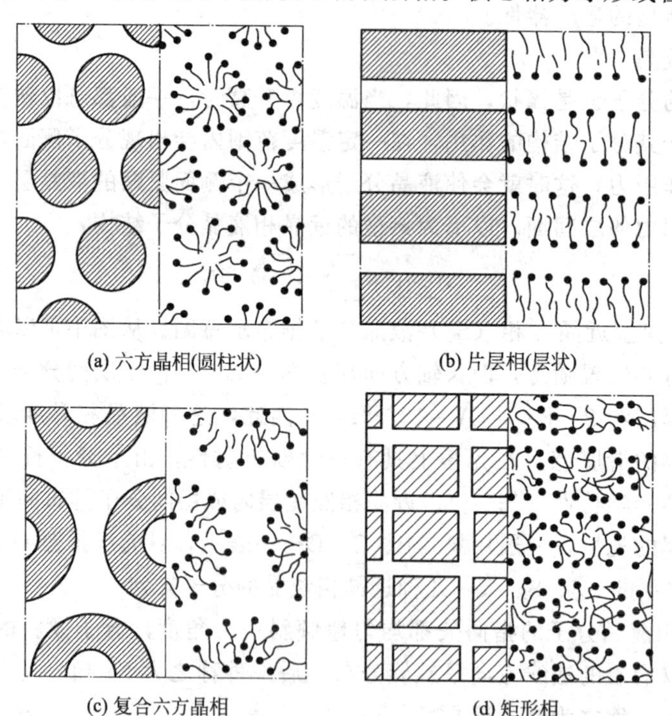

图 8-5　溶致液晶肥皂—水系统的液晶相，头为亲水基，尾为疏水基，空白的部分为水，分子有序排布示意图

近晶相相似的层式排布构成。

由于分子的有序排布必然给这种溶液带来某种晶体的特性。例如光学的异向性、电学的异向性，乃至亲和力的异向性。例如，肥皂泡表面的彩虹及洗涤作用就是这种异向性的体现。

溶致液晶的溶剂也可以是有机溶液，如某些芳香类的溶剂或聚酰胺酸等。不过其相对应的溶质则应是另一类双亲分子。

溶致液晶不同于热致液晶，它们广泛存在于自然界、生物体内，并被不知不觉应用于人类生活的各个领域，例如肥皂、洗净剂等。在生物物理学、生物化学、仿生学领域都深受瞩目。这是因为很多生物膜、生物体，如神经、血液、生物膜等生命物质与生命过程中的新陈代谢、消化、吸收、知觉、信息传递等生命现象都与溶致液晶态物质及性能有关，因此在生物工程、生命、医疗卫生和人工生命研究等领域，溶致液晶科学的研究都备受重视。

此外，在工业领域，如纺织等领域，溶致液晶的应用也取得了令人振奋的成绩。

8.2　液晶的应用物理性质

8.2.1　液晶的异向性

从分子角度观察，液晶的分子一般都是刚性的棒状分子。由于分子头尾、侧面所接的分子基团不同，使液晶分子在长轴和短轴两个方向上具有不同的性质，成为极性分子，由于分子力学作用，使液晶分子集合在一起时，处于自然状态下的分子长轴总是互相平行。而分子重心则呈自由状态，从宏观上观察，液晶具有液体的流动性和晶体的异向性，沿分子长轴有序方向和短轴有序方向上的宏观物理性质出现不同。

所谓沿分子长轴方向，称为平行（$/\!/$）方向，是指液晶分子集合体的平均长轴方向，而垂直（$\perp$）方向则是指沿液晶分子集合体的平均短轴方向。在向列液晶中长轴的平均方向可以看作为该液晶的指向矢（n）方向。

沿分子长轴平行方向的物理量，称之为平行方向物理量，如平行折射率（$n_{/\!/}$）、平行磁化率（$\gamma_{/\!/}$）、平行电导率（$\rho_{/\!/}$）、平行介电常数（$\varepsilon_{/\!/}$）、平行黏滞系数（$\eta_{/\!/}$）。而与分子长轴垂直的物理量有垂直折射率（$n_{\perp}$）、垂直磁化率（$\gamma_{\perp}$）、垂直电导率（$\rho_{\perp}$）、垂直介电常数（$\varepsilon_{\perp}$）、垂直黏滞系数（$\eta_{\perp}$）等。

各向异性的大小和方向则用它们的代数和来表示。

如介电各向异性 $\Delta\varepsilon$，可用下式表示：

$$\Delta\varepsilon=\varepsilon_{/\!/}-\varepsilon_{\perp}$$

若 $\varepsilon_{/\!/}>\varepsilon_{\perp}$，则为“正介电各向异性”；若 $\varepsilon_{/\!/}<\varepsilon_{\perp}$，则为“负介电各向异性”。其余 γ、n、η、ρ 等也都如此。

由于液晶的各向异性，加之其弹性系数又很小，因此在外场作用下，分子的排列极易发生变化。例如，在外磁场和外电场作用下，液晶的指向矢会沿外电场和外磁场的方向重新排布，液晶显示器件就是根据这一理论设计的。实际上，液晶显示器件的工作原理就是基于这一特性实现的。例如，当没有外电场情况下，液晶分子因边界条件其指向矢为沿玻璃表面平行排列。若施加一个电场 E，由于液晶分子 $\varepsilon_{/\!/}>\varepsilon_{\perp}$，有一个正 $\Delta\varepsilon$，所以会使液晶分子长轴方向趋于 E 方向，引起液晶分子转动，变为垂直于玻璃表面，这就是液晶可以用于 TN 型显示的基本道理。

8.2.2 有序参量

众所周知，分子排列越整齐，越没缺陷，该物体的整体各向异性就越明显。但是，不论用什么方法，在什么条件下，液晶分子的排列都不可能百分之百一致。一般称这种分子排布的有序程度为有序参量，用 S 表示。定义为

$$S=\frac{3\cos^2\theta-1}{2}$$

式中，θ 为分子长轴与指向矢单位矢量 $\boldsymbol{n}$ 的夹角。

有序参量与液晶材料、温度有关，当温度上升时，有序参量下降，从而会导致液晶显示器件显示质量的下降。

一般将各向同性的液体的有序参量定义为零，即 $S=0$，而理想平行排布的晶体，有序参量 $S=1$（只能在 $T=0\text{K}$ 时）。而液晶的 S 为 0.3～0.8 之间。

S 是液晶本身的特性，不受外力、外场的影响。

有序参量 S 的大小直接影响整体液晶的折射率、介电常数、磁化率等各向异性的大小，影响液晶显示器件的性能。

8.2.3 电场中液晶分子的排列

（1）介电各向异性

液晶分子长轴方向的介电常数 $\varepsilon_{/\!/}$ 与短轴方向的介电常数 $\varepsilon_{\perp}$ 是不一样的，因此，引出一个新概念：介电异向性 $\Delta\varepsilon$。

$\Delta\varepsilon=\varepsilon_{/\!/}-\varepsilon_{\perp}$ 是液晶显示器件原理的基础。

液晶的 $\Delta\varepsilon$ 有时为正，有时为负，这主要是由液晶分子的极化率 α 和永久偶极矩 μ 与液晶分子长轴方向的夹角 β 所决定。

液晶分子的极化率 α 也有长轴方向的 $\alpha_{/\!/}$ 和短轴方向的 $\alpha_{\perp}$ 之分，极化率各向异性 $\Delta\alpha=\alpha_{/\!/}-\alpha_{\perp}$，一般为正，而永久偶极矩 μ 与液晶分子长轴方向的夹角如果过大时，有可能导致 $\Delta\varepsilon$ 为负。$\Delta\varepsilon$ 为正时，称之为 P 型液晶；而当 $\Delta\varepsilon$ 为负时，就称之为 N 型液晶。P 型液晶在电场中液晶分子长轴与电场方向平行排列，而 N 型液晶在电场中则分子长轴与电场方向正交排列。$\varepsilon_{/\!/}$ 和 $\varepsilon_{\perp}$ 还取决于施加电场的频率。在低频电场中，$\varepsilon_{/\!/}$ 一般大于 $\varepsilon_{\perp}$，此时 $\Delta\varepsilon$ 为正。由于 $\Delta n=n_{/\!/}-n_{\perp}=\sqrt{\frac{\varepsilon_{/\!/}}{\varepsilon_0}}-\sqrt{\frac{\varepsilon_{\perp}}{\varepsilon_0}}$，所以此时 Δn 也为正。但高频电场中，由于永久偶极矩的变化跟不上电场的变化，其 $\varepsilon_{/\!/}$ 可能会小于 $\varepsilon_{\perp}$，此时 $\Delta\varepsilon$ 将变为负。这一特性正是双频驱动法的基础。

（2）使液晶分子排列发生变化的临界电场

一般将由外场作用达到某一强度时出现的液晶分子取向变化称为 Fredericks 转变，引发 Fredericks 转变的临界电场 E_{C} 为

$$E_{\text{C}}=\frac{\pi}{d}\left(\frac{K_{11}}{|\Delta\varepsilon|}\right)^{\frac{1}{2}}$$

该临界电场与弹性常数和介电各向异性有关。

换算成施加外电压后，称该电压为阈值电压 U_{th}。

$$U_{\text{th}}=E_{\text{C}}d$$

$$U_{\text{th}}=\pi\left(\frac{K_{11}}{|\Delta\varepsilon|}\right)^{\frac{1}{2}}$$

从上式可知，U_{th}与液晶盒厚无关，仅与弹性常数 K_{11}和介电各向异性 $\Delta\varepsilon$ 有关。

8.2.4　关于连续体理论

液晶分子间的作用力远比晶体分子间的作用力小得多，但却已足够将所有分子约束在一定的空间内，形成液态。因此，应该将液晶认定为连续体物质，有关液晶的各种特性自然也应遵循有关连续体的各种理论。

连续体理论指出可用组成物质的原子、分子的微观状态描述物质的宏观物理性质。特别是用这一理论来描述液晶在弹性力学、流体力学及电磁学方面的宏观物理特性十分有用。对液晶显示技术十分关键的有关液晶的有序排列、对外电场的响应、流体性能、相转变、弹性变形以致各种器件参数的设计都离不开连续体理论的阐明。

从下面有关弹性常数的介绍就可以看出，连续体理论对液晶显示的发展是多么重要。

液晶分子的集合体中液晶分子的排列受三方面作用力，即分子间作用力、界面条件的作用力和外场条件的作用力。在没有外场条件下，液晶分子的指向矢是由自身性质所决定的，而在电场等外场作用下，液晶分子的指向矢就会发生变形。按连续体理论分析，这种变形称为弹性变形。

弹性变形有三种基本形态，如图 8-6 所示，液晶可能会发生展曲、扭曲及弯曲三种基本畸变。作为连续体的液晶弹性变形也将因畸变形态的不同而具有不同的弹性常数：展曲弹性常数 K_{11}、扭曲弹性常数 K_{22}、弯曲弹性常数 K_{33}，总称为弹性常数 K。

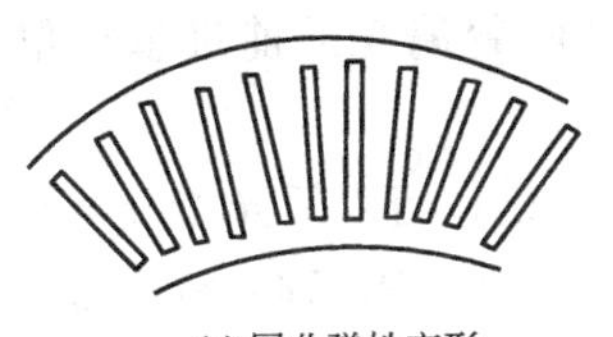

(a) 展曲弹性变形

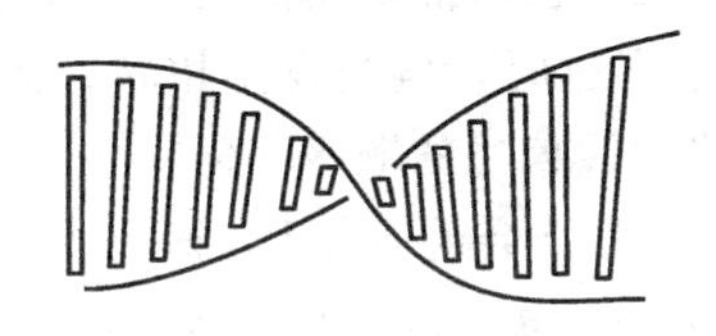

(b) 扭曲弹性变形

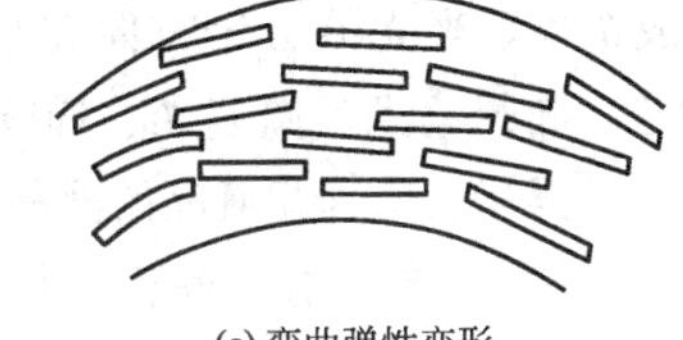

(c) 弯曲弹性变形

图 8-6　液晶的三种弹性变形

在液晶显示技术中，液晶分子的排布和各种畸变是液晶显示器件的核心技术，因此，K_{11}、K_{22}、K_{33}与液晶显示器件的特性有着密切的关系。

弹性常数大则阈值电压也大。不同的弹性常数比，如 K_{33}/K_{11}还会对电光响应曲线的陡度，即多路性能有很大影响。

液晶的弹性常数值很小，仅为 10^{-7}～10^{-6}dyn（1dyn=10^{-5}N）之间，致使液晶分子排列的稳定度也不很高。只要很小的外部电场、磁场、应力、热等外场的影响，原有基态的液晶排列状态就会发生畸变，变为另一种排列状态。

此外，作为连续体理论，还可以用以分析液晶在流动时的动态特征，从而引出有关黏滞系数方面的特性，这对将来深入了解液晶显示器件的有关特性也是十分有用的。

8.2.5　光在液晶中的传播

如果不考虑由于热而引起液晶分子有序排列的起伏，则利用传统的晶体光学理论完全可以解释、描述光在液晶中的传播。

液晶的有序排列，使其与晶体具有相同的光学特性。

液晶也具有寻常光折射率 n_o 和非寻常光折射率 n_e。

向列相液晶和近晶相液晶的 n_o 和 n_e 与液晶分子长轴偶极矩方向的 $n_\perp$ 和 $n_{/\!/}$ 之间的关

系为

$$n_o = n_\perp ,\quad n_e = n_{/\!/}$$

即其折射率的各向异性 Δn 为

$$\Delta n = n_{/\!/} - n_\perp = n_e - n_o$$

而向列相和近晶相液晶总是 $n_{/\!/} > n_\perp$，所以 Δn 为正值。即向列相液晶或近晶相液晶一般都呈单轴正性晶体光学性质。

对于胆甾相液晶，$n_o = \left[\frac{1}{2}(n_{/\!/}^2 + n_\perp^2)\right]^{\frac{1}{2}}$，$n_e = n_\perp$。虽然还是 $n_{/\!/} > n_\perp$。但 $\Delta n = n_e - n_o < 0$，所以胆甾液晶的 Δn 为负值，具有负的光学性质。

由于液晶呈单轴的光学各向异性，因此具有以下特别有用的光学特性。

① 能够使入射光沿液晶分子偶极矩 n 的方向偏转。

② 使入射的偏光状态（线偏光、圆偏光、椭圆偏光）及偏光轴方向发生变化。

③ 使入射的左旋及右旋偏光产生对应的透过或反射。

液晶显示器件基本上都是基于这三大光学特性而设计制造的。

首先来看看光线射入液晶后是如何传播的。

在液晶中 $n_{/\!/} > n_\perp$，因而入射光中平行 n 方向的光速就大于垂直于 n 方向的光速。所以入射光在液晶中的传播方向将沿分子偶极矩 n 的方向偏转。

向列相液晶中分子排布是有序的，设液晶的指向矢 $\vec{n}$ 与 X 轴平行，入射的偏光方向与 n 成 θ 角，当光沿 Z 轴方向在液晶中穿过时，偏光发生扭转，而且会随着偏光的前进呈线偏光、椭圆偏光、圆偏光、椭圆偏光、线偏光的顺序变化。

因扭曲向列相液晶的液晶分子螺距 P 会远远大于入射光波长 λ，所以，当入射光沿分子指向矢 $\vec{n}$ 的方向入射后将沿分子扭曲方向旋转，若此时液晶层的厚度正好为 $1/4P$，则光线会沿与 $\vec{n}$ 平行的方向透过液晶出口。如果入射的偏光方向与入射口液晶分子的指向矢有一个夹角，则偏光出射口处的偏光就可能会产生椭圆或圆偏光。用检偏片观察就会呈现干涉彩虹色。

如果入射的不是向列相液晶，而是其螺距 P 与入射波长 λ 差不多的胆甾相液晶会怎么样呢？此时，入射的偏光旋光方向若与液晶的旋光方向相同（如都是右旋光），则入射偏光将被反射，而入射的偏光方向若与液晶分子旋光方向不同（如一个左旋光，一个右旋光），则入射光将可以透过液晶层。这种反射是一种二色性选择光散射，使液晶呈现一种美丽的干涉彩虹色。

光在胆甾相液晶中传播所产生的二色性选择光散射可以显示出美丽的色彩。这是由于在选择光散射时，被选择最大反射光波长 λ_0 与螺旋结构的螺距 P 和螺旋轴正交平面的折射率 n 有密切关系。

$$\lambda = \vec{n} P$$

其中

$$\vec{n} = (n_{/\!/} - n_\perp)/2$$

此时，被反射的光波长为

$$\Delta\lambda = \Delta n P$$

其中

$$\Delta n = n_{/\!/} - n_\perp$$

由于螺距 P 与温度有极强的依赖关系，因此会产生：温度变化→螺距变化→选择光反射波长改变→颜色改变。

一般说来，温度升高，P 减小，反射光波长 $\Delta\lambda$ 向短波方向移动。反之，则向长波方向移动。利用这一特性可用胆甾相液晶制作测温液晶膜。

胆甾相液晶螺距 P 除随温度改变外，对外加电场、磁场、应力、吸附物等也会发生变化。螺距的改变意味着颜色的改变，所以可以利用这一特点开发出很多有用的产品。

表 8-2 为利用正常皮肤温度与有肿瘤处皮肤温度的不同制成胆甾相液晶测温膜测出的温差。虽然温差很小，但也能被液晶测温膜测出，可见其灵敏度还是相当高的。

表 8-2　肿瘤部位周围皮肤温差

诊断名称	测试部位	温度/℃		温差/℃
		肿瘤部位	正常部位	
恶性黑色瘤	左耳轮前方	35.9	34.0	+1.9
软骨肉瘤	右胫骨上部	35.2	33.6	+1.6
膀胱癌	左大腿股部	35.0	31.7	+3.3
心脏癌	左肩胛骨	35.4	34.2	+1.2
乳状癌	右足	38.6	37.2	+1.4
良性纤维瘤	右前腕	32.0	32.6	−0.6

此外，胆甾相液晶的螺旋排列可以使其具有极强的旋光能力，在 1mm 膜层内即可旋光 20000°以上，所以有时也用它作添加剂，以使混合的扭曲向列相液晶材料具有一定扭曲角。

8.3　实用液晶材料

液晶是液晶显示器件的基本材料。为了满足液晶显示器件的各种性能参数的要求，也为了适应液晶显示器件工艺要求，需要液晶材料具有广泛的多种性能参数，而任何一种液晶单体材料都不可能满足所有这些要求，所以实用的显示用液晶材料都是混合液晶材料。有时，为了达到某一特殊要求，甚至还要混合添入某些非液晶的添加物。如动态散射型器件用的液晶中要添加一些离子型材料，宾主型显示器件用液晶中要添加一些二色性染料等。

8.3.1　实用液晶材料参数要求

液晶显示器件参数不等于液晶材料的参数。但是液晶材料的任何一项性能和参数都会影响甚至决定液晶显示器件的性能和参数，有些还会影响液晶显示器件的工艺、制造。

必须满足的液晶显示器件主要参数有工作温度范围、响应特性、驱动特性、视角、可靠性等，而必须与其适应的器件工艺则主要是制盒的盒厚及取向工艺。

图 8-7 是这些器件特性与其所要求的液晶材料的特性和参数的关系。

由于器件不同，所需液晶的特性、参数肯定也不同，而且任何一个液晶参数的改变又会牵涉影响器件的一些特性，所以实用液晶材料必须使用多元液晶单体混合配制，才能满足要求。

混合液晶材料的配制是严格而复杂的，配制参数遵循加法原则，即其参数特性由混合各单元参数代数和决定。

8.3.2　实用液晶材料

(1) 仪表、计算器用液晶材料

这类显示器一般为七段型数字显示，因此即使是多路驱动时，也很少超过四路，而且其使用环境较好，除特殊要求外，其环境温度范围一般在 −5～40℃，所以这个领域用的液晶

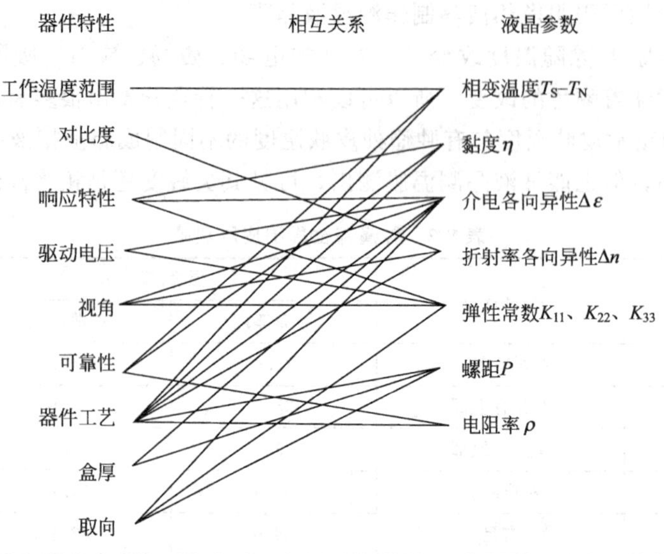

图 8-7 液晶显示器件特性与液晶材料参数之间的关系

材料特性较易得到满足，主要选用标准一般是价格优先。

(2) 车载用液晶材料

车载用液晶最大的特点是必须能在较宽的温度范围内满意地工作。为此，这类液晶不仅应该有较宽的液晶相变温度，即应在$-40\sim80$℃以上，而且在高低温工作时应该稳定、可靠，其温度系数也不应太大。由于相变温区的扩大，有时会使其他的一些材料参数也因此有所改变，这是此类材料配制的一个难点。不过，现在这类液晶的生产已不是什么难题了，经过改良的仪表类用液晶和大部分 STN 液晶都能满足这个要求。

(3) STN 用液晶材料

STN 液晶显示主要是适用于多路驱动的一种显示模式，所以 STN 所需液晶材料对于Δn、$\Delta\varepsilon$以及K_{33}/K_{11}等参数都有特殊的要求，特别是Δn的要求就更复杂。一般液晶材料厂可提供若干个Δn值序列排序的系列产品由厂家按“四瓶体系”自行配置。

(4) 有源矩阵式（AM）液晶显示用液晶材料

有源矩阵式液晶显示使用的是 TN 型液晶显示，但是由于它具有 TFT 等有源器件及要求能进行视频、彩色等特点，所以普通 TN 用液晶材料不能用。

AMLCD 用液晶材料要具有以下特性。

① 为适应 TFT 开关特性要求必须具有高电阻率。只有在较高的电阻率条件下，才能在极薄的盒间保持足够的开关比及电荷保持率。

② 为了降低工作电压和提高响应速度，还要求有低的黏滞系数和适当的介电各向异性。

③ 为了能实现尽可能多的灰度级别，要求液晶弹性常数比K_{33}/K_{11}的值也要大一些才行。

④ 为了满足 AMLCD 有足够的视角、对比度及光色不失真，还要求所用液晶材料要有适当的Δn。

(5) 其他用途的液晶材料

由于液晶显示器件的种类、模式不同，所需液晶材料也大不相同。这些特殊器件所需要的液晶材料都有特殊的要求，需要特殊配制。有时，这种特殊配制的方法和配方还是器件厂家的专利或专有技术。

除以上几类常见的实用液晶材料外，有些液晶显示用的液晶材料是很特殊的，例如宾主型液晶材料，要在低压、低黏度液晶中掺入适量的二色性染料。动态散射型器件在液晶中要添入适当的离子添加剂。PDLC 用液晶要求有适当的 Δn 和较低的阈值电压。

图 8-8 为“液晶使用之树”，它基本可以概括当今液晶显示技术的蓬勃发展趋势和前景。

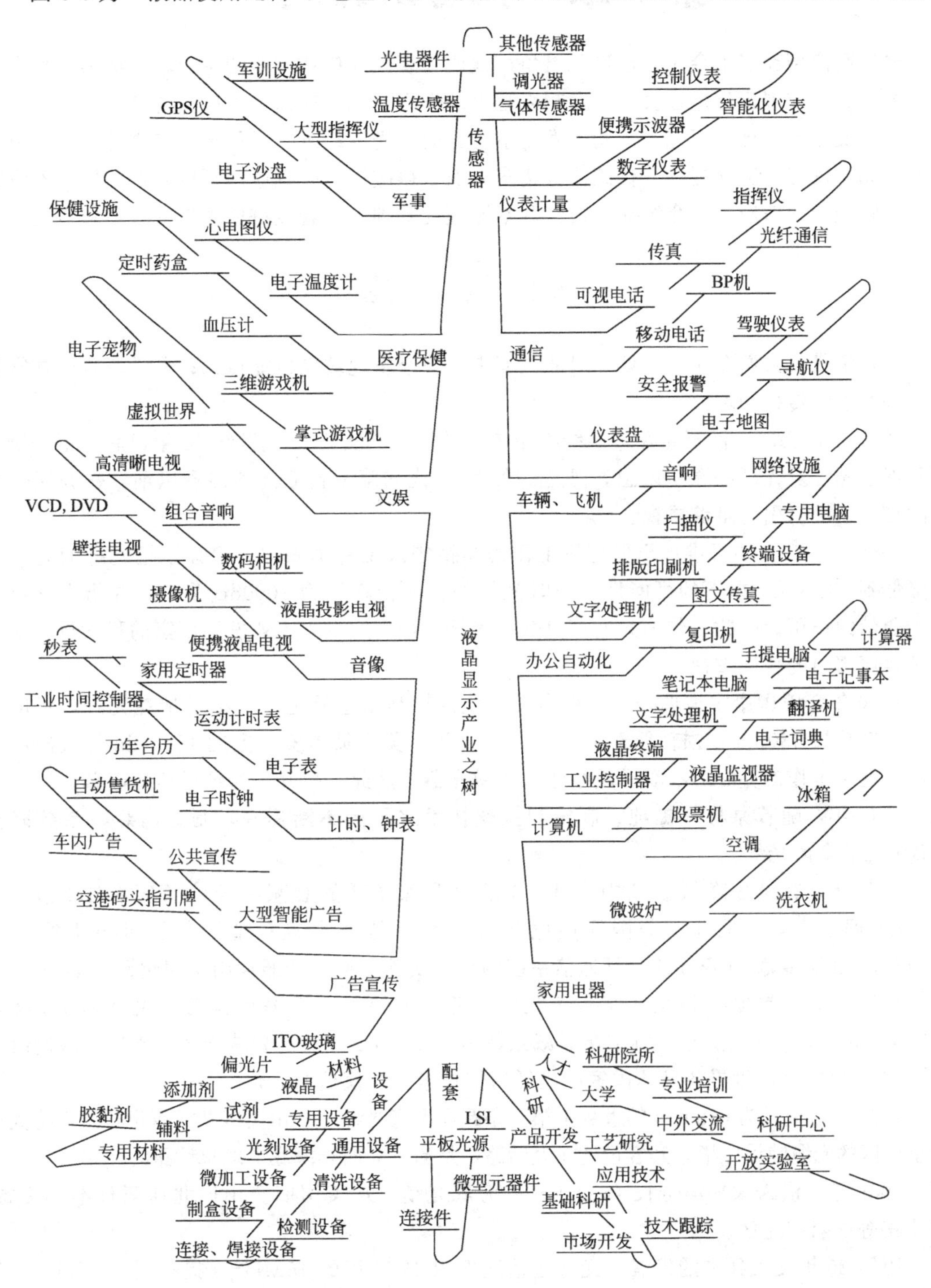

图 8-8　液晶使用之树

第9章　光导纤维材料

光纤通信历经三十余年，已经无可争辩地成为现代通信最重要的主力军，成为信息高速公路的基石，在现代信息社会发挥着越来越大的作用。光纤通信的发展是与其载体——光导纤维材料及光导纤维的研究与成功开发密不可分的。光导纤维除了用于通信之外，还在电子光学、光学仪器、医疗器件、传感器等诸多方面获得应用，并且应用领域还在拓展。本章在简要回顾光纤通信历史、介绍光纤通信基本原理的基础上，着重讲述光导纤维材料类别。

9.1　概　　述

在古希腊，人们在制作玻璃器皿的过程中，曾经发现玻璃棒能传光；科学家曾经观察到光沿细小水流传播的现象。

1930年，德国人做了光在玻璃纤维中传播的第一个实验。20世纪50年代后，不少研究所开展了光纤及光纤的原型设想，但是，在60年代初第一台激光器出现以前，作为通信媒质的光纤还没有引起足够重视。

1966年，在英国标准电讯研究所工作的英籍华人工程师高琨，论证了把光纤的光学损耗降低到20dB/km以下的可能性（当时光纤的传输损耗约为1000dB/km），并指出其对未来光通信的作用。因此，作为光通信媒介的光纤开始引起世界工业发达国家的科学界、实业界及政府部门的普遍重视。

1970年，美国康宁玻璃公司采用高二氧化硅拉制出世界上第一根低损耗光纤，长度数百米，在波长630nm处损耗低于20dB/km。同年，美国贝尔实验室的Hayashi等人研制出室温下连续工作的GaAlAs双异质结注入式激光器。从此，拉开了光纤通信的序幕。

1972年，随着原材料提纯、制棒和拉丝技术水平的不断提高，制备出衰减系数降至4dB/km的多模光纤。

1976年，在设法降低玻璃中OH^-含量时发现光纤的衰减在长波长区有1.31μm和1.55μm两个窗口。同年，美国西屋电气公司在亚特兰大成功地进行了世界上第一个44.736Mbit/s传输110km的光纤通信系统的现场实验，使光纤通信向实用化迈出第一步。

1980年，原料提纯和光纤制备工艺的完善，加快了光纤的传输窗口由0.85μm移至1.31μm和1.55μm的进程，制造出衰减系数为0.26dB/km的低衰减光纤，接近了理论值。

1982年以后，世界各发达国家的光纤通信技术大规模地商业化。

1988年，全长为6680km的世界上第一条跨洋海底光缆——由美国新泽西州开始横跨大西洋至英国的光缆铺设完毕，其容量达4万话路，是当时大西洋海底电缆总话路的2.5倍。

1989年，横跨太平洋全长15927km的海底光缆，从美国旧金山以北通至日本、关岛、菲律宾等国家和地区。

历经20年突飞猛进的发展，光纤通信速率由1978年的45Mbit/s提高到40Gbit/s。目前，美国已建成了世界上最大最繁忙的信息网，光纤总长度超过了200万公里。

概括起来讲，光纤通信发展经历了四个重要阶段。1975～1976年以前为第一个阶段。

即短波长（0.85μm）多模光纤阶段，传输速率为 45Mbit/s。1982 年，长波长器件（1.3μm）与多模光纤相结合，使光纤通信进入到第二阶段——长波长多模光纤时代，使传输速率和距离有很大提高。20 世纪 80 年代后半期，随着长波长器件与单模光纤的成功结合，标志着光纤通信进入到长波长单模光纤的时代，典型的传输速率达到 600Mbit/s，无中继距离达 30km。20 世纪 90 年代，低损耗波长（1.55μm）中、长距离线路的大量应用，制成全光传输系统，干线光缆的传输速率提高到 10～40Gbit/s 以上。现在，随着光波通信理论的建立与完善以及新型光子器件和新型光纤材料研制开发的成功，光纤通信正在向着大规模实现全光通信网（AON）的时代迈进，并将使传输速率、传输距离和信息清晰度提高到更高的水平。

我国自 20 世纪 70 年代初开始研究光纤通信技术，1977 年，武汉邮电科学研究院研制出中国第一根阶跃折式多模光纤，其在 0.85μm 的衰减系数为 300dB/km。

1979 年，建立第一个用多模短波长光纤进行的 8.0Mbit/s、5.7km 室内通信实验系统。

1987 年，建成第一个国产的长途通信系统，由武汉至荆州，全长 250km，传输速率 34Mbit/s。1988 年起，国内光纤通信系统的应用由多模光纤向单模光纤过渡。

1991 年，完成第一条全国产化 140Mbit/s 的合肥至芜湖长途直埋单模光纤光缆线路，全长约 150km，光缆首次从水下跨越长江。

1993 年，建立全国产化上海至无锡的大容量 565Mbit/s 的高速系统。

1997 年，武汉邮电科学研究院自行研制的 2.5Gbit/s 光纤通信实验系统安装在海南海口至三亚。

1999 年，随着兰-西-拉干线光缆工程的告捷，覆盖全国的 8 横 8 纵光缆线路贯通，初步建成我国自己的信息高速公路网络。

9.2　光纤通信原理及特点

光导纤维系指导光的纤维，通常由折射率高的纤芯及折射率低的包层组成，这两部分对被传输的光具有极高透射率。目前应用的光纤是以 SiO_2 为主要原料的纤维，其纤芯直径为数微米至数百微米。以光纤传递信息，主要是利用全反射原理。当进入光纤的光线射碰到纤芯与包层的界面时，发生多次全反射，将载带的信息从一端传到另一端，从而实现光纤通信。

9.2.1　光在光纤中传输的基本原理

一切光纤的工作基础都是光的全内反射现象。众所周知，光从光密媒质入射到光稀媒质时，在界面上都有可能发生全内反射，如图 9-1 所示。假设在光纤的子午面内，有一条与光纤轴成 θ_1 角的光线投射到纤芯与包层的界面上，根据余角形式的折射定律：

$$\frac{\cos\theta_1}{\cos\theta_2}=\frac{n_2}{n_1}$$

当 θ_1 减小到某一角度 θ_c 时，θ_2 就变为零，此时光线不再进入包层而全部反射回纤芯，此时有

$$\theta_c=\arccos\frac{n_2}{n_1}$$

θ_c 则称为临界角或全内反射余角。可以推导出

$$\sin\theta_c=\sqrt{2\Delta}$$

式中，$\Delta=\frac{n_1^2-n_2^2}{2n_1^2}$，通常 θ_c 都很小，故有

$$\theta_c\approx\sqrt{2\Delta}$$

可见，所有与光纤轴心的夹角 $\theta\leqslant\theta_c$ 光线碰到纤芯与包层的界面时，都会发生全内反射，光就从光纤的一端传到光纤的另一端，这就是光纤中的传输模；而那些 $\theta>\theta_c$ 的光线每次碰到纤芯与包层的界面时，都会产生折射光，即有部分能量进入包层，形成了所谓的泄模，由于包层损耗很大（1000dB/km 以上），它在包层中很快就衰减完了。

假设有一条光线从空气投射到光纤的端面，入射角为 θ_c'，进入到光纤后发生折射，折射光线与光纤轴成角 θ_c（见图 9-1）。利用折射定律的正弦形式及 $\theta_c=\arccos\frac{n_2}{n_1}$，则得

$$\sin\theta_c'=n_1\sin\theta_c=n_1\sqrt{2\Delta}$$

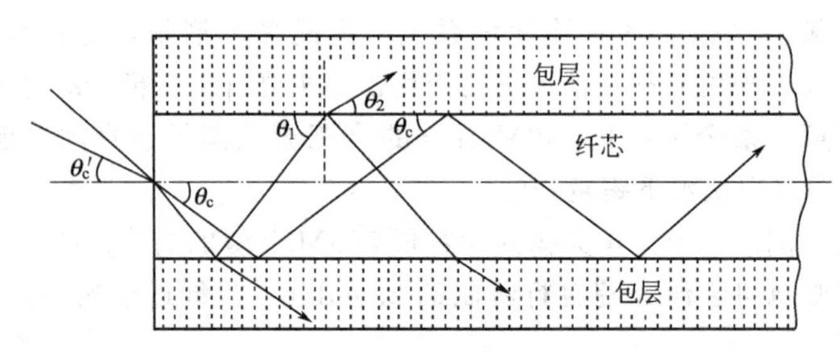

图 9-1　光纤传输的射线学原理

可见，所有 $2\theta_c'$ 锥角以内的投射到光纤端面的光线，进入到光纤芯后，都被封闭在光纤内，经反复多次反射而到达光纤的另一端。因此 $n_1\sqrt{2\Delta}$ 是衡量光纤波导集光能力的重要参量，把它定义为光纤的数值孔径，以 NA 表示，即

$$NA=n_1\sqrt{2\Delta}=\sqrt{n_1^2-n_2^2}$$

9.2.2　在光纤中传播光波的模及模数

前面，用光的射线理论来描述光纤的传输是很粗糙的，尤其是对单模光纤的情况。而采用光的波动理论，则能精确地描写光在光纤中的情况。

利用介质中的麦克斯韦方程来描写光纤中光波的电磁场，求出波动方程在纤芯-包层界面的边界条件下的解，就知道光纤中光波的电场或磁场是许多独立解的叠加，每个独立解代表一种场的分布。通常把这种场的分布称为场模。在光纤中，光的传播模谱是离散的、有限的，其总数近似为

$$N=\frac{V}{2}$$

$$V=\frac{2\pi a(n_1^2-n_2^2)^{1/2}}{\lambda_0}=\frac{2\pi a(NA)}{\lambda_0}$$

式中　V——光纤归一化频率或光纤的 V 数，它决定了能在光纤中传播的模式个数；

a——光纤芯半径；

λ_0——真空中的光波长。

光纤的 V 数随纤芯半径和数值孔径的增加而增加，随波长的增加而减小。V 数增大时，所允许的传播模数增加（见图 9-2）。当 $V<2.405$ 时，光纤中只允许一个模式存在，即只有基模 HE_{11} 模。这种只存在一个传播模的光纤称为单模光纤。因此，光纤单模工作条件为

$$a \leqslant 2.405\lambda_0/(2\pi NA)$$

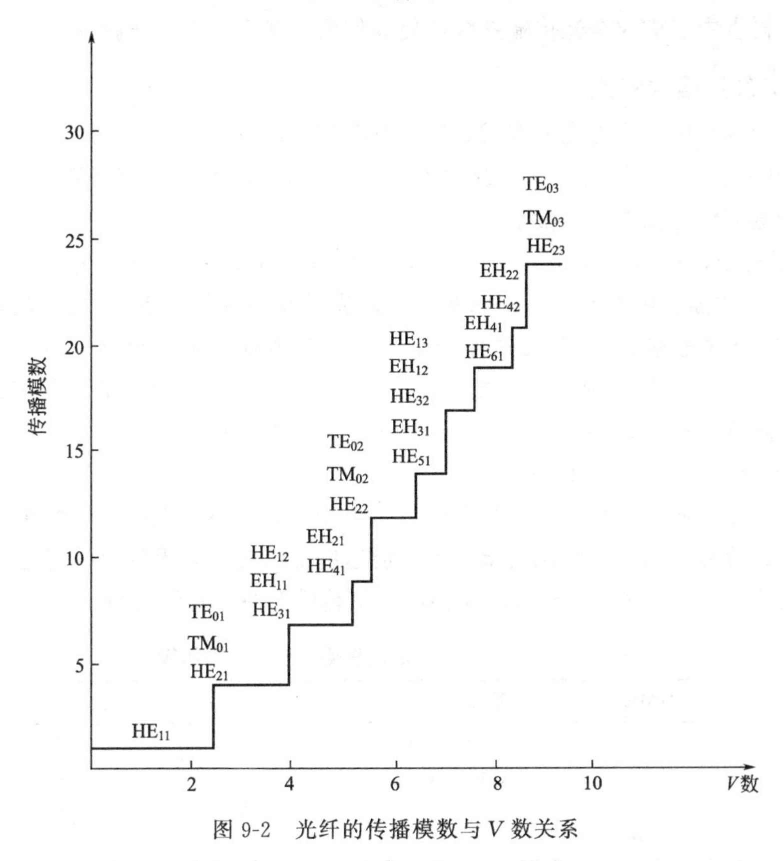

图 9-2　光纤的传播模数与 V 数关系

9.2.3　光纤通信系统组成

光纤传递信息的业务可概括地分为三大类：一是电话和音响的音频信息；二是计算机数据信息；三是图像和电视的视频信息。音频和视频信息的模拟信号都要经过编码过程变成数字信号。

光纤通信系统是由发送设备、传输线路、接收设备三部分组成，如图 9-3 所示。光纤通信系统中电端机的作用是对来自信息源的信号进行处理，例如，模拟/数字转换多路复用等。发送端光端机的作用则是将光源（如激光器或发光二极管）通过电信号调制成光信号，输入于光纤传输至远方。接收端的光端机内有光检器（光电二极管）将来自光纤的光信号还原成电信号，经放大、整形、再生，恢复原型后，输至电光机的接收端。对于长距离的光纤通信，还需要中继器，其作用是将衰减和畸变后的微弱光信号放大、整形、再生成一定强度的光信号，继续送向前方，以保证良好的通信质量。目前的中继器都是采用光-电-光形式，即把接收到的光信号用光电检测器变换为电信号，经放大、整形、再生后再调制光源，将电信号变换成光信号重新发出，而不是直接放大光信号。

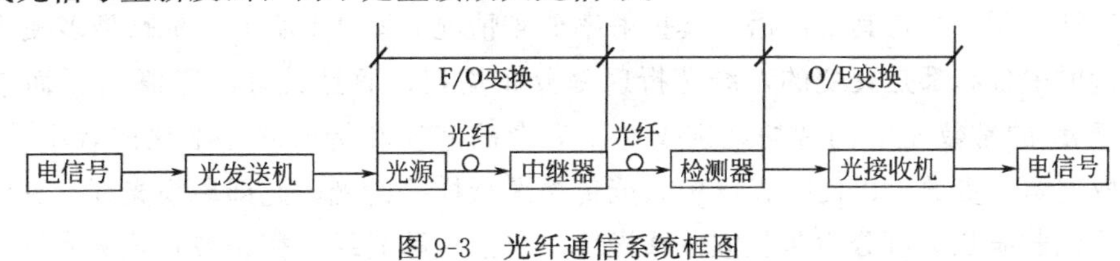

图 9-3　光纤通信系统框图

随着光波通信理论的建立与完善和新型光子器件、新型光纤材料研制与开发的成功，已经出现了淘汰再生中继机的全光传输系统，使通信质量又有了进一步提高。

9.2.4 光纤通信的特点

光纤通信与电缆或微波等通信方式相比，具有如下优点。

① 传输频带宽，通信容量大。如载频为 3×10^{14} Hz，约为电视通信所用超高频的 10 万倍，从而使带宽或信息载带容量激增。

② 传输损耗小，传输距离远，每单位传输距离只需很少的放大器或中继站。

③ 抗干扰能力强、传输质量高、保密性好。光纤是绝缘体，不受邻近其他系统和其他物体产生杂散电场的影响，故有很强的抗干扰能力，能够防范电子间谍。

④ 成本低廉。光纤原材料丰富，光纤直径小（一般为 100μm），能大量节约有色金属，所以能大幅度降低成本。另外，因其重量轻，运输和铺设的费用也低。

⑤ 耐化学侵蚀，适用于特殊环境。

应该指出，光纤通信也有缺点，如光纤弯曲半径不宜过小，光纤的切断和连接操作技术要求十分娴熟，分路、耦合操作比较繁琐等，但这些都已在不同程度上得到克服，并未影响光纤通信的实用。表 9-1 列出了光纤与几种电通信传输介质的特性比较。

表 9-1 光纤与几种电通信传输介质的特性比较

传输介质	带宽/MHz	衰减系数/dB·km^{-1}	中继距离/km	铺设安装	接续
对称电缆	6	20(4MHz)	1～2	方便	方便
同轴电缆	400	19(60MHz)	1.6	方便	较方便
微波波导	40～120	2	10	特殊	特殊
光纤电缆	＞10GHz	0.2～3	＞50	方便	特殊

正是由于光纤通信优点突出，才使其应用得到极快的发展，表 9-2 列出了光纤通信的应用场所。光纤除了在通信方面得到重要应用外，还在电子光学、光学仪器、医疗器件、自动控制等诸多方面得到广泛应用，并且应用领域还在拓展。

表 9-2 光纤的特点及其适用场合

光纤特点	应 用 场 合
频带宽，低衰减	公用通信和有线电视图像传输
抗电磁干扰	电力及铁道通信，交通控制信号和核电通信
尺寸小，重量轻	公用通信、计算机、飞机、导弹和舰船内通信
耐化学腐蚀	油田、煤油厂和矿井等区域的通信

9.3 光纤的种类

至今，按光纤芯折射率的分布不同，常用通信光纤主要分为阶跃型光纤、梯度型光纤和单模光纤三种类型，光在其中传播及其折射率分布情况如图 9-4 所示。阶跃型多模光纤和单模光纤的折射率分布都是突变的，纤芯折射率分布均匀，而且具有恒定值 n_1，而包层折射率则为小于 n_1 的常数 n_2。两者的区别仅在于后者的芯径和折射率差都比前者小。设计时，适当地选取这两个参数，以使得光纤中只能传播最低模式的光，此即单模光纤。其中，单模光纤按照零色散波长又可分为非色散位移光纤、色散位移光纤、截止波长位移光纤、非零色

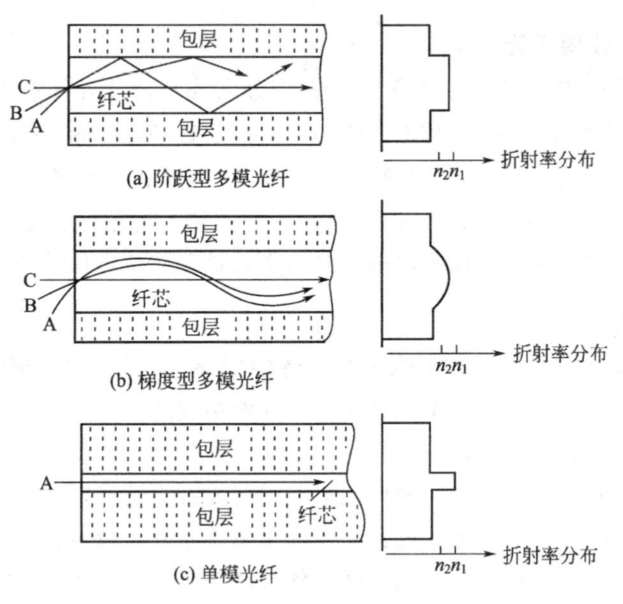

图 9-4　主要光纤种类及光的传播和折射率分布

散位移光纤、色散平坦光纤和色散补偿光纤 6 种。而梯度型光纤中，纤芯折射率的分布是径向坐标的递减函数，而包层的折射率分布则是均匀的。由于其纤芯折射率分布是渐变的，近似于抛物线型，所以，其模色散很小，是一种低色散宽带多模光纤。

另外，从光纤的材质上还可将光纤分为石英纤维、多组分玻璃光纤、全塑料光纤、塑料包层光纤和红外光纤等。红外光纤又包括卤化物光纤、硫属玻璃光纤、重金属氧化物光纤等。其中，石英光纤具有衰减低、频带宽等优点，在研究及应用中占主导地位。下面就以光纤的材质为依据对其予以介绍。

9.3.1　石英玻璃光纤

石英玻璃光纤是最早应用于光通信的商品化光纤，石英玻璃光纤的各种特性参数见表 9-3。多模石英光纤用于短距离通信，为了提高与光源耦合效率，正向大纤维直径和高数值孔径方向发展。但远距离通信以使用单模石英光纤为宜。石英光纤主要由 SiO_2 构成，一般采用 $SiCl_4$ 或硅烷等挥发性化合物进行氧化或水解，通过气相沉积获得低损耗石英光纤预制件，再进行拉丝。根据传输模式对折射率断面分布的要求，可在制备预制件过程中加入挥发性氯化物作添加剂。用锗可提高折射率，用硼可降低折射率。另外，采用 CF_4 和 CCl_2F_2 亦可降低包层的折射率。加入磷（如 $POCl_3$）用来降低石英光纤的熔点。

表 9-3　石英玻璃光纤的特性参数

光纤＼参数	结构参数		传输特性		连接耦合特性		适用领域
	包层/芯径 /μm	相对折射率差/%	损耗/dB·km^{-1} (使用波长/μm)	带宽 /MHz·km	连接	与光源耦合效率	
阶跃型光纤	125/50 125/85 140/100	1.5～2.0	3～6 (0.85)	<100	易	大	小容量光纤通信，非功能型光纤传感器
梯度型光纤	—	约 1	约 3(0.85) 约 1(1.3)	100～1000	较易	中	中容量光纤通信，非功能型光纤传感器
单模光纤	—	约 0.3	约 0.5(1.3)	>几千	较难	小	大容量光纤通信，非功能型光纤传感器

9.3.2 多组分玻璃光纤

多组分玻璃光纤的主要成分为 SiO_2，约占百分之几十，此外还有 B_2O_2、GeO_2、P_2O_5 和 As_2O_3 等玻璃形成体及 Na_2O、K_2O、CaO、MgO、BaO 和 PbO 等改性剂。其特点是熔点低（<1400℃），可用传统坩埚法拉丝，适于制作大芯径、大数值孔径光纤。因其损耗较大（4～7dB/km），通信上极少采用。但此类光纤易做到大的数值孔径（*NA* 可达 0.5），与光源或检测器的耦合效率高，可用于对损耗要求不太苛刻的传感器等领域。

9.3.3 塑料光纤

全塑料光纤（聚合物光纤）即由聚甲基丙烯酸甲酯（PMMA）、聚苯乙烯（SP）、聚碳酸酯（PC）和氚化 PMMA 等高分子聚合物材料分别构成芯、包层的全塑料光纤。其纤芯折射率分布可选用阶跃型，也可选用梯度型。当前应用中仍以阶跃型多模塑料光纤为主，但在短距离数据通信的计算机互联网中，梯度型多模塑料光纤将逐步取代阶跃型多模塑料光纤。

已制成阶跃型和梯度型多模光纤的损耗已降至每千米几十分贝。如采用连续浇注工艺制造的阶跃型多模塑料光纤，在可见光波长区域的衰减为 110dB/km。利用界面凝胶工艺制造的梯度型多模塑料光纤，在 0.68nm 波长处的衰减为 20dB/km。

聚甲基丙烯酸甲酯和聚苯乙烯芯塑料光纤的衰减是由本征损耗和非本征损耗造成的。非本征损耗的根源是聚合物的密度起伏与结构不对称引起的瑞利散射；而本征损耗是由聚合物中的过渡金属、有机污染及 OH^- 谐波带引起的。

塑料光纤的主要优点是柔韧、制造简单、芯径和数值孔径较易做大（可分别达到 0.8～1.0mm 和 0.4～0.6mm）、耦合容易；缺点是损耗较大。因此，适于短距离小容量通信系统应用。随着国际互联网和用户的迅猛发展，梯度型多模塑料光纤正在短距离、高速数据通信中发挥着重大所用，预计不久的将来将取代多模石英玻璃光纤。

9.3.4 红外光纤

石英光纤在 1.3～1.5μm 的范围内具有最低的损耗和色散，如损耗已降至 0.15dB/km（1.55μm 时）、接近于 0.1dB/km 的理论极限。但其传输距离由于瑞利散射不会超过 200km。人们发现，非硅基质的中红外玻璃材料，如重金属氧化物玻璃、氟化物玻璃、硫化物玻璃以及单晶、多晶体等红外材料的光学损耗本征值在 10^{-2}～10^{-4}dB/km 范围内，约为石英玻璃的十分之一至千分之一（这是由于散射损耗与波长四次幂成反比）。若用这类材料为原料，则有可能获得超低损耗光纤，实现几千甚至上万千米无中继通信。例如在 5000km 的传输距离上用波长 1.5μm 的光纤传输系统，需 33 个中继站，而用波长为 3.0μm 的光纤传输系统，几乎 1 个中继站就够了。因此，当前各发达国家着眼于 2～30μm 的新传输段，对卤化物、硫化物和重金属氧化物等红外光纤的研究非常重视。

（1）卤化物晶体光纤

其中包括单晶体和多晶体光纤。其制造难度比氧化物光纤大，且需保护涂层，但传输损耗低，传输损耗的理论值比石英光纤小 1～2 个数量级，有可能实现几千千米无中继通信。

卤化铊（TlBr）、AgCl 等是性能很好的晶态光纤材料，透射波长可达 3～20μm，在 5～8μm 时损耗最低，本征耗损系数为 10^{-8}～$10^{-11}$$cm^{-1}$。卤化铊有较好的延展性，已挤压出直径 75～1000μm、长 200m 的多晶纤维。溴化铊或碘化铊多晶光纤在 4.0～5.5μm 时损耗最低，可达 0.01dB/km。

多晶 KRS-5（TlBrI）和 KRS-6（TlClI）作为非通信光纤在外科手术、激光材料加工、军事应用等短距离应用中日益受到重视。KRS-5 在 10.6μm 的最低损耗为 350dB/km，KRS-6 为 1dB/km。采用 KRS-6 作包层，KRS-5 作芯线，已获得损耗 0.2dB/km 的光纤。

（2）玻璃态红外光纤

① 氟化物玻璃

a. 氟化铍　在红外区的本征损耗为石英的 1/6，可拉制透射 2μm 波段的光纤。该种光纤有可能将光信号无中继传输数百至数千千米。

b. 氟化锆　氟化锆玻璃光纤的理论损耗仅为 0.001dB/km（在 2.55μm），比最好的石英光纤低两个数量级。这种玻璃的透过率可达氧化物玻璃的 100 倍。氟化锆基玻璃的主要成分为氟化锆（60%～70%），并以氟化钡（20%～30%）为网络改性剂（降低熔点），以少量其他氟化物作玻璃稳定剂（如用 AlF_3、LaF_3、ThF_4、PbF_2 作结晶化抑制剂）和指数改性剂（如 PbF_2），借以获得合适的纤芯和包层组分。这种玻璃光纤的透射波长范围从 7～8μm 的红外区一直延伸到 0.2～0.3μm 的近紫外区。但铪、稀土等元素的高纯氟化物或氧化物价格昂贵，是控制氟化锆基光纤加工成本的重要因素。

② 硫属玻璃光纤　砷、锗、锑与硫属元素硫、硒构成的玻璃叫硫属玻璃，因为它的光学损耗高，主要用途是短距离传能。已拉出在 CO 和 CO_2 激光波长下损耗为数百分贝的纤维，在一根光纤上能传数瓦的能量。研制这种光纤对拓宽 CO 和 CO_2 大功率激光器应用领域有重要意义。

③ 重金属氧化物光纤　对此类纤维的研究主要局限在 GeO_2 系统。GeO_2 纤维用 VAD 法制造，抽成丝后最小损耗约为 4dB/km（2μm）。可用作红外光纤、非线性光学光纤，尤其是可用来实现光信号放大，有可能用于超长距离光学传输系统。在传能方面，$80GeO_2$-$10ZnO$-$10K_2O$ 空心纤维是供 CO_2 激光器传能用的一种较好的包层材料。

复习思考题

1. 光纤通信较传统的通信方式有何优点？
2. 光纤按传输模式来分包括哪几类？
3. 比较各种材质光纤的性能特性。

参 考 文 献

[1] 赵松．电机工程材料．北京：商务印书馆，1953.
[2] 陈鸣．电子材料．北京：北京邮电大学出版社，2006.
[3] 郝虎在，田玉明，黄平．电子陶瓷材料物理．北京：中国铁道出版社，2002.
[4] 付广艳，郭北涛，宗琳．工程材料．北京：中国石化出版社，2007.
[5] 徐自立．工程材料及应用．武汉：华中科技大学出版社，2007.
[6] 朱余钊．电子材料与元件．成都：电子科技大学出版社，1999.
[7] 周东祥，潘晓光．电子材料与元器件测试技术．武汉：华中理工大学出版社，1994.
[8] 乔德宝．电工材料．北京：高等教育出版社，2005.
[9] 夏新民，金栋林，马金．电工材料．北京：化学工业出版社，2006.
[10] 杨东方．电工材料．北京：劳动人事出版社，1988.
[11] 贾德昌．电子材料．哈尔滨：哈尔滨工业大学出版社，2000.
[12] 天津电表厂．常用电工材料．北京：机械工业出版社，1986.
[13] 杨德源，何晚令，裘忠林，傅英奎．实用电工材料及器件手册．沈阳：辽宁科学技术出版社，1989.
[14] 周永溶．半导体材料．北京：北京理工大学出版社，1992.
[15] 万群．半导体材料浅谈．北京：化学工业出版社，1999.
[16] 李维諟，郭强．液晶显示应用技术．北京：电子工业出版社，2000.
[17] 陈力俊．微电子材料与制程．上海：复旦大学出版社，2005.
[18] 吕文中，汪小红．电子材料物理．北京：电子工业出版社，2002.